山東大學中文專刊

曾繁仁学术文集

第三卷

现代美育理论

人民出版社

1985年，在济南家中

山东大学公用信笺

中国新时期审美教育的发展 山东大学 曾繁仁

中国是有着五千年历史的文明古国，早在"先秦"时期就有"诗教"、"乐教"的文化教育传统。但作为现代意义的"美育"却是20世纪初由王国维、蔡元培等人从西方传入。这种崭新的理论一经引起中国文化界与教育界广大有识之士的重视，并结合中国的国情加以吸收改造、推广应用。特别是蔡元培，由于一度担任国民政府教育总长、北京大学校长，因此，他所提出的"以美育代宗教说"在"五四"以来的新文化运动中起到十分重要的作用。但美育在中国的真正发展还是近50年、特别是近20年的事情。1949年，新中国成立后，百废俱兴，在经济建设的同时，教育事业与文化事业也得到极大发展。与此同时，美育也得到应有的重视，教育部曾于1955年颁布了有关文件中明确提出"德、智、体、美与多种技术"全面发展的培养目标。这实际上也给予美育以应有的重视，争取得明显实效。但从1957年开始，"左思潮"逐步指尖，不仅出现以德育取代美育的见解，而且将大量具有极高美学价值的文学艺术作品视为批判对象，直到"十年文革"，这种"左"的思潮发展到极端，却摧毁了包括美育在内的一切有修养的文化活动。1978年，中国结束了灾难深重的十年"文革"开始了改革开放的新时期。审美教育也迎来了自己的春天，获得前所未有的发展，取得了十分巨大的成绩。回顾新时期20多年审美教育的发展历程，探索其发展规律并总结经验，对于推动新世纪我国审美教育的继续发展和取得更大的成绩，必将具有十分重要的意义。

作者手稿

本卷编辑说明

本卷收入了《现代美育理论》一部著作。

《现代美育理论》,2006 年 4 月由河南人民出版社出版。该书是曾繁仁继《美育十讲》之后第 3 部美育研究专著,突出体现了对美育理论与实践的现代建构的思考。

《现代美育理论》是作者主持的教育部人文社会科学重点研究基地山东大学文艺美学研究中心重大项目"审美教育的理论与实践"的结项成果,全书的结构框架、写作思路和基本观点由曾繁仁确立,第一编、第二编除第三章外均由曾繁仁撰写,其他章节由课题组成员完成。

此次收入本文集,以河南人民出版社 2006 年版为原本,并对全书重新校订,改正错字、别字,调整若干论述,对较长的段落略作分段处理,审核、校正全书的引文和出处。

目　录

第二编　现代西方美育

第三编　现代中国美育

序

我们现在出版的这套"艺术审美教育书系"是山东大学文艺美学研究中心承担的教育部重大项目"审美教育的理论与实践问题研究"的最终成果。从 2000 年开始,教育部为加强人文社会科学研究,决定在全国高校重点建设 100 多所人文社会科学重点研究基地。山东大学文艺美学研究中心被确定为重点研究基地之一,从 2001 年年初开始启动。从研究基地启动迄今,通过招标等途径,基地一共确定了五个教育部重大项目,有关美育研究的就有两项。继 2001 年年初确定了"审美教育的理论与实践"之后,2002 年又确定了"美育当代性问题研究"。"审美教育的理论与实践"这一项目在课题组有关成员的共同努力下,经过三年的艰辛劳动,产生了这一由六个分册组成的系列丛书,包括基本理论、中外美育、美育实践等多个方面。

美育在我国有着悠久的历史,从先秦时期就有"诗教""乐教"的优良传统。现代美育是 20 世纪初由西方传入的,就是王国维、蔡元培和鲁迅等所介绍的以席勒《美育书简》为代表的、旨在沟通感性与理性的"情感教育"。但我国对美育的真正重视,是在 1978 年改革开放以后。特别是 1998 年 3 月我国正式将美育纳入教育方针,1999 年 6 月第三次全国教育工作会议将美育作为素质教育的组成部分提到关系国家前途命运的高度,标志着我国美育事业进入新的历史发展阶段。但与这一大好形势相比,美育学科建设却显得相对较为落后,美育的科研尤其薄弱。如果不改变这一现状,我们将无法担当起在新时期培养审美的生存的一代新人的重任。为此,必须提高对审美教育当代意义的认识。

我国新时期开始的规模宏大的现代化建设事业,无疑是中华民族复兴的唯一之路。但现代化在给社会和人民带来繁荣富强、文明发达的同时,也带来了市场拜物盛行、工具理性膨胀、自然生态恶化与精神疾患蔓延等严重问题。这实际上就是一种人的生存状态的美化与非美化的二律背反。要解决这种二律背反,当然主要依靠国家行政、法律和道德的手段,借以克服社会的阴暗面,达到社会正义、平等。此外,非常重要的,就是要借助美育的手段培养广大人民特别是青年一代树立审美的世界观,以审美的态度对待自然、社会、他人和自身,做到诗意地栖居。

中国现代美育研究的深化发展,还必须充分重视吸收借鉴国际美育研究的新成果。美育的概念是席勒于 1793 年在《美育书简》一书中提出的,迄今已 200 多年。这 200 多年以来,特别是 20 世纪以来的 100 多年,西方的哲学—美学领域发生了巨大的变化。生命哲学、现象学哲学、存在主义哲学、实用主义哲学、分析哲学、阐释学哲学等真是异彩纷呈,都对美育理论产生了重要影响。由于西方当代哲学—美学的一个重要特点是对人的现实生存状态的关注,追求通过对现实的超越走向澄明之境,实现人的诗意地栖居。从这个角度说,当代西方关注现实人生的美学也就是广义的美育。这就是当代西方美学和美育合一的趋势。同时,由于当代西方教育领域出现超越"唯智主义"倾向,强调"通识教育",于是出现了加德纳的"多元智能"理论和戈尔曼的"情商"理论等。

这就是一种美育实践化的趋势。自然科学在 20 世纪取得了空前的发展,20 世纪作为"脑的世纪"在脑科学方面取得重要进展,使得与美育有关的神经心理学有了长足的发展,从而有力地推动了对美育的脑科学机理的探讨。这就是当代美育的科学化趋势。总之,西方当代在美育研究中出现的以上三种趋势都值得我们借鉴。

美育作为教育学和美学的交叉学科,具有很强的实践性品格。因此,我们必须在教育的实践中探讨美育的实施问题。在这方面,十分重要的是探讨美育实施过程中的教育评价问题。目前,我们各类学校仍然采用应试教育中统一的、标准化的测试模式。在这种测试模式中,非智力因素的德育和美育没有地位,而且也无法测试其成绩。因此,在美育实践研究中,要提倡采用"情景化"的个人性的测试模式,这样才有利于包括美育在内的素质教育的实行。但这种测试模式实践起来难度非常大,需要在实践的基础上进行理论的总结。

长期以来,我国美育研究中,西方的以主客二分思维模式为基础的美育理论占统治地位,并以这种美育理论来解读中国传统美育思想。新时期要改变这种情况,必须进一步研究和弘扬中国传统的"中和论"美育思想。这是一种迥异于西方主客二分思维模式的古典形态的存在论美育理论,包含十分丰富深刻的"天人合一""位育中和""阴阳相生""道法自然"的内涵,具有十分重要的当代价值。

本书只是山东大学文艺美学研究中心在美育研究方面取得的预期成果之一。我们还将在此基础上继续进行美育方面的探索,并将使美育研究成为本中心的科研特色之一,争取拿出更加丰硕的科研成果奉献于社会,以对我国社会和教育事业的发展尽到一点绵薄之力。

　　本书的出版得到教育部社科司、山东大学和河南人民出版社的大力支持,在此表示衷心的感谢。

曾繁仁

2003 年 12 月 23 日于济南六里山下

第 一 编

现代美育原理

第一章　现代美育的产生

——席勒美育理论的划时代意义

2005 年 5 月 9 日,是德国伟大的诗人、剧作家与美学家席勒(J.C.F von Schiller,1759—1805)逝世 200 周年。席勒作为资产阶级启蒙运动时期伟大的文学家和美学家,以其 46 年的短促生命,全力反对封建暴政和资产阶级黑暗,创作了大量的戏剧、诗歌和美学论著,为人类奉献了弥足珍贵的精神财富。这些精神财富,特别是其美育理论思想随着时间的推移愈加显现出巨大的价值。马克思在青年时代深受席勒影响,曾说席勒是"新思想运动的预言家"①。当代理论家 R.克罗内认为,"席勒作为一个美学理论家,他所取得的成就是划时代的"②。席勒是人类历史上第一个提出"美育"概念,并加以全面深刻阐释的理论家。他也是第一个以美育理论为武器,深刻批判资本主义制度分裂人性弊端的理论家。同样,也是他第一个将美育与艺术的建设同人的自由解放和全面发展相联系,从而为后世人文主义美学的发展奠定了理论

①[美]L.P.维塞尔:《席勒与马克思关于活的形象的美学》,《美学译文》第 1 卷,中国社会科学出版社 1980 年版,第 4 页。
②[美]L.P.维塞尔:《席勒与马克思关于活的形象的美学》,《美学译文》第 1 卷,中国社会科学出版社 1980 年版,第 4 页。

基础和正确的路向。

第一节　席勒美育理论的历史地位

席勒生活在 18 世纪与 19 世纪之交的德国。当时,正值法国资产阶级大革命时期,整个德国社会正面临由封建社会向资本主义社会的急剧转变。社会变动迅速,各种矛盾尖锐,现实与理想、光明与黑暗、进步与落后、文明与卑劣并存。席勒出生在黑暗而分裂的德国施瓦本地区的符腾堡公国内卡河畔的马尔巴赫。父亲是随军的外科医生。席勒从小就被送入被称为"奴隶培训所"的军事学校,深受封建势力的压迫,同时也受到启蒙主义思想和狂飙突进文学运动的重要影响。毕业后,他曾短期做过军医,但很快摆脱封建束缚,投身于文学和美学论著的写作,逐渐成为狂飙突进运动的主要代表人物。席勒因其特有的经历,站在当时社会思想的制高点上,承受着各种社会矛盾的压力,切实感受到社会各阶层的情感,并以其睿智的思考写出一系列传世之作。早期,席勒以"打倒暴君""自由高高地举起胜利的大旗"为口号,创作了《强盗》《阴谋与爱情》等戏剧,演出获得巨大成功,赢得广泛声誉,并发表著名诗歌《欢乐颂》,后成为贝多芬著名《第九交响曲》的主题。1788—1795 年,席勒致力于研究历史与康德哲学,深入探讨社会、人生价值问题和救世之道。1794 年至 1805 年的 10年,席勒与德国伟大的现实主义作家歌德结为深交,进入理论研究和艺术创作的崭新时期。他不仅创作了《华伦斯坦》和《威廉·退尔》等著名戏剧,而且写出了《美育书简》《论美》《论素朴的诗与感伤的诗》《论崇高》等一系列美学论著。1805 年 5 月 9 日,席勒在过度劳累和长期贫病的压力下,因罹患肺病而英年早逝。由此可见,席勒不仅是伟大的戏剧家和诗人,而且是伟大的美学家。

长期以来,我国美学界对于席勒的美学理论,由于受鲍桑葵(Bernard bosanquei,1842—1923)《美学史》等著作的影响,仅仅将其界定为"康德与黑格尔之间的一个重要的桥梁"①。但站在 21世纪的今天,再来审视席勒的美学理论,我们就会深深地感到过去的评价是不全面的。历史证明,席勒美学理论的意义决不仅是黑格尔美学的一种"准备"和从康德向黑格尔过渡的"桥梁",而是早已超越了他的时代,成为人类美学建设和文化建设的不竭资源与宝贵财富。事实上,我们现在可见的席勒近 20 篇(部)美学论著,尽管题目各异,但其核心论题却是"美育",其他论著均围绕这一论题,在《美育书简》的统领下展开。我们正是从这样一个崭新的角度出发来探索席勒美育理论的划时代意义。

席勒从美育的独特视角批判了他所在的时代。这种批判开启了对资本主义现代性进行审美批判的先河,影响到后世,并对当代仍有重要意义。当代德国著名理论家哈贝马斯(Jurgen Habrmas,1929—　)在《论席勒的审美教育书简》一文中指出:"这些书简成为了现代性的审美批判的第一部纲领性文献。"②众所周知,以工业革命为标志的资产阶级现代化在人类社会发展史上构成了一个十分明显的二律背反:美与非美的悖论。所谓"美",即指人们物质生活的富裕、文明与舒适;所谓"非美",即指人们精神生活的贫乏、低俗与焦虑。因此,对于与资产阶级现代化相伴而生的现代性之反思与批判乃至于试图超越,就成为现代

---

① 朱光潜:《西方美学史》下卷,人民文学出版社 1963 年版,第 439 页。
② [德]哈贝马斯:《现代性哲学话语》,曹卫东译,译林出版社 2004 年版,第 52 页。

与当代的紧迫课题。对现代性进行审美的批判与反思就是众多现代与当代理论家的重要理论探索之一,而开其先河者即为席勒。他以其特有的理论敏感性,高举美的艺术是人的"性格的高尚化"①的工具之武器,深刻揭示了现代性之二律背反特性。他认为,一方面,现代化是历史的必然,"非此方式人类就不能取得进步"②;另一方面,他又空前尖锐地批判了所谓现代性所导致的人性分裂和艺术低俗的弊端。他对于资本主义现代化所造成的社会与人性的分裂进行了无情的批判。他说:"现在,国家与教会、法律与习俗都分裂开来,享受与劳动脱节、手段与目的脱节、努力与报酬脱节。永远束缚在整体中一个孤零零的断片上,人也就把自己变成一个断片了。耳朵里听到的永远是由他推动的机器轮盘的那种单调乏味的嘈杂声,人就无法发展他生存的和谐,他不是把人性印刻到他的自然(本性)中去,而是把自己仅仅变成他的职业和科学知识的一个标志。"③对于资本主义现代化过程中美的艺术与现实的脱节和走向低俗,席勒也进行了深刻的批判。他说:"在现时代,欲求占了统治地位,把堕落了的人性置于它的专制桎梏之下。利益成了时代的伟大偶像,一切力量都要服侍它,一切天才都要拜倒在它的脚下。在这个拙劣的天平上,艺术的精神贡献毫无分量,它得不到任何鼓励,从而消失在该世纪嘈杂的市场中。"④从以上席勒对于资本主义社会中人性分裂和艺术堕落的批判可知,他的这种批判是非常深刻和具有普适性

①[德]席勒:《美育书简》,徐恒醇译,中国文联出版公司1984年版,第61页。
②[德]席勒:《美育书简》,徐恒醇译,中国文联出版公司1984年版,第53页。
③[德]席勒:《美育书简》,徐恒醇译,中国文联出版公司1984年版,第51页。
④[德]席勒:《美育书简》,徐恒醇译,中国文联出版公司1984年版,第37页。

的,即便在今天仍不失其价值。正因为如此,席勒的这种审美批判一直影响到后世乃至今日。众所周知,黑格尔曾经批判资本主义时代审美与艺术的对立而导致的"散文化"倾向。马克思则在著名的《1844年经济学哲学手稿》中列专章批判了资本主义的"异化劳动",特别对其"劳动创造了美,但是使工人变成畸形"[①]的非人性现象进行了深刻的批判。美国著名哲学家马尔库塞(Herbert Marcuse,1898—1979)于1964年在《单向度的人》一书中深刻地批判发达资本主义社会信奉的单向度的技术思维,扼杀了人与艺术的多向度"自由"本性。这些批判应该说都与席勒有着某种渊源关系,同时也说明席勒从审美的角度批判资本主义现代化过程中存在的美与非美的二律背反并试图加以解决,是一个关系人类社会前途的具有重大价值的时代课题。

还有一点需要引起我们注意,席勒不仅是德国古典美学发展的桥梁,而且在许多方面超越了德国古典美学,在某种程度上突破德国古典美学的思辨性、抽象性,努力将美学研究带入现实生活,开启了现代美学突破主客二分思维方式,走向"主体间性"之路。有的理论家曾经指出,从西方美学发展的历史来说,应该是由康德到席勒再到马克思,而不是像传统观念所理解的由康德到黑格尔再到马克思。[②] 这种看法是有道理的,因其充分注意到席勒对于德国古典美学的超越。席勒当然继承了康德但又在许多方面超越了康德。正如黑格尔所说:"席勒的大功劳就在于克服了康德所了解的思想的主观性与抽象性,敢于设法超越这些局限,在思想上把统一与和解作为真实来了解,并且在艺术里实现

---

① 《马克思恩格斯全集》第42卷,人民出版社1979年版,第92页。
② 李泽厚:《美学四讲》,生活·读书·新知三联书店2004年版,第35页。

这种统一与和解。"①席勒本人在《论美书简》之中也明确表示，他要探索一种不同于康德的"主观—理性地解释美"的"感性—客观地解释美"的"第四种方式"。②非常重要的是，席勒不同于包括黑格尔在内的德国古典美学之处在于，整个德国古典美学总体上都是从思辨的哲学体系之整体出发来阐释其美学理论，而席勒却与其相反，是从改造现实社会和艺术的需要来阐释其美学理论。他认为，美与艺术是社会与政治改革唯一有效的工具。他说，政治领域的一切改革都应该来自"性格的高尚化"，但是在一种野蛮的国家制度支配之下，人的性格怎么能够高尚化呢？为此我们必须寻求一种国家没有为我们提供的工具，去打开不受一切政治腐化污染保持纯洁的源泉。他说："这一工具就是美的艺术，在艺术不朽的范例中打开了纯洁的泉源。"③而且，德国古典美学仍然遵循着主客二分的思维模式。康德的"美是无目的的合目的性形式"必须凭借着一个理性的先验原理，黑格尔的"美是理念的感性显现"则将美确定为绝对理念的表现形式。而席勒的"美在自由"却是凭借一种初始的审美经验现象学，在审美的想象的游戏中将一切实体的经验与理念加以"悬搁"，进入一种主体与客体、感性与理性交融不分的审美境界。他说："从这种游戏出发，想象力在它的追求自由形式的尝试中，终于飞跃到审美的游戏。"④席勒认为，这种审美的自由不同于对必然的认识的"智力的人的自由"，

---

① [德]黑格尔：《美学》第1卷，朱光潜译，商务印书馆1979年版，第76页。
② [德]席勒：《秀美与尊严——席勒艺术和美学文集》，张玉能译，文化艺术出版社1996年版，第35—36页。
③ [德]席勒：《美育书简》，徐恒醇译，中国文联出版公司1984年版，第61页。
④ [德]席勒：《美育书简》，徐恒醇译，中国文联出版公司1984年版，第142页。

而是以人的综合本性为基础的"第二种自由",其内涵为"实在与形式的统一、偶然性与必然性的统一、受动与自动的统一"①。哈贝马斯认为,这实际上是当代"主体间性"理论和"交往理论"的一种萌芽。他在《论席勒的〈审美教育书简〉》中指出:"因为艺术被看作是一种深入到人的主体间性关系当中的'中介形式'(Form der Mittei lung)。席勒把艺术理解成了一种交往理论,将在未来的'审美王国'里付诸实现。"②

特别重要的是,席勒在人类历史上第一次提出了"美育"的概念,并将其界定为"人性"的自由解放与发展。这不仅突破了近代本质主义认识论美学,奠定了当代存在论美学发展的基础,而且开创了"人的全面发展"和"审美的生存"的新人文精神的重铸之路,关系到人类长远持续美好的生存。席勒于1793年至1795年间写作了他一生中最重要的美学论著《美育书简》,发表时的标题为《关于人的审美教育书简》。这是资本主义现代发展过程中有关人性批判与人性建设的一部重要典籍,标志着美学逐步由书斋走向生活。在这一论著中,席勒在人类历史上首次提出了"美育"的概念,并将其同人的自由紧密相联。他在第二封信中指出:"我们为了在经验中解决政治问题,就必须通过审美教育的途径,因为正是通过美,人们才可以达到自由。"③审美教育的目的就是克服资本主义时代对人性的扭曲和割裂,恢复人所应有的存在自由。这种人的存在自由就是人性发展的无障碍性和完整性。他

①[德]席勒:《美育书简》,徐恒醇译,中国文联出版公司1984年版,第87页。
②[德]哈贝马斯:《现代性哲学话语》,曹卫东译,译林出版社2004年版,第52页。
③[德]席勒:《美育书简》,徐恒醇译,中国文联出版公司1984年版,第39页。

说:"我们有责任通过更高的教养来恢复被教养破坏了的我们的自然(本性)的这种完整性。"①将审美教育与人的自由生存和人性的全面发展紧密结合,其意义极为深远。从美学学科本身来说,这开创了由美学的抽象思辨研究到现实人生研究的广义美学学科的美育转向。这就是从席勒以来200年中绵延不绝的现代人本主义美学的发展。从更深远的社会意义来说,克服资本主义现代化所带来的人性和人格的片面性,追求人的审美的生存,则是人类始终不渝的宏大课题。马克思曾经在《1844年经济学哲学手稿》中探讨了人类通过"按照美的规律建造"的途径,扬弃"异化",恢复人的自由本性问题。后来,马克思又探讨了人的全面发展成为建设共产主义必要条件的问题,他说:"私有制只有在个人得到全面发展的条件下才能消灭,因为现存的交往形式和生产力是全面的,所以只有全面发展的个人才可能占有它们,即才可能使它们变成自己的自由的生活活动。"②当代哲学家海德格尔(Martin Heidegger,1889—1976)针对资本主义时代极端发展的技术思维对人性的扭曲,提出人的"诗意地栖居"③的问题。席勒的美育理论尽管有其不可避免的局限性,但他对现代性过程中精神文化建设的高度重视,对人的审美生存的不懈追求,却成为鼓舞人类前行的伟大精神力量。

---

① [德]席勒:《美育书简》,徐恒醇译,中国文联出版公司1984年版,第56页。
② 《马克思恩格斯全集》第3卷,人民出版社1960年版,第516页。
③ 参见海德格尔:《荷尔德林诗的阐释》,孙周兴译,商务印书馆2000年版,第106—107页。

第二节　席勒的美育理论

席勒最重要的理论贡献在于围绕"美育"这个论题,以《美育书简》为中心,构筑了一个相对完备而新颖的美育理论体系。这个美育理论体系的核心是"把美的问题放在自由的问题之前"①,其实质是一种现代存在论美学的初始形态,预示着现代美学由认识论发展到存在论的必然趋势,直接影响到后世。正如我国有的学者所说,席勒美学"既超越古希腊以来自然(宇宙)本体论,又超越近代认识论,从而达到了人本学本体论的新高度,并且一直影响到二十世纪以来的美论"②。

席勒美育理论提出的哲学基础是由认识本体论到存在本体论的过渡。席勒的美育理论继承了康德的哲学思想,这是没有问题的。他在《美育书简》的第一封信中指出"下述命题的绝大部分是基于康德的各项原则"③。也就是说,席勒主要继承了康德的先验人本主义哲学,特别是康德有关自然向人生成的观点,但对康德的认识本体论却有所突破。席勒对于欧洲工业革命以来盛行的认识本体论总体上是持批判态度的。他认为,古代希腊人之所以优于现代人,就因为古希腊人的哲学观是一种人本本体论,而席勒所在的时代的哲学观却是一种从知性出发的认识本体论,成为工业革命过程中各种"异化"现象的根源之一。正是出于克

---

① [德]席勒:《美育书简》,徐恒醇译,中国文联出版公司1984年版,第38页。
② 蒋孔阳、朱立元主编:《西方美学通史·德国古典美学》,上海文艺出版社1999年版,第413页。
③ [德]席勒:《美育书简》,徐恒醇译,中国文联出版公司1984年版,第35页。

服这种"异化"现象的动机,席勒由古希腊的古典本体论出发,走向存在本体论。他认为,所谓美即是由感性冲动之存在到形式冲动之存在的过渡与统一。他认为,为了把我们自身之内的必然东西转化为现实,并使我们自身之外现实的东西服从必然性的规律,我们受到两种相反的力量的推动。他说:"前者称为感性冲动,产生于人的自然存在或他的感性本性。它把人置于时间的限制之内,并使人成为素材";"第二种冲动我们称为形式冲动。它产生于人的绝对存在或理性本性,致力于使人处于自由,使人的表现的多样性处于和谐中,在状态的变化中保持其人格的不变"。① 只有由第一种冲动过渡到第二种冲动,实现两者的统一,才能使现实与必然、此时与永恒获得统一,真理与正义才得以显现。在这里,所谓"感性冲动"实际上是指处于时间限制的"此在"状态之存在者,而"形式冲动"则指隐藏在存在者之后的"存在",两者的统一才能使存在得以澄明,真理得以显现。这就是一种审美的状态。对于这种使人性得以显现的审美,席勒将其称为"我们的第二造物主"②。这说明,席勒认为审美是使人具有精神文化修养并真正禀赋人性的唯一途径。同时,他认为:"只有当人在充分意义上是人的时候,他才游戏;只有当人游戏的时候,他才是完整的人。"③也就是说,在他看来,审美实际上是人与周围世界发生的第一个自由的关系,也是人脱离动物性的单纯对物质的追

---

① [德]席勒:《美育书简》,徐恒醇译,中国文联出版公司1984年版,第75、76页。
② [德]席勒:《美育书简》,徐恒醇译,中国文联出版公司1984年版,第111页。
③ [德]席勒:《美育书简》,徐恒醇译,中国文联出版公司1984年版,第90页。

求走上超越实在的文化之路的标志。由此可见,席勒是从存在本体论的独特视角来阐释其美育理论的。

关于美育的内涵,席勒将其界定为"自由"。他认为,在现实生活中存在着力量的王国和法则的王国。在力量的王国里,人与人以力相遇,其活动受到限制;在法则的王国中,人与人以法则的威严相对峙,其意志受到束缚。只有在审美的王国中,人与人才以自由游戏的方式相处。因此,"通过自由去给予自由,这就是审美王国的基本法律"①。席勒所说的"自由"包含着十分丰富的含义。它不同于认识论哲学中的自由是对必然的把握,也不同于理性独断论的理性无限膨胀的自由,而是力倡超越实在、必然与理性的一种审美的关系性的自由,是一种"心境"。诚如席勒所说:"美使我们处于一种心境中,这种美和心境在认识和志向方面是完全无足轻重并且毫无益处。"②这种"自由"的另一含义是审美的想象力的自由,是想象力对于自由的形式的追求,从而飞跃到审美的自由的游戏。当然,归根结底,席勒所说的自由是人性解放的自由,是通过审美克服人性之割裂,走向人性之完整。席勒认为,只有在审美的国度里才能实现"性格的完整性"③。席勒指出,只有通过美育这种"精神能力的协调提高才能产生幸福和完美的人"④。但是,席勒也清楚地看到,在现实的资本主义社会中,试图通过审美教育营造审美的王国,培养自由的全面发展的人格是不可能的,只能

①[德]席勒:《美育书简》,徐恒醇译,中国文联出版公司 1984 年版,第145 页。

②[德]席勒:《美育书简》,徐恒醇译,中国文联出版公司 1984 年版,第110 页。

③[德]席勒:《美育书简》,徐恒醇译,中国文联出版公司1984 年版,第45 页。

④[德]席勒:《美育书简》,徐恒醇译,中国文联出版公司1984 年版,第55 页。

是一种理想。这种理想作为一种需求只可能存在于每个优美的心灵中,而作为一种行为也许只能在少数优秀的社会圈子里找到。通过上述分析可知,席勒美育理论的自由观与康德美学的自由观密切相关,但又区别于康德。康德的自由观局限于精神领域,是一种想象力与知性力、理性力的自由协调。而席勒美育理论的自由观则不仅局限于精神领域,而更侧重于现实人生,追求一种人性完整、政治解放的人生自由。因而,席勒美育理论的自由观是一条人生美学之路,开辟了整个西方现代美学走向人生美学的方向。

美育的作用是席勒美育理论的重要组成部分,关系到美育是否具有不可代替性的地位。席勒认为,美育的特殊作用是使其成为沟通感性与理性、自然与人文、知识与道德、感性王国与理性王国之中介。席勒指出:"要使感性的人成为理性的人,除了首先使他成为审美的人,没有其他途径。"①这就使美育成为由自然之人成长为理性之人的必由之途。这是对康德自然向人生成的观念的继承发展。正是关于美育作用的"中介论",成为席勒整个美育的核心环节,解决了整个审美之谜。席勒认为,审美联结着感觉和思维这两种对立状态,寻找两者之间的中介成为十分关键的环节。他说:"如果我们能够满意地解决这个问题,那么我们就能找到线索,它可以带领我们通过整座美学的迷宫。"②审美所关系到的感性和理性是一种各自成立而又相反的两端,构成二律背反,所以,审美与美育就具有一种特有的张力、魅力与神秘性,这也是美育"中介论"的特性所在。美育的中介作用是多方面的,除了教化的作

---

① [德]席勒:《美育书简》,徐恒醇译,中国文联出版公司1984年版,第116页。
② [德]席勒:《美育书简》,徐恒醇译,中国文联出版公司1984年版,第98页。

用之外,美育还是社会解放的中介。席勒认为,美育能在力量的可怕王国和法则的神圣王国之间建立一个游戏的审美王国,从而使社会与人得到解放。他说:"在这里它卸下了人身上一切关系的枷锁,并且使他摆脱了一切不论是身体的强制还是道德的强制。"①席勒认为,美育还是人性得以完整的中介。他说,其他一切形式或者偏重于感性,或者偏重于理性,都使人性分裂,"只有美的观念才能使人成为整体,因为它要求人的两种本性与它协调一致"②。正因为美育具有特殊的中介作用,所以,席勒认为它是德智体其他各育所不可取代的。他说:"有促进健康的教育,有促进认识的教育,有促进道德的教育,还有促进鉴赏力和美的教育。这最后一种教育的目的在于,培养我们感性和精神力量的整体达到尽可能和谐。"③

席勒认为,美育所凭借的手段是美的艺术。因此,从某种意义上说,美育就是艺术教育。美的艺术之所以是美育的最重要手段,是由艺术的性质决定的。席勒认为,艺术的根本属性是"表现的自由"④。因为,艺术美是一种克服了质料的形式美,也是一种无知性概念束缚的想象力的自由驰骋。所以,只有这种艺术美才能成为以自由为内涵的美育的最重要手段。席勒首先从艺术类型的纵向角度论述了理想的美育的途径,那就是由优美到崇高,

---

① [德]席勒:《美育书简》,徐恒醇译,中国文联出版公司 1984 年版,第145 页。

② [德]席勒:《美育书简》,徐恒醇译,中国文联出版公司 1984 年版,第145 页。

③ [德]席勒:《美育书简》,徐恒醇译,中国文联出版公司 1984 年版,第 108 页注①。

④ [德]席勒:《秀美与尊严——席勒艺术和美学文集》,张玉能译,文化艺术出版社 1995 年版,第 75 页。

达到人性的高尚。这就是理想的美育过程,也是理想的人性培养过程。他说:"我将检验融合性的美对紧张的人所产生的影响以及振奋性的美对松弛的人所产生的影响,以便最后把两种对立的美消融在理想美的统一体中,就像人性的那两种对立形式消融在理想的人的统一体中那样。"①这里所谓"融合性的美"就是滑稽,包括喜剧等一切有关的艺术形式,内含着某种形式的认识因素。而"振奋性的美"则是崇高,包括悲剧等一切有关的艺术形式,更多地趋向于道德的象征。因此,只有两者的结合才是理想的美育手段,也才能使人性达到统一,培养理想的性格。席勒认为,只有以美与崇高结合为一个整体的审美教育,才能使人性达到完整,使人由必然王国,经过审美王国,进入道德的自由王国。② 从纵向的角度,席勒勾画了审美教育的历史过程,即由古代的素朴的诗到现代的感伤的诗,最后走向两者结合的理想形态的诗。他认为,古代素朴的诗趋向于自然,反映了人性的和谐;而现代感伤的诗却是寻找自然,反映人性的分裂,但却给人提供更多崇高的形象。因此,由素朴的诗到感伤的诗是人类走上文化道路的反映,是一种历史的进步。但理想的美育手段应该是未来的两者结合的诗(艺术形式)。他说:"但是还有一种更高的概念可以统摄这两种方式。如果说这个更高的概念与人道观念叠合为一,那是不足为奇的。"③他认为,美的人性"这个理想只有在两者的紧密结

---

① [德]席勒:《美育书简》,徐恒醇译,中国文联出版公司 1984 年版,第 94 页。
② 蒋孔阳、朱立元主编:《西方美学通史·德国古典美学》,上海文艺出版社 1999 年版,第 413、421 页。
③ 转引自朱光潜:《西方美学史》下卷,人民文学出版社 1964 年版,第 463—464 页。

合中才能出现"①。

席勒的美育理论将美学研究从抽象的思辨带到现实生活之中，同时也将康德美学理论中的"自由"从形而上学的天堂带到现实生活之中。他第一次提出了现代社会人性改造的重大课题，并试图通过美育的途径实现人性的改造，建构了完备而系统的美育理论体系，给后世以巨大的启迪与影响。

第三节　席勒美育理论的当代价值

席勒的美育理论在 20 世纪初的 1904 年就由王国维介绍到中国，其后，蔡元培又提出著名的"以美育代宗教说"，产生广泛影响。由此逐步开始了这一理论的中国本土化过程。在五四运动前后的反封建时期，席勒的美育理论在一定程度上起到启蒙的作用，所谓"代宗教"也指取代封建儒教。在当前我国进行大规模的现代化的过程中，席勒的美育理论更有其重要作用。

席勒的美育理论是一种作为世界观的本体论理论，将审美看作人的本性和人的解放的唯一途径，因而成为最重要的价值取向。这一理论对于我国当前在马克思唯物实践观的指导下，通过美育的途径，培养广大人民的审美世界观，造就一大批学会审美的生存的人，建设和谐的小康社会，具有极为重要的意义。我国现代化 40 年来取得了极大发展和辉煌成就，但也不可避免地出现美与非美的二律背反现象。在社会日益繁荣进步、人们生活日益改善提高的同时，也出现环境污染严重、精神焦虑加剧、某种程

①［德］席勒：《秀美与尊严——席勒艺术和美学文集》，张玉能译，文化艺术
　出版社 1995 年版，第 337 页。

度的道德滑坡与文化的低俗倾向等精神文化领域的问题。我国优越的社会制度无疑有利于这些问题的解决，但仍需采取政治、经济、法律等各种手段。其实，上述问题说到底是一个文化问题，也就是人的生活态度问题。因此，只有从文化、世界观与价值观的角度才能从根本上解决这些问题。其中就包括通过美育途径培养人民的审美的世界观，以审美的态度对待自然、社会与他人，成为生活的艺术家，获得审美的生存。通过美育帮助人们确立审美的世界观，从而将人类从现代文化危机中拯救出来，这是具有普适性的人类自救之路。因为，前工业时代，人类依靠上帝这个"他者"来使自己超越私欲，而工业文明时代人类破除了对于上帝的迷信，反而陷入某种道德真空的危机。但我们相信，在当代，人类依靠包括审美自觉性在内的理性力量一定能够使自己摆脱过分膨胀的私欲，走出文化危机，创造审美的生存的崭新生活。

席勒的美育理论是一种人生美学，旨在克服现实生活中人性的分裂，实现人性的完整，造就无数人性得到全面发展的自由的人。这是对于工业革命时代工具理性对人性的压抑、对人格的分裂与教育扭曲的反拨，是对新的有利于人的自由、全面发展的教育的呼唤，对于我们建设当代崭新的社会主义教育体系具有重要意义。特别是我国当前提出加强素质教育的重要课题，将美育作为其中的"不可代替"的方面，在这项重要工作中，应该借鉴席勒有关美育所特具的将人从感性状态提升到理性状态的"中介作用"等重要理论资源。在落实当前国家有关加强德育和未成年人思想道德建设的重要工作中，要借鉴席勒有关美育思想所具有的"排除一切外在与内在强制的自觉自愿"的特性，充分发挥美的艺术在道德建设中的熏陶感染作用，落实德育工作的针对性与实效性，增强吸引力与感染力。

在当前的文化与文学艺术建设中,席勒的美育理论也具有重要的借鉴作用。席勒早在 200 多年前就敏锐地看到资本主义市场经济所形成的艺术的低俗化、功利化倾向,他尖锐地指出,艺术的精神"消失在该世纪嘈杂的市场中",艺术严重地脱离了生活。他力主艺术对于"兽性满足"和"性格腐化"的超越,成为精神力量的"自由的表现",使得日常生活做到审美化。当前,在文化与文学艺术的建设中也存在美与非美的二律背反。一方面,反映时代精神的优秀文艺作品大量涌现;另一方面,由于市场利益的驱动和腐朽文化的浸染,导致文化与文学艺术严重的非美化与低俗化。在这种情况下,应该很好地借鉴席勒有关美的艺术作为人性"高尚化"工具的理论,既正视当前大众文化蓬勃发展的现实形势,又坚持美的艺术的"高尚化"方向,使我国的文化和文学艺术事业得以健康、全面、可持续发展。

在我们吸收中西理论资源建设当代美育理论体系的学术工作中,席勒的美育理论有着极为重要的借鉴作用。席勒的美育理论作为一种人生美学是与我国古代美学"诗教""乐教"的传统相一致的。席勒在写作《美育书简》的同时,还写作了《孔子的箴言》,表明他对遥远的东方智慧的向往,也说明他的美育理论在某种程度上受到中国古代文化的影响。确实,中国古典美学之"中和"论美育思想,以中国古代"天人合一"理论为哲学基础,显示出特有的哲思魅力。探索中国古代"中和论"美育思想与席勒"中介论"美育思想的结合与互补,将会更好地推动我国当代美育理论建设。

席勒的挚友、伟大的德国文学家歌德指出,席勒"为美学的全部新发展奠定了初步基础"[1],歌德的评价是恰当的。席勒逝世

---

①[英]鲍桑葵:《美学史》,张今译,商务印书馆 1986 年版,第 385 页。

200多年后的今天,我们再来回顾席勒的贡献,就会明显地看到,席勒不仅是属于过去时代的,更是属于未来时代的伟大美学家;他不仅继承了过去,而且开创了未来。他必然地会有自己的局限和不成熟之处,但他对时代的思考,对人类前途命运的关怀,以及他的美学理论中所灌注的强烈的人文精神,都是跨越时代的,必将惠及人类的今天和明天。席勒于1795年在一首名为《播种者》的诗中写道:"你只想在时间犁沟里播下智慧的种子——事业,让它悄悄地永久开花。"席勒就是这样的精神播种者,他在200多年前所播下的美育理论的智慧种子已经在人类的文化园地里开出灿烂的花朵,并将愈加绚丽。

第二章 现代美育的理论指导

——马克思主义人学理论

当代美育理论建设应该坚持马克思主义指导,这是没有问题的。但问题在于如何坚持马克思主义的指导?经过认真的学习与研究,我们认为,从更直接的角度应该坚持马克思主义人学理论的指导。因为,美育理论的产生就是现代哲学领域由思辨哲学到人学、美学领域,由认识论美学到人生美学、教育领域,由知识教育到通识教育转型的反映。马克思主义人学理论,以及与之相关的美学思想,就是这一转型中最具科学性的理论形态。

第一节 现代经济社会与
文化哲学的转型

问题的提出还要回到现代经济社会文化与哲学美学的转型上来。众所周知,欧洲从 17 世纪工业革命以来,就开始出现进步与危机共存的二律背反现象。在经济社会大幅度发展进步的同时,出现贫富悬殊、道德滑坡、人性分裂等社会危机问题。席勒于 1795 年将之称作社会的"混乱失调"、人性的"异化",斯宾格勒于 1918 年将之称为"西方的没落",而胡塞尔则于 1936 年将之称为"欧洲生存的危机",他说:"'欧洲的生存危机'在一种已经败落的生活的无数症状中显露出来。这危机不是捉摸不透的天命,也不是什么深不可测的天命。"①这种危机的形成首先源于资本主义制度的根本性弊端,源于资本主义制度榨取剩余价值的剥削本性和资本的无限扩张本性,以及资本主义市场经济对于效益最大化无限追求的本性。从另一个层面说,是工业革命过程中形成一种对于科技力量无限崇拜的神话,乃至工具理性的极度膨胀。这一切都从精神和物质的层面造成贫富严重分化和对人的极度压抑,从而形成愈来愈严重的社会危机。这种危机的形成,还与同资本主义工业革命相应的本质主义的认识论哲学观念密切相关。近代以降,笛卡尔提出"我思故我在"的唯理论哲学命题,直到黑格尔,将"绝对理念"提到决定一切的高度。这就将对作为"本质"的理念的把握(认识)作为哲学的终极目标,其实是以抽象的"本质"遮蔽了活生生的人生。这种本质主义的认识论哲学极大地影响到美学、艺术与教育,致使美学学科以美的本质的探索为其最高宗旨,艺术领域则以"再现"为其指归,而教育领域则以"智商"的追求为其目标。

从 19 世纪中下叶开始,随着资本主义经济社会文化危机的日渐尖锐,许多有识之士加大了突破传统哲学美学文化形态的步伐,以黑格尔的逝世为标志,逐步发生哲学与文化领域的转型。从哲学与美学领域来说,开始从本质主义的认识论哲学—美学向注重人的生存状态的存在论哲学—美学的转型。以叔本华和尼采为代表的生命意志哲学—美学,抛弃了传统的"理念论"哲学—美学,转向对于作为个体的人的生命状态的关注。此后的表现论哲学—美学、精神分析心理学哲学—美学以及现象学哲学—美学

---

① 《胡塞尔选集》,倪梁康选编,上海三联书店 1997 年版,第 977 页。

等,也都着眼于人的深层心理发掘及其提升。但现象学哲学—美学仍然没有完全摆脱认识论的束缚,还没有完全将人的生存问题提到重要地位,胡塞尔甚至对于海德格尔将现象学引向存在论表示强烈不满。其实,将现象学引向存在论就是彻底摆脱传统本质主义认识论,走向当代形态的存在主义人学理论。萨特的存在主义哲学—美学的问世,直接提出人学理论与著名的"存在先于本质"的命题,表明以现世的人的存在为其关注重点的当代存在论人学及其美学理论的正式诞生。当然,当代存在主义人学理论的进一步完善,还须依赖于胡塞尔后期"主体间性"理论、伽达默尔"解释学"理论、德里达的"延异"理论、哈贝马斯的"交往对话"理论,以及福柯的"知识考古学"的补充。特别是海德格尔的"此在本体论"及其真理观、审美观,他提出的"人诗意地栖居于大地"的命题,更使当代存在论人学及其美学理论进一步走向成熟。这种当代哲学—美学由本质主义的认识论向存在主义的人学理论的转型,就成为当代美育理论与实践产生的理论动因与发展根基。

从教育领域来说,工业革命以来现代形态的教育真正诞生,现代大学制度真正建立,培养了大量适应社会和工业发展的人才。但另一方面,见物不见人的单纯重智型的教育理论和实践不断发展,并愈来愈显现其弊端。首先是著名的捷克资产阶级教育理论家夸美纽斯所提出的著名的"泛智论"教育思想,明确地将其培养目标定为将人培养成"理性的动物",提出"为生活而学习"的口号,将自然科学与语言等纯智力因素的学习提到首要位置。法国心理学家比奈和西蒙于1905年发表关于学生接受力和表达力测试的报告。这个测试报告经斯特恩进一步完善为"智商测试法"(IQ)。这是世界上第一个有关智力测试的标准和方法,将资本主义教育的"唯智性"和"实用性"充分地反映出来,因而很快地得到广泛推广,运用于美国和世界上的其他国家。在这种"智商"测试理论中,将数学、语法、自然科学等智力因素提到唯一重要的高度,排除了人文教育特别是美育等非智力因素。这种教育的片面性和严重后果随着时间的推移愈加显现。正如马克思与恩格斯在著名的《共产党宣言》中批判资本主义教育时所说,这种教育"对绝大多数人来说不过是把人训练成机器罢了"①。特别是两次世界大战的爆发,法西斯主义的倒行逆施给人类造成的巨大灾难,充分显示唯科技主义和唯智力教育的危害,向人类敲响了警钟。于是,从 20 世纪初,特别是第二次世界大战之后,世界各国开始关注教育的改革,将包括美育在内的人文主义教育逐渐提到重要位置,使见物不见人的"纯智教育"逐步转向人的培养。当然,资本主义制度盲目追求利益最大化的本性使其不可能将人的全面自由的发展放到根本位置,从而实行真正彻底的教育改革,但局部的改革还是可能的。1828 年,著名的美国耶鲁大学发表声明:没有什么东西比好的理论更为实际,没有什么东西比人文教育更为有用。重视人文教育正是对于资本主义教育失误反思的成果。1869 年,查尔斯·W.艾略特就任美国著名的哈佛大学校长。他宣布,这所文理学院教学思想的关键是塑造整个学生,这比传授特定知识更为重要。从此,"塑造整个学生"成为哈佛的办学理念,表明从"纯智教育"向人的培养的重要转向。第二次世界大战之后,人文教育进一步引起重视并形成"通识教育"以及有关的"核心课程"等教育制度。1945 年,哈佛大学提出名为《自由社会中的通识教育》报告,俗称"红皮书"。这是美国第一部系统论述通识教育的著作,成为战后美国高等教育改革的纲领性文件。

---

① 《马克思恩格斯选集》第 1 卷,人民出版社 1972 年版,第 268 页。

这个文件出于对"纯智教育"造成学生知识能力过分专门化的忧虑,采取加强人文教育的措施,提出本科生所学课程中应有八分之三的通识教育课程,其中自然学科、人文学科与社会学科课程各占三分之一。1947 年,美国高等教育委员会发表《美国民主社会中的高等教育报告》,提出:"我们的目标是把通识教育提高到与专业同样的位置。"以上两份文件都具有经典性,标志着"通识教育"逐步成为一股不可抗拒的潮流。据美国卡内基教育基金会的统计,从 1970 年到 1985 年,由于对通识教育的倡导,在美国开设艺术类课程的院校由 44％上升到 60％,而开设西方文化课程的院校则由 40％上升到 45％。美国欧内斯特·博耶所著《美国大学教育》一书,对于通识教育中的"艺术美学素养"课程做了这样的介绍:"人类的某些经历是难以用言词表达的。为了表达这些深存内心的最强烈的感情和思想,我们就使用一种称之为艺术的更敏锐更精巧的语言。音乐、舞蹈和视觉艺术不仅合乎需要,而且是必不可少的。因此,综合核心课程就必须揭示这些符号系统在过去是如何表达人类意愿的,并且说明它们怎么继续存在到今天。学生需要了解艺术所具有的表达和颂扬我们的生活以及衡量社会文明程度的独特功能。"[①]在这里,突出地强调了审美与艺术所特具的"表达和颂扬我们的生活以及衡量社会文明程度的独特功能",及其作为"深存内心的最强烈的感情和思想"的更敏锐的语言。应该说,这种把握是比较到位的。哈佛大学第 26 任校长尼尔·陆登庭于 1998 年 3 月 23 日在我国北京大学演讲时,充分论述了哈佛大学有关开展通识教育,加强人文审美教育的理

---

① [美]欧内斯特·博耶:《美国大学教育》,复旦大学高等教育研究所译,复旦大学出版社 1988 年版,第 129 页。

论与实践。他说:"首先,我要谈的重要的事就是人文艺术学习的重要性。当然,大学的研究工作有助于经济的增长是重要的;大学教育像目前这样有助于学生找到满意的工作,也同样是重要的。但是对于优秀的教育来说,还有更加重要的,不能用美元和人民币衡量的任务。最好的教育不但帮助人们在事业上获得成功,还应使学生更善于思考并具有更强的好奇心、洞察力和创造精神,成为人格和心理更加健全和完美的人。这种教育既有助于科学家鉴赏艺术,又有助于艺术家认识科学。它还帮助我们发现没有这种教育可能无法掌握的不同学科之间的联系;有助于我们无论作为个人还是社区的一名成员来说,度过更加有趣和更有价值的人生。当今在哈佛和美国的其他大学里,复杂的条件下我们仍然保持着人文和科学领域中的通识教育传统。我们的大学生在他们的第一个四年的本科学习中有一个主修专业,如化学、经济学、政治学、艺术或其他学科,但同时也学习从伦理学、美学到数学,从自然科学到文学、历史等非本专业的知识。除此之外,绝大多数哈佛的本科生还花很多时间在课外的活动中。如作为志愿者投身于社会服务、为报纸杂志写稿、参加乐队或其他文艺社团的排练或演出。实际上,很少有人在结束四年本科教育之前专注于职业训练。"①在这里,陆登庭校长向我们介绍了哈佛大学等先进高校的极具当代性的办学理念。当然,由于资本主义制度本身与人的全面发展的抵触,因而由"纯智教育"到人的全面发展教育的转向是非常困难的。在美国,高等教育是职业教育还是全人教育之争始终没有止息,而且对于通识教育是否有效的看法也分

---

① 转引自沈致隆:《加德纳·艺术·多元智能》,北京师范大学出版社 2004 年版,第 197 页。

歧颇大。据韦尔森1986年为国家艺术基金委员会起草的一份报告中统计,当时只有19%的9年级和10年级学生、16%的11年级和12年级的学生注册了艺术课程,1982年全美只有18%的学校强调了对美的艺术相关的毕业要求。正如阿瑟·艾夫兰在《西方艺术教育史》一书中所说:"我们有理由说(我们可以肯定地说),艺术教育史是一个成功地把艺术引进普通教育的诸运动的历史,但它同样也是各种反对普通教育进行艺术教学的诸理由和原因产生的历史。"①

回顾历史,我们看到,以人的个体存在为出发点,扩展到对于人类终极关怀的人学理论的产生和发展成为当代社会文化发展的大势所趋。在哲学与美学领域,表现为当代存在主义人学理论的蓬勃发展;在教育领域,表现为当代以全人培养为指归的通识教育理论与实践的勃兴。这是人之本真冲破遮蔽走向澄明之境的强烈要求,是人类冲破物欲束缚寻求新的自由解放的内在需要,也是新时代新的人文精神生成发展的必然趋势。但资本主义制度和当代西方哲学—美学内在的不可克服的痼疾却极大地阻碍了这一当代人学理论与实践的蓬勃发展。因而,需要一种新的更加科学的人学理论给予必要的纠偏与补正。更重要的是,这种人学理论也将为社会文化的发展提供理论的支撑。这是马克思主义人学理论生成发展的历史背景。适应历史需要,促进社会文化转型,推动人类社会前进,就是当代马克思主义人学理论肩负的历史重任。

---

① [美]阿瑟·艾夫兰:《西方艺术教育史》,邢莉、常宁生译,四川人民出版社2000年版,第339页。

第二节　马克思主义唯物实践
存在论人学理论

马克思主义人学理论,实际上就是马克思主义唯物实践存在论,是马克思主义哲学的基本形态。尽管长期以来对于这一理论存在诸多争论,但我们认为在人学已经成为当代西方哲学与文化转型的标志的情况下,马克思主义作为反映社会文化发展方向的哲学理论形态,对于人学理论没有回应,那是绝对不可能的。我们发掘马克思主义理论中的人学内涵,使之充分发挥纠正当代西方人学理论偏差之作用,也是时代的需要和我们理论工作者的责任。事实上,马克思主义是关于无产阶级解放的学说,而无产阶级解放的前提是整个人类的解放。恩格斯在《〈共产党宣言〉1883年德文版序言》中指出,无产阶级"如果不同时使整个社会永远摆脱剥削、压迫和阶级斗争,就不再能使自己从剥削它压迫它的那个阶级(资产阶级)下解放出来"①。整个社会的解放,也就是人类的解放,这是马克思主义的奋斗目标。因此,我们从无产阶级,乃至整个人类解放的意义上论述马克思主义人学理论,应该是科学的,符合马克思与恩格斯的本义的。其实,早在1843年年底至1844年1月,马克思就在著名的《〈黑格尔法哲学批判〉导言》一文中明确地提出了自己的人学理论。他说:"德国唯一实际可能的解放是从宣布人本身是人的最高本质这个理论出发的解放。"②又说:"对宗教的批判最后归结为人是人的最高本质这样一个学

①《马克思恩格斯选集》第1卷,人民出版社1972年版,第232页。
②《马克思恩格斯选集》第1卷,人民出版社1972年版,第15页。

说,从而也归结为这样一条绝对命令:必须推翻那些使人成为受屈辱、被奴役、被遗弃和被蔑视的东西的一切关系。"①有的理论工作者认为,这个思想不仅不是马克思当时思想的核心,而且带有费尔巴哈人本主义的痕迹。我们认为,这种看法不尽妥当。因为,这里其实包含两层紧密相关的意思:一层就是关于人是人的最高本质的学说;第二层是一条"绝对命令",亦即人学理论的前提是推翻使人受奴役的一切社会关系。这正是1885年恩格斯在解释《导言》时所说的"决不是国家制约和决定市民社会,而是市民社会制约和决定国家"②。这也就是社会存在决定社会意识的马克思主义历史唯物主义重要原理。由此说明,马克思在《〈黑格尔法哲学批判〉导言》中所说的"绝对命令",即人学理论的前提,已经将其奠定在历史唯物主义的基础之上了。事实证明,如果从马克思主义的历史唯物主义出发,将马克思主义的人学理论的核心归结为无产阶级和整个人类的解放,这一理论其实是一直贯穿于马克思主义理论发展始终的,从马克思在《1844年经济学—哲学手稿》中对"异化"的扬弃,到我国今天对"以人为本"的倡导,应该说是一脉相承的。

马克思主义实践存在论人学理论的产生绝不是偶然的,而有其历史的必然性。从社会历史的层面说,这一理论恰是批判资本主义制度、实现人类解放的社会主义革命运动的必然要求。马克思主义创始人代表着无产阶级和广大被压迫阶级的利益,深刻地分析了资本主义制度剥削的本性及其生产社会化与私人占有制的内在矛盾,因而从深刻批判资本主义制度出发必然提出人类解

①《马克思恩格斯选集》第1卷,人民出版社1972年版,第9页。
②《马克思恩格斯选集》第4卷,人民出版社1972年版,第192页。

放这一马克思主义人学理论最重要的理论武器。马克思在《〈黑格尔法哲学批判〉导言》中指出:"哲学把无产阶级当作自己的物质武器,同样地,无产阶级也把哲学当作自己的精神武器;思想的闪电一旦真正射入这块没有触动过的人民园地,德国人就会解放成为人。"①由此可见,马克思主义人学理论就是无产阶级解放的精神武器。正是在无产阶级和劳动人民谋求解放的伟大历史运动之中,马克思主义人学理论才得以产生和发展。我们从《1844年经济学—哲学手稿》到《共产党宣言》,再到《资本论》,再到马恩后期的著作,几乎可以清晰地描绘出马克思主义人学理论发展的一条红线。

从哲学理论的层面上看,马克思主义人学理论恰是批判各种二分对立的旧哲学的产物。众所周知,近代以来,与工业革命相应,认识本体论哲学发展,无论是唯物主义还是唯心主义,都从主客二分的角度将抽象的本质的追求作为哲学的终极目标。这种见物不见人的哲学实际上是对现实生活与人类命运的远离,是脱离时代需要的。马克思主义创始人充分地看到了这种哲学理论的弊端,以马克思主义历史唯物主义的人学理论对其加以超越。马克思在著名的《关于费尔巴哈的提纲》中指出:"从前的一切唯物主义——包括费尔巴哈的唯物主义——的主要缺点是:对事物、现实、感性,只是从客体的或者直观的形式去理解,而不是把它们当作人的感性活动,当作实践去理解,不是从主观方面去理解。所以,结果竟是这样,和唯物主义相反,唯心主义却发展了能动的方面,但只是抽象地发展了,因为唯心主义当然是不知道真正现实的、感性的活动本身的。"②在这里,马克思有力地批判了

---

①《马克思恩格斯选集》第1卷,人民出版社1972年版,第15页。
②《马克思恩格斯选集》第1卷,人民出版社1972年版,第16页。

旧唯物主义的抽象客观性和旧唯心主义的抽象主观性,而将对于事物的理解奠定在主观的、能动的感性实践的基础之上。这种主观能动的感性实践就是人的实践的存在,是马克思主义实践存在论人学理论的基本内涵。马克思首先超越了费尔巴哈的旧唯物主义,这种旧唯物主义将人的本质归结为抽象的生物性的"爱",是一种"从客体的或者直观的形式去理解"的二分对立的错误思维模式。同时,马克思也超越了以黑格尔为代表的唯心主义从抽象的精神理念出发的另一种主客二分对立的错误思维错误。马克思以人的唯物实践存在将主客统一了起来,从而超越了一切旧的哲学,成为人类历史上崭新的哲学理论形态——唯物实践存在论人学观。

马克思主义的唯物实践存在论人学观与西方当代人学理论有许多共同之处。马克思唯物实践存在论人学观与其他人学理论一样都是对于西方近代认识本体论主客二分思维模式的突破。它以其独有的唯物实践存在范畴突破了西方古代哲学的主客二分,并将作为实体的主客两者加以统一。在这里,实践作为主观见之于客观的活动,是一个过程,不可能成为本体。但唯物实践存在,即实践中的具体的人却是可以成为本体。因此,这是一种唯物实践存在本体论,也是一种"存在先于本质"的理论,以此突破了主观实体或客观实体。正因为如此,马克思主义唯物实践存在论人学理论也同当代其他人学理论一样,是以现实的在世的个别之人为其出发点。海德格尔是以在世之"此在"为其出发点的,马克思主义唯物实践存在论人学理论则是以个别的、活生生的、现实之人为其出发点的。诚如马克思所说,唯物主义历史观的"前提是人,但不是某种处在幻想的与世隔绝、离群索居状态的人,而是处在一定条件下进行的、现实的、可以通过经验观察到的发展过程中的人"①。又说:"任何人类历史的第一个前提无疑是有生命的个人的存在。"②由此可见,实践中的现实的有生命的个人存在就是马克思唯物实践存在论的出发点。这是一个在一定的时间与空间中实践着的活生生的个人。正如马克思所说,"时间实际上是人的积极存在,它不仅是人的生命的尺度,而且是人的发展的空间"③。马克思主义唯物实践存在论人学理论也同当代西方其他人学理论一样,是以追求人的自由解放为其指归的。众所周知,马克思主义理论本身就以无产阶级与整个人类的自由解放为其最终目标,它把"只有解放全人类才能解放无产阶级"写在自己的战斗旗帜之上。马克思在论述共产主义时就曾明确指出,共产主义是"以每个人的全面而自由的发展为基本原则的社会形式"④。

但马克思主义人学理论又具有西方当代人学理论所不具备的鲜明的实践性和阶级性特点,由此使其成为当代人学理论的制高点,对于这一点西方当代理论家也都承认。萨特指出:"马克思主义非但没有衰竭,而且还十分年轻,几乎是处于童年时代:它才刚刚开始发展。因此,它仍然是我们时代的哲学:它是不可超越的,因为产生它的情势还没有被超越。"⑤马克思所说的人首先是处于社会生产劳动实践之中的人。社会生产劳动实践是人的最基本的生存方式,诚如马克思所说:"我们首先应当确定一切人类生存的第一个前提也就是历史的第一个前提,这个前提就是:人

①《马克思恩格斯全集》第3卷,人民出版社1960年版,第30页。
②《马克思恩格斯选集》第1卷,人民出版社1972年版,第24页。
③《马克思恩格斯全集》第47卷,人民出版社1979年版,第532页。
④《马克思恩格斯全集》第23卷,人民出版社1960年版,第649页。
⑤[法]萨特:《辩证理性批判》上卷,林骧华等译,安徽文艺出版社1998年版,第28页。

们为了能够'创造历史'，必须能够生活。但是为了生活，首先就需要衣、食、住以及其他东西。因此第一个历史活动就是生产满足这些需要的资料，即生产物质生活本身。"①这就将社会生产劳动为特点的实践世界放到了人的生存的首要的基础地位，从而将马克思主义人学理论奠定在唯物主义实践观的理论基础之上，迥异于西方当代以胡塞尔唯心主义现象学为理论基础的人学理论，也迥异于西方当代人学理论家后期提出的"生活世界"理论。

马克思主义的人学理论还具有极其鲜明的阶级性。它是一种以关怀和彻底改变无产阶级和一切被压迫阶级的生存状况为其宗旨的理论形态，是无产阶级和一切被压迫阶级获得解放的理论武器。这种人学理论迥异于呼唤抽象的爱的资产阶级人道主义，它公开地宣布反对资产阶级的压迫与统治是无产阶级和一切被压迫阶级获得解放的必要条件。这就是马克思主义人学理论的鲜明的阶级性和政治价值取向所在。

马克思人学理论的另一个重要特点，是将人的个人存在与其社会存在有机地结合起来。它一方面强调人是现实的有生命的个人存在，同时也强调人是一种社会的存在，是个体性与社会性的有机统一。马克思在《关于费尔巴哈的提纲》中指出："人的本质并不是单个人所固有的抽象物。在其现实性上，它是一切社会关系的总和。"②马克思既强调了人存在的现实性与个体性，同时更加强调了人存在的社会性与阶级性，强调了个人的自由解放要依赖于社会的进步和整个阶级与人类的解放。这就超越了西方存在主义"他人是地狱"的理论观念。

---

①《马克思恩格斯全集》第3卷，人民出版社1960年版，第31页。
②《马克思恩格斯选集》第1卷，人民出版社1972年版，第18页。

　　当然,时代在发展,马克思主义人学理论本身实践的、革命的品格就决定了它必然地要与时俱进,吸收当代人学理论的有益成分。马克思与恩格斯逝世之后,人类社会经历了 20 世纪前后风云变幻的 100 多年,经济社会发生了极大变化,历史的发展进一步证明了马克思主义人学理论的科学性与前瞻性。西方当代哲学及其人学理论的发展,尤其是西方马克思主义人学理论中有诸多内容与马克思原典的相融性等等,都决定了马克思主义人学理论的继续发展必须吸收西方当代各种哲学与人学理论的有益成分,从而使自己更具时代性与活力。马克思主义人学理论应该吸收西方当代哲学与人学中有关人的非理性因素的论述。众所周知,西方当代哲学主要在非理性层面探索人性,甚至将其夸大到主导性地位,这自然是偏颇的。但人的"此在"的在世性的确又包含许多非理性成分,马克思主义的创始人在充分强调人的理性时对人的非理性成分是有所忽视的,应该说这是一种历史的缺失。今天,我们在充分重视人的理性的同时,应该将西方当代哲学之中有关人的非理性的论述吸收到马克思主义人学理论之中。西方当代哲学与人学理论在后期为了克服主观唯心主义的弊病,曾经提出"主体间性"理论加以补充,并因此而派生出"交往对话""共生共存"等理论观点。马克思主义人学理论在《1844 年经济学—哲学手稿》中注意到了交往对话问题,但在理论的广度和深度上还有必要吸收西方当代哲学与人学理论中的有关内容。在马克思主义创始人所在的 19 世纪,资本主义现代化的发展还不够充分,人对自然破坏的严重性还没有充分显露出来,因此,他们的哲学与人学理论中尽管比同时代的人已经具有更多的人与自然和谐的内容,但总体上对于生态问题的重视和论述还是不够的。例如,他们的哲学与人学观还没有更自觉的生态维度,他们的经济理论也没有更自觉的包含自然的生态价值。但自 20 世纪 60 年代以来,由于生态问题的日渐严重,出现了大量的有关生态哲学、伦理学与生态批评的理论。因此,当代马克思主义人学理论建设应该自觉地吸收这些生态理论,努力将人文观与生态观统一起来,构建人的生态本性理论与新的生态人文主义。我们相信,马克思主义人学理论在新的形势下,通过与时俱进的建构性发展,一定会更加全面,更加科学。

第三节　马克思主义人学理论对现代美育建设的指导作用

马克思主义唯物实践人学理论的建设和发展对于当代美学与美育建设具有极为重要的作用,以它为当代美学与美育建设的理论基础就表明将由本质主义的实体性美学向当代人生美学的转型。本质主义的实体性美学就是主客二分的认识论美学,以把握美的客观本质或主观本质为其指归。这种美学实际上是一种严重脱离生活的经院美学,在很大程度上是对人的本真存在的一种遮蔽。而建立在马克思人学理论基础之上的人生美学,则是充满现实生活气息的人的美学,是一种对于实体遮蔽之解蔽,实现人的本真存在的自行显现,走向澄明之境。这是一种以人的现实的"在世性"为基点的美学形态,力图彻底摆脱主客二分,实现作为现实的人与自然社会、理性与非理性的多侧面、全方位的有机统一。实际上,以马克思主义人学理论为指导的当代美学,突破了传统的本质主义认识论美学,从此在的在世的人的角度对于审美不是如认识论美学那样只是从所谓"本质"的一个层面对其界说,而是从活生生的人的多个层面对其界说,也从这个角度对传统的美学与文艺学理论进行新的阐释。从具体的审美来说,不是立足于对于对象的客观规律的知识性把握,而是立足于在世的现实的人的审美经验的建立。这种审美经验的建立是以"前见"为参照,以当下的理解为主,从主体的构成性出发,建立起新的视界融合。正是在马克思主义人学理论的基础上,我们所构建的马克思主义的人学美学理论,实际上就是实践存在论美学理论。它包含十分丰富的内容,我们从马克思主义的原典出发,将其概括为以下三个方面:从宏观的角度讲,就是对于非美的资本主义社会制度与生活的批判与否定,也就是"异化"的扬弃;从微观的角度讲,是"人也按照美的规律来建造",即以美的"尺度"来改造客观世界与主观世界。在这种改造的同时,也促使"人的感性的丰富性,如有音乐感的耳朵、能感受形式美的眼睛"①。最后的目标,是美好的新生活与新人的创造,即在未来的共产主义社会将"用整个社会的力量来共同经营生产和由此而引起的生产的新发展,也需要一种全新的人,并将创造出这种新人来"②。

　　马克思主义人学理论对于当代美育建设有着巨大的指导作用,使美育与当代美学建设相融,走上批判与救赎当代社会弊端,推进人类获得诗意地栖居的广阔道路。马克思人学理论的指导首先决定于美育的产生与发展的后现代的特殊语境。一说到"后现代",有的学者就有反感,认为中国现在还处于现代化过程之中,讲"后现代"是一种"奢侈"。其实,对于"后现代",有多种理解。我们所理解的后现代是对于现代性进行反思和超越的后现代。这种后现代其实是伴随着现代性而产生的,早在17世纪资

---

①《马克思恩格斯全集》第42卷,人民出版社1979年版,第126页。
②《马克思恩格斯选集》第1卷,人民出版社1972年版,第222—223页。

本主义现代性刚刚开始之际，就有了对其进行反思和超越的后现代。所谓"文明的危机""西方的没落"、海德格尔所称的"茫茫的黑夜"等，就是当时的理论家对资本主义现代性的批判。马克思主义创始人更是高举起批判资本主义现代性的大旗，写下了一系列有力批判资本主义的传世檄文。目前，我国学者提出的"生态文明"，也是对于工业文明的一种超越，也就是"后工业文明"，就是"后现代"。因此，后现代不仅具有现实性，而且是十分有意义的理论与实践。由于系统的"人学"理论是后现代的产物，因而产生于人学理论基础之上的当代美育就具有明显的后现代性，是对于资本主义现代社会批判的产物。众所周知，1795年，德国诗人、美学家席勒写出著名的《美育书简》，在人类历史上首次提出"美育"概念，并加以系统阐释。席勒所提的"美育"概念就是一个具有明显后现代色彩的美学范畴。因为，美育的提出是对于资本主义现代性的分裂人性的有力批判的结果，旨在通过审美的人将处于分裂状态的感性的人和理性的人加以统一。从理论形态的角度来说，席勒的美育理论是以具有初始的存在论色彩的人学理论为其基础和指导的。这是一种明显的现代人本主义人学思潮，成为西方现代人学理论的源头之一。这样，弄清楚美育理论产生的后现代语境，有利于我们厘清美育所肩负的责任。

的确，美育理论于20世纪初期在我国介绍传播之时，我国正值封建与半封建社会，反封建成为当时的首要任务之一。在那种情况下，美育倒真的在我国承担了某种现代性的启蒙作用。这确是我国的特殊之处。但在当代，在我国现代化和市场经济深入发展之时，在国际范围逐步步入知识经济时代之时，我国审美教育的后现代性质愈来愈清晰。我们以马克思主义人学理论为指导建设当代形态的美育理论，就是要通过美育超越现代性的种种弊端,培养学会审美的生存的一代新人。这就说明,美育的后现代性决定了它的明显的超越性与前瞻性。我国当代美育以马克思主义人学理论为指导,还决定了美育理论的外延必将有所扩张,使之与当代美学理论建设相结合。因为,当代美学同样面临着由认识论美学到存在论美学,由本质主义美学到人生美学转向的课题,并将塑造审美的生存的人作为其指归。因此,在这个意义上,我们认为当代美学就是广义的美育。

从美育的内涵来说,以马克思人学理论为指导,必然将"自由"作为美育最基本的内涵。席勒在《美育书简》中说,要"把美的问题放在自由的问题之前"①。也就是说,在席勒看来,只有通过美育,人才能获得自由。"自由"是一个非常重要的哲学与美学范畴。它也同样经历了由认识论的自由观到存在论的自由观的重要转型。在认识论的范围内,所谓自由就是对于必然的掌握。这种自由只能在科学活动与生产活动中才能产生。而思想领域的自由,则是艺术中想象的自由与凭借某种先天原则的"先验的自由",常常带有神学的意味。但在当代存在论哲学与美学之中,自由已经不完全是人的认识,而是超越了认识,成为人的生存状态。席勒将自由看作是一种"游戏"或"心境"。所谓"游戏",从现代存在论哲学与美学的观点看,是人的无功利追求的一种"同戏共庆"的本性所在,是人的审美经验的存在方式,表现的恰是审美的生存状态。对于审美是一种"心境",席勒做了较为充分的论述。他说:"他们说美使我们处于一种心境中,这种美和心境在认识和志向方面是完全无足轻重并且毫无益处。他们是完全有道理的,因为美不论在知性方面还是在意志方面完全不会给人以任何结果。

①[德]席勒:《美育书简》,徐恒醇译,中国文联出版公司1984年版,第38页。

它既不能实现智力目的,也不能实现道德目的。"①在这里,席勒
已经初步将美育领域的自由与认识领域的自由划清了界线。他
认为,从总的方面来说,美是不直接与认识以及道德的功能相关
的,美的自由是一种"心境"。海德格尔将自由与真理紧密相联,
他说:"真理的本质是自由。"②众所周知,在海氏的哲学与美学
中,真理与美是同格的。他曾说,美是"真理的自行显现"。因而,
自由就成为美的基本品格。那么,作为自由的美是什么呢? 海氏
认为,就是"存在"在"天地神人四方游戏"世界结构中的自行显
现,最后走向人的诗意地栖居。马克思主义人学理论的自由观没
有完全抛弃认识论领域的自由内涵,但却有重大超越。马克思主
义认为,所谓自由是对于必然的认识和世界的改造。恩格斯指
出:"自由是在于根据对自然界的必然性的认识来支配我们自己
和外部自然界。"③当然,马克思主义实践存在论人学观最基本的
立足点,是将自由与实践紧密结合起来的。人的真正自由的获得
只有通过劳动生产实践与革命的实践,只有在这样的社会实践中
人和人类才能获得自由解放,获得审美的生存。这恰是当代美学
与美育作为马克思主义人学理论组成部分的最重要目标。

---

① [德]席勒:《美育书简》,徐恒醇译,中国文联出版公司 1984 年版,第
　 110 页。
② 转引自赵敦华:《现代西方哲学新编》,北京大学出版社 2000 年版,第
　 180 页。
③ 《马克思恩格斯选集》第 3 卷,人民出版社 1972 年版,第 154 页。

第三章　现代美育的作用和任务

——培养生活的艺术家

第一节　美育是一个关系到未来人类素质和生存质量的重大课题

当前,我们之所以十分重视审美与艺术教育论题,主要是因为审美与艺术教育已经成为世界各国文化教育界所共同关注的一个重大课题。那就是,面向新的世纪,人类应该审美的生存,我们应该将我们的后代培养成审美的生存的一代新人。众所周知,面对未来,摆在人类面前的是机遇与挑战共存。所谓机遇,是未来岁月人类将会取得更多的繁荣发展。所谓挑战,是与繁荣发展相伴,人类也将面临自然生态恶化、工具理性膨胀、市场拜物盛行、精神疾患蔓延等严重问题。这就是物质生活富裕与人的生存状态的非美化两极发展的悖论,要解决这个悖论就必须坚持物质文明与精神文明同时发展。美育就是精神文明的重要组成部分,通过审美教育的手段培养审美的生存的一代新人。这样的新人应该以审美的世界观作为生存的根本原则,摆脱传统的"人类中心主义"和工具理性的束缚,以亲和系统、普遍共生的态度同自然、社会、他人和人自身处于一种协调一致的审美状态,改变人的非美的生存状态,走向审美的生存。

中国早在先秦时期就有"诗教""乐教"等古典形态的美育传统。20世纪初期，王国维、蔡元培等先驱者又从启蒙的角度介绍了西方现代美育观念。新中国成立后，特别是新时期，国家对美育发展采取了一系列重要措施，特别是从素质教育的高度将其列入国家教育方针，在原有十分薄弱的基础上取得非常明显的成绩。大家共同认识到，人类社会已经迈入21世纪。新的世纪，对于人类来说既预示着新的繁荣发展，也预示着将会出现许多新的问题和挑战，但创造美好未来却是我们的共同愿望。美好未来的创造要依靠一代代高素质的新人。这些新人应该做到科学与人文的和谐统一、理性观念与艺术精神的和谐统一、人与自然的和谐统一、身体健康与心理健康的和谐统一。这就是一种审美的生存。因此，我们的共识是，在新的世纪我们不仅要教育我们的青年学会生存，而且要教育他们学会审美的生存。这就是审美教育所肩负的光荣而艰巨的任务。

在当代美育的理论建设与实践中，中外学者交流了各自国家和学校开展审美教育的情况，起到了交流经验、交换看法、取长补短的作用。国外学者介绍了开展通识教育、进行以学科为基础的艺术教育，以及运用高科技手段开展艺术教育的情况和经验，给中国学者很大的启发。中国学者介绍了从1995年开始的作为文化素质教育组成部分的艺术教育的情况，以及1999年6月全国第三次教育工作会议之后，在政府的有力支持下，从素质教育的高度所开展的艺术教育的情况。这种交流再次证明，世界各国、各地由于文化背景的不同、经济水平的差异，审美教育开展的情况会有所不同，但我们对审美教育的共同重视却是一致的。由于中国尚属发展中国家，在审美教育方面还有许多欠缺，我们一直认为，审美教育是我国所有教育环节中最为薄弱的环节，我们需要很好地向国外的高校学习,不断加强我们的审美教育工作。

在美育的理论建设与实践中,我们还比较深入地讨论了审美教育中一些有待解决的问题。一是审美教育的普及问题。审美教育的真正普及同整个教育体制密切相关,必须改变现有的应试教育体制,逐步实行素质教育。二是审美教育的评价问题。审美教育本质上是一种情感教育,对它的评价不能采取同其他理工课程类似的统一的标准化评价标准和方式,而应采取个性化的评价标准和方式。但难度大、实施不易。三是审美教育的目的问题。这就涉及审美教育过程中知识、技能与素养的关系。我们认为,知识是前提,技能是基础,而目的则是为了提高素养。三者之间应该有机地统一在一起。四是审美教育如何面对当前社会与文化的诸多挑战问题。如市场经济、大众文化、先锋派艺术、信息时代传媒等等。许多学者认为,审美教育不仅具有理论性的品格,更加具有实践性的品格,应该面对现实,应对挑战,使我们的学生通过审美教育,具有在新的复杂环境中审美地生存的能力。

关于审美教育的科研问题,许多学者认为,科研是提高今后审美教育水平的重要支撑。目前在审美教育的科研上,首先要加强学科意识。美育是介于美学、教育学、心理学之间的一门交叉边缘学科,但它归根到底是教育学的一个分支,并具有相对独立性,而且随着时代的发展愈加显现其重要性。因此,作为一个相对独立的学科就应拥有一个有机的知识主体、独特的研究方法以及对本研究领域的基本思想有着共识的学者群体。我们应该更自觉地朝着这个方向去建设与发展美育学科。同时,正因为美育是一个交叉边缘学科,就有赖于美学、教育学、心理学、社会学以及脑科学等各有关学者的共同关注和联合攻关,这样才有可能取得新的突破。前面已经谈到,美育作为教育学的分支具有强烈的实践性品格,因此,美育的科研应紧密联系育人实际,从育人第一线发现问题,再提到理论高度开展研究,这样才会使美育研究充满动力与活力。

优秀的文化是人类文明的结晶,是指导人类前行的精神力量,也是一个民族之根。在经济全球化的时代背景之下,我们一方面要促进文化的交流互补,同时更要坚持文化的多元共存。大力发展民族文化,使之更具生命力与活力。尤为可贵的是,不少西方学者对东方文化的特殊价值给予了充分肯定,表现出他们宏阔的学术视野。大家共同认为,不同地区和民族的学者应共同创造多姿多彩的各民族文化争奇斗艳、百花齐放的崭新局面。学术领域的交流与对话就是促进各种文化发展的动力和重要途径。新时期以来的美育理论建设与实践,让我们形成了这样一种共识:让我们的青年一代学会审美地生存。

第二节　美育的现代意义

——培养生活的艺术家

"美育"是一个历史的概念,它的意义应该随着历史的发展而不断变化,并赋予其新的意义。早在公元前5世纪,当人类刚刚迈入农耕社会之时,我们的古代圣贤就提出了艺术教育的问题。古希腊著名哲人柏拉图提出以音乐教育培养"城邦保卫者",我国的孔子也实施"诗教""乐教"。当人类进入工业社会之时,1795年,德国著名诗人席勒提出"美育"的概念。席勒明确地将"美育"的本质界定为"情感教育",目的在于克服人性的分裂和兽欲的横流。他说:"要使感性的人成为理性的人,除了首先使他成为审美的人,没有其他途径。"①

当前,正值两个世纪之交,人类社会以20世纪50年代电子计算机的出现与发展为标志,逐步进入了"知识经济"的时代,信息产业成为主导产业,知识成为经济增长最重要的因素。经济发展迅速呈现信息化、全球化和高速化的趋势。这种新的经济形式的出现必将对教育提出新的课题。知识经济对教育,特别是对培养规格提出新的要求。美国未来学家托夫勒在著名的《第三次浪潮》中提出,已经根本改变的物质生活条件,对个性(更精确地说,是社会特征)产生影响,第三次浪潮要求产生一种新的社会性格。② 这种知识经济还向教育提出了一系列需要解决的问题。知识经济本身就存在着经济技术的规范化与文化的反制度、反规范的矛盾,加上工业经济所遗留的问题,因而,形成了当今社会普遍存在的人口问题、环境问题、资源问题、贫穷问题以及精神危机问题等。托夫勒指出:"在美国公民中,足足有四分之一的人,情绪严重地受到某种形式的打击","心理危机……在一个混乱分裂和对未来捉摸不定的美国社会中,到处蔓延"。③

法国当代哲学家利奥塔认为,在新的知识经济时代来到之际,应该从新的视角去重新阐释人类、社会和文化发展的历史。他说:"资讯革命为社会学、文化学带来了新的视角:从资讯或知

---

①[德]席勒:《美育书简》,徐恒醇译,中国文联出版公司1984年版,第116页。

②[美]阿尔温·托夫勒:《第三次浪潮》,朱志焱等译,生活·读书·新知三联书店1984年版,第477页。

③[美]阿尔温·托夫勒:《第三次浪潮》,朱志焱等译,生活·读书·新知三联书店1984年版,第457、458页。

识发展的观念，来重新阐释人类、社会、文化发展的历史。"①我们从知识经济和信息科技革命的新视角来重新审视美育，得出的结论是：在知识经济的时代，美育比以往任何时候都更重要，审美情感比以往任何时候也都更加重要。世界各国对美育都给予了从未有过的重视，各个学科也都从不同的角度给予美育以从未有过的重视。联合国教科文组织 1989 年 12 月在我国召开的面向 21 世纪教育国际研讨会上提出了《学会关心：二十一世纪的教育》的报告。所谓"关心"就是关心人类、关心社会、关心他人，就是一种高尚的情操、美好的情感。

现在，我们来探讨一下美育的现代意义。

美育是现代素质教育的重要组成部分。在我们进入知识经济时代，面向 21 世纪之时，各个国家都不约而同地摒弃应试教育，倡导素质教育。应试教育是农耕时代的贵族教育与工业时代的群体化教育的基本特征。因为贵族教育以选拔英才为核心，而群体化教育以培养划一的工业劳动后备军为核心。但新的知识经济时代是一个以知识创造为其特征的时代，个人的创造性劳动起着关键性的作用。因而，素质教育被提到了突出的位置。素质包括智力因素和非智力因素。而对素质的突出强调，又更多地强调意志、情感等非智力因素。因为智力因素在应试教育中应该说已经给予了较多的重视，而对非智力因素却大多忽视。当代教育学家与心理学家从当代社会越来越严峻的社会挑战和精神危机的普遍存在出发，针对智商（IQ）概念提出情商（EQ）概念，即所谓"情绪商数"。美国耶鲁大学心理学家彼得·沙洛维将情商归纳

①［法］利奥塔：《后现代状况》，岛子译，湖南美术出版社 1996 年版，第 220 页。

为以下五类:(1)认识自身的情绪,(2)妥善管理情绪,(3)自我激励,(4)认知他人的情绪,(5)人际关系的管理。总之,这是一种控制与调整自己情感的能力。有的学者认为,在人的成功诸因素中,情商显得比智商更重要,甚至达到80%以上的比重。美国哈佛大学心理学博士、《纽约时报》科学作者戈尔曼根据情商的重要性与社会上情感问题的严重现实,在《情感智力》一书中郑重提出了"情感教育"的问题。他说:"在街头团伙取代家庭以及校园侮辱最终酿成伤害事件的时候,在一半以上的婚姻以离婚告终的时候,在美国大多数被害儿童是死于父母和养父母之手的时候,看来有必要进行矫正性的情感教育。"[①]我国北京师范大学最近举办了"情绪、情绪智力与情感教育最新研究进展讲习班",说明我国学术界对国际上情感教育研究的高度重视。当然,直到目前,学术界对情商仍有不同看法。但我想,无论对这一概念有什么分歧,有一点却是非常清楚的,那就是培养人的内在情感动力的情感教育在当代具有十分重要的地位。那么,美育作为情感教育最重要的手段也就具有了十分重要的地位。

美育是发展现代生产力的重要因素。知识经济的特点就是知识的生产与传播。从信息科技产业来看,表现为软件的生产,以及通过信息高速公路网络化的迅速传播。在知识的生产与传播中,想象力从未像现在这样发挥着突出的作用。因为知识经济的核心是创新,而创新的主要动力之一是想象力。它首先表现为组编知识的能力。利奥塔指出:"这种将零落还原为独立的知识,系统化地组接并能清晰表达的能力就是想象力。想象力的主要

---

① 转引自[美]戈尔曼:《情感智力》,人大复印资料《心理学》卷,1996年第11期。

特质就是速度。"①再就是知识创新的决策分析能力,也常常凭借带有直觉性的想象能力。利奥塔说,"依靠于想象力,我们可以创造新的越位,以至改变游戏规则"②。正是依靠这样的想象力,美国微软公司总裁比尔·盖茨创造了信息产业的奇迹,连续三年位居世界首富,其资产 1500 亿美元超过美国三家汽车公司的总和,平均每周增加资产 4 亿美元。美国当代美学家马尔库塞由此断言:"艺术也将在物质改造和文化改造中成为一种生产力。"③许多发达国家对审美力给了充分的重视,美国于 1967 年成立了著名的"零点项目研究所"。他们认为,美国建国 200 多年来对形象思维什么都不知道,等于从零开始,但三十多年来尽管花了极大精力,但却没有重大突破。由此可知,在知识经济时代,以培育想象力为主要功能的审美教育成为发展现代生产力的重要因素,并已引起人们的高度重视。

美育是培育新的社会性格的重要措施。我们已经谈到,托夫勒认为,新的知识经济时代要求培育同它相适应的新的社会性格。这种新的社会性格是同工业经济时代教育制度所培养的性格迥然不同的。托夫勒说,在工业经济时代,"儿童要为将来进入工厂作准备,群体化教育成为第二次浪潮社会又一个结构中心。在以工厂为模特儿的群体化教育中,在'表面课程'之外,还有'隐蔽的课程',即:守时、服从、死记硬背与重复作业"④。马尔库塞

---

① [法]利奥塔:《后现代状况》,岛子译,湖南美术出版社 1996 年版,第 153—154 页。

② [法]利奥塔:《后现代状况》,岛子译,湖南美术出版社 1996 年版,第 154 页。

③ 转引自朱立元:《现代西方美学史》,上海文艺出版社 1993 年版,第 1021 页。

④ [美]阿尔温·托夫勒:《第三次浪潮》,朱志焱等译,生活·读书·新知三联书店 1984 年版,第 6 页。

将这种教育制度与社会环境中培养的社会性格称为"单向度人"。他说："出现了一种单向度的思想和行为方式。"①这种"单向度人"完全抛弃否定性思维和理性的批判力量。它是科学主义的实证主义哲学泛滥的结果，是技术拜物教的表现，也是对人文主义、高雅文化、美学向度的一种清洗。马尔库塞认为："这个社会的成就和失败使它的高层文化失去合法性。人们所赞美的自主性人格、人道主义以及带有悲剧色彩和浪漫色彩的爱情，似乎都是发展的落后阶段才具有的理想。"②可见，马尔库塞所说的"单向度人"就是德国古典哲学所说的"异化"的人，只是进一步充实了现代社会由于科学实证主义泛滥而形成的人的思维的狭窄、性格的失衡。要拓展人的思维、平衡人的性格，就须恢复"审美的向度"，"解放想象力"。马尔库塞说："审美的向度还依然保留着一种表达自由，这种自由使作家和艺术家能够用他自己的称谓来称呼人和物——能够命名他人所不能命名的东西。"③依靠着"审美的向度"也就是依靠着美育，才有可能培养出人文主义与科学主义统一的、具有更高文明程度、更健全的人格与思维、个性高度发展的"本质上新的历史主体"④。

美育的根本任务是培养"生活的艺术家"，实现新世纪人类和

①［美］赫伯特·马尔库塞：《单向度的人》，刘继译，上海译文出版社 2006 年版，第 12 页。

②［美］赫伯特·马尔库塞：《单向度的人》，刘继译，上海译文出版社 2006 年版，第 52 页。

③［美］赫伯特·马尔库塞：《单向度的人》，刘继译，上海译文出版社 2006 年版，第 225 页。

④［美］赫伯特·马尔库塞：《单向度的人》，刘继译，上海译文出版社 2006 年版，第 230 页。

谐发展的美好理想。和谐发展是人类生存与发展的根本之路,是有史以来人类所追求的美好理想。新的知识经济的时代已经到来,新世纪的曙光就在前面。经济即将提升到一个新的高度,社会也应提升到一个新的高度,人类自身当然也应提升到一个新的高度。也就是说,应该在社会和人类自身的和谐发展上有新的进步,达到新的水平。这种和谐发展,包括人与社会、人与自然、人与人以及人自身等诸多方面。当前,世界各国都提出可持续发展问题。所谓可持续发展,就是和谐发展,期待人与社会、自然、他人处于一种"亲和关系",人自身在人格与心理结构诸方面处于均衡协调状态。要做到和谐发展,最关键的因素是要通过美育培养人类特别是青年一代成为"生活的艺术家",也就是以审美的态度去对待社会、人生、他人以及自身,真正做到科学主义与人文主义、感性与理性、真与善的高度统一,而其核心是一种包含着高度理性的"爱"。这种"爱"不同于快感的爱,也不同于道德的爱,而是一种审美的爱。这种审美的爱也是一种包含着理性的爱,但它是一种不同于工具理性(知识)、价值理性(道德)的情感理性(审美)。这种审美的爱只有通过美育才能培养。它正是和谐发展的必要前提和催化剂。正如一句歌词所说:"只要人人都献出一点爱,世界将变成美好的人间。"这就是几千年来人类所探索的人的解放的根本问题,是人类对自身的终极关怀。这样的终极关怀,始终为无数哲人所关注,如中国古代对"道"的探索(所谓"人法地,地法天,天法道,道法自然"),德国古典哲学对"异化"问题的研究,马克思关于人类解放的思考,等等。20世纪下半期,面临知识经济的到来,同时又正值两个世纪之交,这样的终极关怀便以更丰富的历史与哲学内涵提出,同生命本体、人的生存意义及人类新世纪的前途紧密相关,从而也为美育赋予了新的更高更为丰富的意义。其中,最著名的就是德国哲学家海德格尔。他首先无情地鞭挞了技术拜物教的泛滥对人性的戕害。他认为,在某些国家,"归根结底是要把生命的本质本身交付给技术制造处理","人本身及其事物都面临着一种日益增长的危险,也就是要变成单纯的材料以及变成对象化的功能"。① 他认为,现时代是世界之夜,人遗忘了自己真正的本质。在这里,海德格尔既是对现存世界的批判,又是对天、地、神、人统一的世界即天人合一、和谐发展的呼唤。为此,他提出了"人类应该诗意地栖居于这片大地"的重要命题。他借用荷尔德林的诗句说道:"充满才德的人类,诗意地栖居于这片大地。"②他认为,人的存在的根基从根本上说应该是"诗意的","尽可能地去神思(寻找到)神祇的现在和一切存在物的亲近处"。这就是天与人的统一。正是从这个意义上,"诗意的生活"也可理解为审美的生活,成为人类追求的目标。"诗是支撑历史的根基。"③海德格尔正是从人的理想的实现,从天人合一的高度将艺术、将审美教育提到"支撑历史的根基"的从未有过的高度。在这里,海德格尔将美的理想、艺术的理想与人类的理想、人生的理想有机地统一到一起。人类应该诗意地栖居这片大地上,是哲人海德格尔在新的世纪来到之前对人类与社会解放的呼唤,也是对美与美育的呼唤。这应该成为一个跨世纪的课题,引起一切关心人类命运的人们的高度重视。

---

①转引自朱立元:《现代西方美学史》,上海文艺出版社1993年版,第530页。
②伍鑫甫、胡经之主编:《西方文艺理论名著选编》下,北京大学出版社1992年版,第584页。
③伍鑫甫、胡经之主编:《西方文艺理论名著选编》下,北京大学出版社1992年版,第583页。

对于美育在新时代的崭新意义,我们的认识还有待于深化。因为,我们对知识经济时代本身的认识还有待于深化。但唯有对美育的时代意义在认识上有了深化,才能将我们对美育的认识提到一个新的高度,从而给予应有的重视。同时,应该在对美育现代意义认识深化的基础上进一步加强美育理论的研究。当前有关美育的理论,主要根据席勒和蔡元培的论述,其基本内涵是德国古典美学的基本观点,主要针对工业经济时代的种种经济、社会与文化现实。当前,知识经济时代正向我们走来,政治、经济、文化都发生了很大变化。因此,应根据新的时代要求,建设新的美育理论体系,吸收当代教育学、美学、心理学、哲学、社会学等各个学科的研究成果,使之具有强烈的时代性与现实性。只有深入认识美育的现代意义,并由此出发建立具有时代特点的美育理论体系,才能采取更有力的实施审美教育的措施,使美育在新的时代发挥出新的作用。

我们已经谈到,美育的根本任务是培养"生活的艺术家",实现新世纪人类和谐发展的美好理想。下面,我想更具体地谈一下"生活的艺术家"的具体含义及其人生态度。

首先是"生活的艺术家"的具体含义。所谓"生活的艺术家"是相对于专业艺术家而言,他不是以艺术作为自己的职业,但却以艺术的、审美的态度去对待生活、社会和人生。具体可表现为健康的审美观与较强的审美力、创美力。

"生活的艺术家"首先应该树立关于美与丑的健康的审美观念。因为,美与丑的问题涉及十分复杂的情感与心理领域,所以,我们一般不简单化地以正确与错误加以界定,而是以宽度更大的健康与否加以界定。

众所周知,人类所面对的有真、美、善三个领域,与此对应,人类的精神世界也就有知、情、意三个领域。美与审美恰恰处于真与善、知与意的中介领域,承担着统一真与善、知与意、感性与理性、个别与一般的重任。健康的审美观就是两个侧面的统一观,而且更多地贯彻着善对真、意对知、理性对感性、一般对个别的制约性与统领性。也就是说,在美与丑的辨别中,应贯穿着对人类进步有益、符合绝大多数人利益的主旨与精神。其核心是对人类社会与生活和谐发展的追求。因为,和谐发展是人类的理想,也是审美的理想,人生的理想,三者实际上是统一的。

作为"生活的艺术家",还应具有较强的欣赏美与创造美的能力。我们可以将其统称为"创造的想象力"。这种创造的想象力是多种心理功能的综合,包括想象力、知性力、理性力(精神)和鉴赏力。著名德国美学家康德认为:"美的艺术需要想象力、悟性、精神和鉴赏力。"①在这四种心理功能中,鉴赏力即审美的情感判断力是核心,各种心理功能都统一于审美的情感判断,目的也是为了产生审美的情感判断。想象力是最活跃的因素。因为,审美活动始终是以直观形态的感性表象为其心理活动的基本元素,以审美的感受力作为基础,而以审美感官的训练为最基本的训练。可以说,离开了想象力,一切审美活动将不复存在。知性力即形式逻辑判断能力,也具有重要地位,它使审美快感从根本上区别于生理快感,并使审美活动成为有意义、有逻辑的精神活动。理性力则使审美具有了无限丰富深广的内涵,具有了深刻的伦理道德价值。可见,审美力与创美力是一种具有深广内涵的心理过程。它需要通过自然美、社会美,尤其是艺术美的长期陶冶才能不断得到培养与发展。

---

① [德]康德:《判断力批判》上,宗白华译,商务印书馆1964年版,第166页。

那么,"生活的艺术家"的审美的人生态度是什么呢?那就是以审美的态度,也就是以和谐发展的态度、亲和的态度去对待自然、社会、他人与自身。

首先是以审美的态度对待自然。应建立一种审美的自然观,建立起人与自然的审美的关系。众所周知,人类产生之前,类人猿作为动物,本身就是自然,不存在人与自然的关系问题。只有出现了人类之后,才将自己从自然中分离出来,有了人与自然的关系。但在相当长的时间内,人类并没有把握好人与自然应有的关系,而是与自然处于一种对立状态,由恐惧、征服到掠夺、破坏……渐渐地,到迈入21世纪之后,人类才逐渐认识到人与自然应该是一种和谐发展的亲和的审美关系。人类应该以审美的态度去对待自然、热爱自然、保护自然。因为自然是孕育人类之母,是人类生存发展之本。人类只有一个地球,这是人类及其祖先、子孙后代共有的家园。因此,人与自然的关系应该由对立走向和谐,由敌对走向审美。

同时,应该学会欣赏无比绮丽美妙的自然美。自然美是造物主提供给人类的特有的宝贵财富,我们应该树立正确的自然美观。我认为,从对人类终极关怀的和谐发展的高度理解自然美,比从实践的角度理解自然美要更加科学并有更大的包容性。也就是说,从大自然是人类生存发展之本的角度来看,整个的大自然对于人类来说都应处于一种和谐协调状态,都是美的,这是前提。从具体的审美对象来说,只要在特定的人与对象关系处于一种和谐协调状态中,那么,自然对象都是美的。在此前提下,我们应学会对自然美的欣赏。不仅能欣赏以形式的优美出现的风花雪月等自然美景,而且能欣赏包含着理性精神,以崇高美形态出现的大河悬瀑、高山峻岭、狂风暴雨等壮观的景象,从中领悟人性的真谛。

其次,应以审美的态度对待社会。社会性是人的根本属性,社会美包含更多理性内容,人与社会之间应该建立一种和谐发展的审美关系。每个人都应以建立和谐发展的美好社会作为自己美的社会理想,并为之奋斗,竭尽全力弘扬美好,摒弃丑恶,甚至为美好的社会理想献身。这样的人生才是有意义的人生、美的人生。在一般的情况下,一切社会都需要建立一种和谐协调的关系,这样,才能求得社会的发展。社会的和谐协调依靠三种途径。第一是法律,这是一种外在的强制性;第二是道德,这是一种内在的强制性,所谓良心的约束等等;第三是美育,通过美育,使人们以审美的态度对待社会,这是一种内在的自觉性,一种自觉自愿的情感的驱动力。通过这样的途径可以极大地减少暴力、贩毒、走私等犯罪行为与丑恶现象。这里,十分重要的是,通过美育使人们以审美的态度对待他人,抛弃人与人是兽性关系的自然主义理解和"他人是地狱"的灰暗的存在主义理解,建立人与人是平等友爱的伙伴关系的人道主义理解。这种人道主义精神就是一种审美的精神,也就是古代圣贤倡导的"仁者爱人"的传统的仁爱精神。

再次,应以审美的态度对待自身。人类在长期的发展中,更多地关心社会,较少地关心自然,更少地关心自身,特别是很少关心自身的心理与人格发展,因而导致精神危机成为全人类的共同疾患。如果人类再不更多地关爱自身,特别是关爱自身心理与人格的健康发展,人类的精神危机的蔓延将远远超过癌症与艾滋病的危害。因而,人类必须以审美的态度对待自身,使自身特别是心理与人格得到和谐协调的发展。心理与人格和谐协调发展的核心是培养提升人的内在情感力,使每个人都充满着美好高尚的情感。这是健全的心理和健全人格的基础,也是新世纪使人类更加美好的基础。

　　只要我们坚持审美教育,使更多的人或者说使绝大多数人都成为生活的艺术家,人类与人类社会在新的世纪就会变得更加美好。

第三节　美育在当代人才培养和竞争中的重要作用

　　进入新的世纪,经济全球化的新形势对人才提出了一系列新的要求。

　　首先,人才在经济与社会发展中的作用进一步提升。正如上海亚太经合组织会议(APEC)的《领导人宣言》所说:"我们确定人力资源能力建设是今年和未来工作的核心内容。"[1]这是由即将到来的知识经济时代的基本特征所决定的。所谓知识经济时代,有两大特征:一是知识在经济发展中的贡献率超过 50%,二是信息产业成为标志性产业。美国等发达国家大约在 20 世纪 50 年代便已进入知识经济时代,我国目前是"知识经济已初见端倪"。我国加入 WTO 后,这一进程将进一步加快。在农耕时代,对经济与社会发展起关键作用的是资源,如土地、森林、石油、矿藏等等。在工业经济时代,对经济与社会发展起关键作用的则是资本。在知识经济时代,对经济与社会发展起关键作用的是科技与人才。人才作为最重要的资源已在知识经济时代凸显出来,并成

————————
[1]《亚太经合组织第九次领导人非正式会议领导人宣言》,《光明日报》2001年 10 月 12 日。

为其显著特征。新世纪伊始,人才已成为各国和各企业争夺的稀缺资源。据报道,仅2000年,欧洲就缺少123万信息技术方面的人才;到2010年,美国需要增加具有博士学位的人才15.5万人;但其本国大学所提供的毕业生只有所需人才量的1/3左右,还有2/3需要引进。同时,人才作用的提升也具有双面的效应。一方面,这为我国高等教育事业与广大学生提供了从未有过的机遇,知识与人才在经济发展中的关键作用,必将把高校的地位提到社会核心层面,并为广大人才开拓更加广阔的发展空间;另一方面,也对我国的高等教育与人才提出了从未有过的挑战,要求高校为知识经济的到来提供更多更好的人才,要求广大学生以自己的高素质适应知识经济的需要。

其次,新世纪、新形势还将进一步促使我国人才市场化,从而使国际、国内人才竞争进一步加剧。新世纪,随着我国市场经济体制的进一步发展和加入WTO后逐步融入世界经济大潮的趋势,我国人才将进一步走向市场化。这就将克服计划经济体制下人才部门所有、统一调配的人事制度,使人才通过市场机制调配,按市场规律运作。也就是说,人才也具有了商品的性质,具有市场价格。与此相应,必将逐步打破原有计划经济体制下的工资制度,贯彻人才优质优价的原则,绝不能再搞工资待遇方面的平均主义、大锅饭,实行差距不大的混同均衡工资制。而且,加入WTO之后,我国人才市场的竞争将国际化,国外的人才将到我国竞争岗位,我国人才也会更多地流向国外。这就形成了国际、国内人才竞争进一步激化的局面。在人才市场进一步发育和激烈竞争的过程中,人才本身的价值起到了从未有过的作用。人才既然具有商品的性质,其价值就决定了人才的竞争力。人才的价值包含着丰富的内容,同人才的素质有着十分密切的关系。我们可以从专业、层次、水平三个角度来审视人才的价值。从所谓"专业"角度来考察，就是看人才所学专业在市场上的需求程度，例如，当前在人才市场上用人单位需求量较大的计算机工程与生物工程专业人员等等。所谓"层次"，主要指学历层次，应该说学历层次越高，价值越高。当然，更重要的是"水平"。现代社会倾向于认同四大水平：专业水平、创新水平、社会适应水平与工具运用水平。其中，工具运用水平，又包括本国语言水平、外语水平和计算机运用水平。当然，目前社会最需要的是基础扎实的复合型人才，主要指自然科学与人文科学、知识与能力、智力与非智力相结合的复合型人才。

再次，人才市场的形成与竞争的加剧又促使人才流动进一步加速，改变了计划经济环境下人才相对稳定和"一次分配定终生"的状况，出现了人才加速流动和个人多次变换工作岗位的情形。从地域角度来看，出现了人才由经济贫困地区向经济较发达地区和经济发达地区流动的趋势。与此相应，人才由中小城市流向大中城市，再到核心城市，最后，有些高层次人才流向国际社会。从就业机构来看，人才的流动趋势有可能呈现为：由国有企业到民营企业，再到合资企业和外资企业，少数人成为国际通用人才。从个人的角度来看，由于主客观等多种原因，一个人一生中出现多次岗位变动，知识结构与生活基地随之多次调整的情形。这种人才加速流动的趋势，一方面是对各有关单位的考验，要求其不断调整自己的人才政策，保持本单位在激烈的人才市场竞争中的优势地位，另一方面也是对人才的考验，要求其不断地调整充实自己，不断地学习，提高自身素质，并要有充分的心理承受力，以适应这种人才流动的新形势。当然，人才市场要在法律的制约之下运作，人才流动同样要依法进行，每个工作人员都应认真履行合同,保持良好的信誉。总之,市场经济与人才市场都对人才的素质提出了从未有过的高要求。

当代市场经济所造成的人才地位的突出、竞争与流动的加剧等等,只是问题的一个方面和考察人才问题的一个维度。但仅仅是这一个方面和维度,就已经将人才素质提到了从未有过的高度。从另一个方面和维度来看,高等教育和各类人才面临着更加严峻的考验,那就是人类生存状态非美化的问题已经达到非常严重的程度。当然,在研究这一问题时,首先应看到市场与现代化推动了社会的进步,改善了人类的生活,但如同任何双刃剑一样,它们也都有自己相反的一面,那就是促使人类生存状态的非美化趋势进一步加剧。这一状况的形成,导因于六个方面。第一,科技主义的泛滥。强调科技的巨大作用,本来是无可厚非的,因为科技是第一生产力。但若将科技的作用强调到极端,一味推崇工具理性,否定人文精神,那必将对社会发展起到危害作用。第二,新型战争的巨大破坏与核武器对人类的威胁。自有人类以来,就历经战争之苦。特别是20世纪以来,由于科技的发展、武器的升级,更给人类带来毁灭性的灾难。核试验一直连绵不断,核武器所造成的灾难性后果已经证明了,人类所制造的武器已足以毁灭自己。第三,市场经济的负面影响。市场经济已被证明是迄今为止最好的调节资源的方式,无疑对社会与经济发展具有极大促进作用。但如果将市场经济所遵循的效益原则与价值规律推到极致,运用于人类生活的各个领域,也会产生市场拜物,从而否定人文精神的负面作用。第四,环境的严重恶化。长期以来,特别是随着现代化向纵深发展,人类对自然界的滥加开发、农药和化肥的滥用,导致了环境的严重恶化。20世纪70年代之后,这一情形显得愈加突出。臭氧层被破坏、水土严重流失、资源严重匮乏、由环境所导致的重疾蔓延等等,成为威胁整个人类生存的巨大隐患。第五,文化道德转型给人类带来的巨大压力。当代社会面临着文化道德的转型,西方由现代化过渡到后现代,我国则由计划经济过渡到市场经济。这样的转型,意味着人们的生活方式、道德观念都将发生突变,必将给人们的身心带来巨大压力。第六,国际范围内新殖民主义造成的南北两极严重分化。20世纪以来,殖民主义由显形发展为隐形,由明显的军事侵略过渡到主要采取经济与文化渗透的方式。但这种新殖民主义同旧殖民主义相比却并未减轻剥削和压迫,反而使南北差距拉大、分化严重,许多落后的发展中国家的人民仍然挣扎在饥饿线上。这六个主要问题是导致人类处于非美化生存状态的重要原因,其表现形态则首先是直接威胁到人类的生命安全。例如,战争或饥荒造成的大批人员的死亡,环境与道德原因导致癌症、艾滋病蔓延所造成的人员死亡等。更为突出的是,上述问题所造成的各种灾难已对人类形成了巨大精神压力,由此产生了一种空前的焦虑感和孤独感,致使精神疾患蔓延。

上述六个方面的问题对人类生存状态的影响,大体经历了三次大的转折。第一次转折是第二次世界大战时期,战争的巨大破坏与核武器的运用,给人类的生命与精神造成巨大的伤害与压力。第二次是20世纪70年代以来,环境恶化问题进一步凸显出来,严重威胁到人类的生存。第三次是20世纪90年代至今,政治文化剧烈变动,从苏东剧变到震惊全球的"9·11"事件,都对人类的社会生存形成了巨大压力。这些威胁到人类生存的重大问题,对人类尤其是青年一代提出了严峻挑战,要求青年一代确定自己应有的正确生存态度。每一位青年人要对自己与他人的这种非美化的生存状态给予必要的关心,这就是20世纪80年代末期国际教育界所提出的"学会关心"的国际教育主题。1989 年 12 月,联合国教科文组织在中国召开面向 21 世纪的国际教育研讨会,提出"学会关心——21 世纪的教育"的观点。这里所谓"关心"就是指正确面对未来挑战,关心他人和人类的利益。这是一种人文主义的态度。同时,在"学会关心"的基础上进一步发展,把这种关怀人类的态度变成行动,由"学会关心"到"学会共同生存"。这也正是 2001 年 9 月中旬日内瓦召开的第 46 届国际教育大会的主题。这次大会就"教育和全球化挑战"问题进行了认真讨论,得出结论:全球化造成了国与国之间和国家内部发展的不平等,因此,学会"共同生存"必然为世界所接受。从"学会关心"到"学会共同生存"都是新时代对人类所提出的基本要求,也是人才所必备的基本素质。

那么,"素质"到底是什么呢？它是不是等同于知识？我国在 20 世纪 50 年代曾一度流行、80 年代重又流行的一个著名口号是:"知识就是力量。"这个口号是英国哲学家培根于 17 世纪提出的,原话是"人的知识和人的力量合而为一"①,"知识就是力量"是对这一思想的最切要、最简明的概括。无疑,这一口号在当时对于进一步反对封建统治和经院哲学蒙昧主义、推动科技复兴和工业革命具有重要作用,但在 21 世纪的今天看来,却有其不可避免的局限性。首先,培根所说的"知识"具有极大的局限性,仅指以实验学科为代表的自然科学知识,即是对自然因果律的了解。这就导致对工具理性的张扬,否定带有精神价值判断的人文学科知识,崇尚唯科学主义。其次,由"知识就是力量"这一口号出发,就将科技的作用提高到无所不能的地位,将人的作用提高到至高

①谭鑫田:《西方哲学教程》,山东大学出版社 1996 年版,第 230 页。

无上的地位,从而导致人同自然的对立,所谓"向科学进军,向自然开战",从而进一步强化"人类中心主义"理论观点,导致人类对自然界的滥加开发及由此而来的环境进一步恶化。最后,这一口号在教育上的表现就是"应试教育"的盛行。"应试教育"的直接体现就是人们所熟知的"智商测试"。所谓"智商"(IQ)即是"智力商数",是20世纪初由法国心理学家阿尔弗莱德·比奈设计的在规定的时间内通过纸与笔回答问题,借以测试语文与数学能力的一种方法。这种方法很快传到美国,并主宰了美国的教育界,由此衍生出形形色色的智力测验和标准化考试,派生出以智商测试作为唯一目的和标准的"应试教育"。在这种应试教育之下,最重要的学科就是适合智商测试的数学、科学、语法、历史年代等,同这种测试方法不相适应的艺术教育与德育则不被重视,并且以分数作为评价学生的唯一指标。这就导致社会上流行的"学会数理化,走遍天下都不怕"的口号产生,以及普遍存在的对道德和美育的漠视,对人文学科的歧视。其结果是一种对人性的戕害,并造成一系列严重后果甚至悲剧,因而理所当然地受到社会各界人士的严肃批判。

当代教育对"素质"的理解有广义与狭义之分。广义的"素质",把教育的"德、智、体、美、劳、群"等各个方面的内容都包含在内,狭义的理解把"素质"看作人的基本品行,即"做人"的修养。当代一些教育理论家由于深感应试教育的危害,因而主张由"知识唯一"逐步过渡到以知识、能力、素质三者为人才的必备条件。这其中,知识是前提,能力是知识的外化与运用,但最基础的却是素质——这是人才培养的出发点和归宿。也就是说,治学、做事和做人,最重要的是做人。高等教育首先是人的教育,是做一个真正的人、大写的人的教育,然后才是知识和能力的教育。但当前教育领域所讲的"素质教育"中的"素质"却主要从广义的角度着眼。素质教育在国际上与通识教育有着密切的关系,但比通识教育更加科学。素质教育是相对于应试教育而言的,通识教育则相对于专门教育而言。所谓"通识教育",即"Liberal Arts Education",其字面含义为"广博的技艺",有人译为"博雅教育",通常译为"通识教育"这一概念主要由哈佛大学、哥伦比亚大学、芝加哥大学等名校提出,其内涵有"均衡教育"的意思,即人文与科技、动脑与动手均衡发展。通常开设的通识教育课程主要偏重于人文艺术课程、经典名著的研修等,着重于人文精神的培养,为必修课。这样,美国高校的课程体系就由必修学科、选修学科和通识教育三大部分构成。后来,这种通识教育的范围发展到各学科的基本问题,着力于培养学生的批判、分析能力与写作技巧,设置了基础性的"核心课程"(Core Curriculum),包括人文艺术、自然数理、社会科学三个部分,并规定了学生必须选修的学分。第二次世界大战之后,美国为弥补教育的科技化、工具化、职业化提出的"通识教育"及有关课程体系,逐步被国际教育界所接受。为了纠正应试教育所存在的弊端,中国国家教育部于1995年提出文化素质教育,增加了文化素质课程,借以提高学校和学生的文化品位。1999年6月,国家召开第三次全教会,发布了《关于深化教育改革、全面推进素质教育的决定》,将素质教育提高到关系国家和民族前途命运的高度,使素质教育成为面对新世纪、新形势、新挑战所采取的战略性措施。

我们在新形势下谈"素质",还可对其含义作更细致的分析。从词义本身来看,"素质"即事物本来的性质或基本的性质。从医学的角度看,"素质"即遗传素质,是一种先天禀赋。《辞海》即取此义,将"素质"解释成:"人的先天解剖生理特点,主要是感觉器官和神经系统方面的特点。"从教育学的角度看,所谓"素质"是指人在先天禀赋基础上,通过教育所形成的内在的基本素养和品质。所以,"素质",也可以说是通过教育所实现的人的社会道德共性与主体创造的个性、生理与心理,以及属于科学范围的智力与属于人文范围的非智力的高度统一。由此看来,爱心是其出发点,创新是其主要能力,最后则落脚到改善人的生存状态、提升人的生命层次上来。但当前的教育,存在着"三重三轻"的偏向:重社会道德共性,轻主体创造个性;重生理,轻心理;重属于科学的智力因素,轻属于人文的非智力因素等等。新时代的素质教育就是要纠正这种"三重三轻"的偏向,要通过素质教育实现各方面的真正协调统一发展。素质教育的途径是多样化的,主要有三类。其一是教化,即通过设置必要的课程、开设必要的讲座、阅读必要的经典著作,使学生掌握必要的知识,具备必要的文化素养。其二是示范,即通过教师的实际示范作用,达到教育的目的,即通常所谓的"教书育人"。其三是养成,即通过日常的行为规范,使文化道德的基本素质内化为人的心灵内涵、外化为人的行为实践,变成自觉的习惯。

此外,新时代素质教育同传统应试教育的不同之处还在于,素质教育不把学生看成被动的接受对象,而是把学生看成教育的主体、教育的主动参与者,教育的过程是学生与文化双向建构的过程。正如埃德加·富尔在《学会生存》一书中所说:"未来的学校必须把教育的对象变成自己教育自己的主体,受教育的人必须成为教育他自己的人,别人的教育必须成为这个人自己的教育。"①因此,素质

---

① 联合国教科文组织国际教育发展委员会:《学会生存——教育世界的今天和明天》,华东师范大学比较教育研究所译,教育科学出版社 1996 年版,第 200 页。

教育是一种充分发挥学生主动性，使之积极参与建构的全新的
教育。

在此，要特别谈一下美育在素质教育中的特殊作用和地位。
因为，这是在应试教育中最容易被忽视的方面。实际上，美育在
素质教育中有着特殊的综合中介功能。德国著名哲学家康德把
美看成是真与善的桥梁，世界历史上第一部美育论著《美育书简》
的作者席勒继承、发展了康德的观点，指出：“要使感性的人成为
理性的人，除了首先使他成为审美的人，没有其他途径。”①我国
古代哲人孔子同样对美育的重要作用给予了充分肯定，他在《论
语·泰伯》篇中说：“兴于诗，立于礼，成于乐。”也就是说，在孔子
看来，一个君子的培养，首先要使他通过学习诗歌等文学作品得
到启发，并通过对礼节制度的学习来掌握行为的规范，最后要凭
借乐教使其成为真正的君子。为什么美育具有如此重要的作用
呢？这同美育可以培养健康的审美力这一特有功能是相关的。
对于审美力，康德有着深刻的阐述。他说，“美的艺术需要想象
力、悟性、精神和鉴赏力”，“前三种机能通过第四种才获得它们的
结合”。② 在康德所论述的审美力的四种机能中，想象力凭借的
是形象的类比、象征，是审美力特征的表现。知性力（又译“悟性
力”）是审美所包含的认识因素，但它是一种特殊的不凭借概念、
无任何强制的认识，使想象的成果具有某种意义和内在的逻辑。
理性力（又译“精神”）是审美所包含的崇高的哲理道德因素，它使
审美具有了深广的内涵和伦理道德价值。在四种机能中，最重要

---

① ［德］席勒：《美育书简》，徐恒醇译，中国文联出版公司 1984 年版，第
　　116 页。
② ［德］康德：《判断力批判》上，宗白华译，商务印书馆 1964 年版，第 166 页。

的是判断力（又译"鉴赏力"），是审美所包含的最重要的情感因素，即情感的亲和力。它是最核心的成分，具有使其他机能结合的中介作用，也是审美的目的所在。美育正是旨在培养这种健康的审美力，因而在素质教育中具有综合中介的重要作用。

实际上，康德所说的审美力并不是指通常意义上艺术的审美的技能、能力，而是指一种审美观，也就是要求自觉地以审美态度对待自然、社会与人自身。这是一种审美的生存或诗意的生存。也就是说，美育的目的不是培养掌握艺术技能的专业的艺术家，而是培养具有健康的审美的态度的"生活的艺术家"。这里，我们特别地强调了"审美的态度"。所谓"态度"（Attitude），就是一种世界观、人生观、价值观。对于21世纪的大学生来说，除了知识、能力以外，更重要的是要建立正确的"态度"。首先，要审美地对待自然，要摒弃传统的"人类中心主义"观点，树立"人—自然—社会"系统整体发展的观点。不以自然为敌，而以自然为友，追求人与自然达到动态平衡、和谐一致的审美状态，消除物质与精神的污染，实现人与自然社会的能量循环再生，建构符合生态原则的审美的"绿色人生"。其次，要审美地对待社会，即审美地对待他人，摒弃"人与人是兽性"的自然主义观念，以高尚的人道主义审美态度关爱社会与他人；同时，要摒弃传统存在主义的"他人是地狱"的灰暗理论，以崭新的生态存在论美学观念、"主体间性"理论来理解和处理与他人的关系。也就是说，要从系统整体的生态审美观、从个人与他人平等对话的关系中确定"自我"的位置，消除人我之间的对立。再次，要审美地对待自身，使人自身的心理和人格得到和谐协调的发展，培养并提升人的情感力和文化品位，使之具有健康、美好、高尚的情感，远离低俗、孤独与焦虑。这是健全的心理与人格的基础，也是新世纪人类生活更加美好的基础,是一种审美的诗意的生存。

美育可通过美的创造与美的欣赏来进行,又以美的欣赏为主要手段。美的欣赏有自然美、社会美与艺术美的渠道,其中以艺术美的欣赏最为重要。所以,美育从某种意义上又可称为艺术教育。因为,艺术是美的物化形态,尤其经典艺术更是人类的瑰宝,具有永久的魅力,是进行美育的最好教材。尼采曾说,艺术"是生命的伟大兴奋剂"①。鲁迅也曾说,文艺是"引导国民精神的前途的灯火"②。所谓艺术教育,就是通过美的形象的手段,达到培养审美感受力和建立健康的审美情感的目的。特别是审美感受力的培养,具有基础的性质,显得十分重要。审美感受力,具体言之就是指耳朵对音乐旋律的感受能力和眼睛对绘画色彩的分辨能力。正如马克思所说:"对于没有音乐感的耳朵说来,最美的音乐也毫无意义,不是对象。"③当然,审美感受力只是审美力的基础,最后还应落脚于健康而高尚的审美情感的建立。

实践证明,艺术教育常常能起到其他教育形式所达不到的巨大的情感和精神震撼作用。俄罗斯作家乌斯宾斯基在小说《舒展了》之中生动地描写一个穷愁潦倒的乡村教师特雅普希金在巴黎参观卢浮宫时,被古希腊雕像维纳斯所感动,从而使其被生活扭曲了的灵魂得到舒展。乌斯宾斯基在描写艺术的巨大震撼作用时,有这样一段十分生动地表现特雅普希金心理感受的独白:"我感到,在语言中找不出一个词汇,可以来说明这尊石像创造奇迹的奥秘。……打碎她,这等于使世界失去了太阳,如果在人的一

---

① [德]尼采:《悲剧的诞生》,周国平译,华龄出版社1996年版,第149页。
② 《鲁迅全集》第1卷,人民文学出版社1956年版,第322页。
③ 《马克思恩格斯全集》第42卷,人民出版社1979年版,第126页。

生中连一次都没有感受到维纳斯的温暖，他就不值得生活在这个世界上。"这一段有关艺术所特有的不可代替的情感和精神震撼作用的描写是多么深刻生动啊！何以会有这种特殊的作用呢？这是同艺术教育的特点分不开的。艺术教育不是凭借概念的带有强制性的说教，而是不凭借概念、无强制性也无明显功利的一种"陶冶"。关于艺术的这种"陶冶"作用，早在古希腊亚里士多德讲悲剧的作用时，就用了一个特有的词"katharsk"（卡塔西斯）来加以解释。所谓"卡塔西斯"，有的理论家将其解释为宗教中的"净化"，有的则解释为医学中的"宣泄"，但以解释为"陶冶"最为妥帖。所谓"陶冶"，就是一种艺术形象的熏陶与潜移默化作用，也就是在不知不觉中受到感动，并培养起某种健康而高尚的情感。有人将这种情感的培养形容为细雨湿地的"润物细无声"，有人用军事上出其不意的"偷袭"来加以形容。但无论怎样，都说明艺术教育具有一种特殊的巨大的情感感染力量。

第四节　美育在当代素质教育中的综合中介作用

今天，人类已经进入 21 世纪，我国社会已经进入现代化的中期，正在实行社会主义市场经济，加入了世界贸易组织（WTO），社会已经并正在发生深刻的变化。我国教育面临着适应并服务于现代化的重任，美育作为素质教育的有机组成部分，同样肩负着适应并服务于现代化的任务。特别是，1999 年 6 月第三次全教会通过的《关于深化教育改革、全面推进素质教育的决定》明确提出："美育作为素质教育的有机组成部分，对于促进学生全面发展具有不可替代的作用。"这就从素质教育的高度给美育的作用以崭新的界定。但对美育作用的看法,目前尚未完全统一。不仅有美育在素质教育中处于"首位"与"末位"之争,而且,近来不断有论者发表美育从属于德育的观点。实际上,这是抹杀了美育具有"不可替代的作用"的论断。

那么,为什么说美育具有"不可替代的作用"呢? 这主要是由美育自身特点决定的。在现代教育中,美育发挥着特殊的综合中介作用,甚至美育的这种综合中介作用在当代显得愈加重要,成为沟通科学主义与人文主义的桥梁,是弘扬人文精神、培养"四有"新人、建设社会主义精神文明的重要途径。

对于美育的综合中介作用,首先由德国美学家康德在其名著《判断力批判》中提出。康德认为,美是真与善的桥梁。席勒在《美育书简》中进一步继承发挥了康德的观点,指出:"要使感性的人成为理性的人,除了首先使他成为审美的人,没有其他途径。"

下面,我从六个方面简要阐述我的看法。

第一,美育的审美世界观培养作用。美育在素质教育中的"综合"作用,首先表现在它主要不是具体的艺术技能的培养,而是一种审美的世界观的培养。也就是说,美育的主要目的不是培养掌握艺术技能的专业艺术家,而是培养具有健康的审美态度的"生活的艺术家"。在这里,我们特别强调了"审美的态度"。所谓态度,就是一种世界观、人生观、价值观。在当前,它是人的素质中最基本、最主要的方面。正如北京大学王义遒教授 2001 年 11 月在香港召开的素质教育会上所说:"这种态度就是正确对待自己、对待他人、社会、国家乃至全人类,以及自然和环境,具备对群体、社会、国家和世界的责任感。也可以说,就是正确的价值观、世界观和人生观。"王义遒教授讲得非常正确。我要进一步发挥的是,在当前人类生存状态面临美化与非美化二律背反的形势下,确立健康的审美的世界观已经被提到非常重要的本体的地位。

正如当代德国哲学家海德格尔借用诗人荷尔德林的诗句所表达的哲理,"充满劳绩,然而人诗意地栖居在这片大地上"。所谓"诗意地栖居",就是审美的生存,成为当代人类所追求的根本的存在方式。在当代,审美世界观已经成为主导性的世界观。迄今为止,人类社会已经历四种经济社会形态,不同经济社会形态有不同的主导性世界观。原始时代,主导性世界观是巫术世界观;农耕时代,主导性世界观是宗教世界观,基督教、佛教与伊斯兰教都产生于农耕时代;工业化的科技时代,主导性的世界观是(工具)理性世界观;当代,作为信息时代,主导性的世界观应该是审美的世界观。这种审美的世界观是一种排斥主客二分的机械论的有机整体的世界观,也是一种主张人与自然社会和谐协调发展的生态世界观。其内涵包括:人类应该审美地对待自然,摒弃传统的"人类中心主义"观点,树立"人—自然—社会"系统发展的观点;审美地对待社会,摒弃人与人是兽性的自然主义观念与"他人是地狱"的灰暗理论,以高尚的人道主义的审美态度关爱社会与他人;审美地对待自身,改变人类较少关心自然,更少关心自身心理的状况,做到身与心、意与情的和谐协调发展,培养提升人的情感力和文化品位,逐步进入审美的诗意生存。

第二,美育的文化养成作用。许多理论家论述过美育所特有的文化养成作用。这是因为,审美是人区别于动物的一种文化的表现,因而,美育是一种文化的文明的教育。也就是说,美育实际上是一种人性的教育、做人的教育。现在看来,我们过去长期以来以认识论来解释审美是不全面的。因为,从认识论的角度看,审美是"感性认识的完善""理念的感性显现""人的本质力量的对象化"等等。这样,美育就只能是一种认知的或道德的教育,没有其独立地位。其实,审美并不等同于认识,它实际上是人的一种本性,是人与动物的重要区别之一。因此,审美的研究应该由认识论转向存在论,审美绝不是一般的认识或反映。如果仅仅局限于此,审美与美育就没有其独立的地位。审美实际上是人的一种存在方式,是人性之所在,是人同动物的重要区别。

在美学史上,康德最早从自然的"人"到文化的人生成的角度,也就是由动物到人的生成的角度来论述审美。他的《判断力批判》主要论述美如何成为知与意的桥梁,实际上是论述自然向人的生成,即人如何由自然的人经过审美的中介成为文化的有道德的人。在这里,审美成为人的教化的关键环节。席勒也将审美看作是人性的表现,是人同动物区别之所在。他说:"什么现象标志着野蛮人达到了人性呢? 不论我们对历史追溯到多么遥远,在摆脱了动物状态奴役的一切民族中,这种现象都是一样的:即对外观的喜悦,对装饰和游戏的爱好。"他甚至还说:"只有当人在充分意义上是人的时候,他才游戏;只有当人游戏的时候,他才是完整的人。"①这就是说,一个人无论他学习了多少知识,掌握了多少技能,如果他没有接受过审美教育,缺乏起码的感受美丑的能力,那他就不是一个有文化的文明人。

我国古代也将审美看作人性的表现。《乐记》中有这样一段话:"乐者,通伦理者也。是故知声而不知音者,禽兽是也。知音而不知乐者,众庶是也。惟君子为能知乐。"我国古代哲人孔子更将美育在教育中的作用提到"综合"与"完成"的高度。孔子一生

---

① [德]席勒:《美育书简》,徐恒醇译,中国文联出版公司 1984 年版,第 133、90 页。

都在探讨与实践"君子"的培养,他的《论语·泰伯》篇有一句名言:"兴于诗,立于礼,成于乐。"也就是说,在孔子看来,一个君子的培养,要通过学习诗歌等文学作品得到知识的启发,并通过礼节制度的学习掌握行为道德规范,而最后真正成为君子则要凭借乐教。孔子这里的"成"带有综合、完成、成功等多重含义,说明他对乐教的综合、合成作用的高度重视。这些论述都是古代哲人对育人规律的总结,对我们今天具有重要的借鉴意义。

第三,美育对德智体其他各育的渗透协调作用。美育的"不可代替"的"综合中介"作用,还表现在它对德智体各育的渗透协调作用。也就是说,离开了美育,其他各育就是不完善的。首先,美育是培养高尚道德情操的必不可少的手段。因为德育旨在培养正确的政治观点和高尚的道德观念,从理智上对客观社会现象进行正确评价。理智的评价总是以情感的评价为必要条件,理智上的肯定与否定总是以情感的爱憎为前提,道德的教育又必须借助美育特有的强烈感染力。这就是通常所说的"潜移默化""熏陶感染""润物细无声"。所以,鲁迅指出:"美术可以辅翼道德。"其次,美育是培养人的智能中占据重要地位的想象力的最主要途径。人的智能包括知识、能力、识见三个部分,能力是智能中最重要的因素,它包括抽象思维能力和想象思维能力。想象思维能力是一种由已有形象创造新的形象的能力,是一种举一反三的创造性思维能力。正如爱因斯坦所说:"想象力比知识更重要,因为知识是有限的,而想象力概括着世界上的一切,推动着进步,并且是知识进化的源泉。严格地说,想象力是科学研究中的实在因素。"①想象力就是美育所培养的最重要的能力。美育与体育作为身心两个方面

_____

① 《爱因斯坦文集》第1卷,许良英等编译,商务印书馆1976年版,第284页。

的教育,相互之间的关系是相辅相成的。美育以心灵的健康为其目标,体育以身体的健康为其目标。心灵的健康一定会促进身体的健康,而身体的健康又是心灵健康的基础。同时,美育在德智体其他各育中具有极其重要的协调作用,这同美育的特性有关。它是感性与理性、形象与思想、理性与情感以及情与境、言与意的直接统一。这就使它具有了协调德育和智育、科技与人文、生理与心理的作用。从脑功能的角度看,它还具有协调大脑左、右半球的作用。这就不仅起到了促进德智体各育协调发展的作用,而且起到了促进人的全面发展的作用。

第四,美育在当代成为弘扬新的人文精神、协调社会发展的重要渠道。当代社会实行社会主义市场经济,发展科学技术,加速城市化进程,无疑极大地推动了社会的进步,改善了人民的生活。当然,上述措施也犹如一把双刃剑,不可避免地有其负面效应,诸如市场拜物、工具理性盛行、拜金主义泛滥、环境恶化、心理疾患蔓延等等。从文化的层面,当代大众文化与网络文化的发展出现文化受众的扩大与内涵低俗的矛盾情形。这些情况归结到一点,就是人文精神的缺失。特别是面对即将到来的信息化时代,面对人机对话、虚拟空间的现实,人与人之间的温情有可能进一步找不到自己的空间。这种人文精神的缺失有悖于社会的发展,因为社会越向前发展,人文精神应该越得到发扬。众所周知,古代农业文明是一种早期人文时代,现代工业文明是科技时代,当代信息社会则应该是一种更高级的人文时代。最近,哈佛大学校长劳伦斯·萨默斯在北京大学做了《全球化对高等教育的影响》的演讲,认为在全球化浪潮下高等教育应更关注人文科学,关注人的本质的内在的东西。还有许多中外学者强调,当前应加强人文学科,发扬人文精神。由此可见,在目前时代,应在发展科技与市场的同时，进一步弘扬一种新的人文精神，呼唤人与人的关爱，更要倡导一种具有深刻内涵的对人类前途命运的终极关怀。只有这样，科技与人文、物质与精神、自然与人才能处于一种和谐协调状态，社会也才能和谐协调发展。美育所特具的情感教育本质和反映人性要求的特点，使其具有人文精神补缺与发扬的功能。这就使其成为当代弥补人文精神缺失，培养与弘扬新的人文精神，协调社会发展的重要渠道之一。

第五，美育成为现代教育改革必不可缺少的重要内容。人类社会目前面临着后工业、全球化与信息化的新形势与巨大转变，与此相应，现代教育也面临着由应试教育到素质教育的转变，转变的目的是培养能够肩负起振兴中华民族重任的"四有"新人。应试教育是工业时代的产物，是科技实证主义膨胀的结果，具体表现为测试主义的盛行，以"智商"测试作为教育的唯一手段与目标。这就造成考核的片面、教育的歪曲与人性的戕害等种种弊端。应试教育既然以考试为中心、升学为目标，必然只重视适宜于考试的智力因素，忽视德育、美育等非智力因素。素质教育以素质为中心，以人的全面发展为目标，全面重视智力与非智力因素。因而，美育作为非智力因素在应试教育中处于不重要的地位，但在素质教育中，美育的地位却进一步凸显出来。美育的加强不仅成为现代教育改革的重要内容之一，而且成为素质教育的重要标志。我国从1995年开始的高教教育教学改革，就以文化素质教育作为突破口，而美育是其重要的组成部分。实践证明，美育已成为素质教育中不可缺少的部分。缺少美育的教育不是真正的素质教育，而没有素质教育作为前提，美育也无法实行。美育与素质教育已形成休戚相关、不可分离的关系。

　　第六,美育成为知识经济中创新能力培养的重要途径。当前,人类社会已逐步进入以信息产业为标志的知识经济时代。美国大体是在 20 世纪 50 年代开始迈入知识经济时代,我国信息产业的发展速度也很快,知识经济已初见端倪。在这样的时代,特别需要创新的人才、创新的素质。因为,创新是一个民族前进的不竭动力。在创新的素质中,最重要的就是想象力。想象力是一种形象创造能力,一种由此及彼、由不知到知的发散思维能力,是人类创造性活动中最重要的因素。当前,信息产业的发展,想象力更加具有举足轻重的作用。因为,信息科技产业主要是软件的开发与生产及其通过信息网络的迅速传播。而想象力在软件生产的知识组编中具有重要作用。当代西方后现代理论家利奥塔指出:"这种将零落还原为独立的知识,系统化地组接并清晰表达的能力就是想象力。想象力的主要特质就是速度。"知识创新所必具的决策分析能力,也要凭借带有直觉性的想象力。利奥塔指出:"依靠于想象力,我们可以创造新的越位,以至改变游戏规则。"①在想象力的培养中,美育则是最重要的途径。因为,美育的任务是培养人的审美力,想象力是审美力的最重要组成部分。想象力在产品的美化中也具有重要作用。人类社会的发展不仅对产品的实用价值提出更高的要求,而且对产品的审美价值也提出更高的要求。在当代,审美已成为商业因素。当其他方面都相同时,更美的产品将赢得市场。特别是信息技术的发展,借助电脑将工业生产与艺术创造完美地统一了起来。产品的美化,包括当代的电脑艺术设计,需要更多地借助想象力,这已是

---

①[法]利奥塔:《后现代状况》,岛子译,湖南美术出版社 1996 年版,第 153、154 页。

毋庸置疑的了。

　　上面,我们从六个大的方面简要论述了美育在素质教育中的"综合中介"作用,阐述了美育不仅成为沟通各种教育的桥梁,而且成为各种教育的综合因素。由此,我们可以断言:缺乏审美力的人算不上是真正受过现代高等教育的跨世纪人才,缺乏美育的教育也不是真正完全的现代高等教育。写到这里,我不禁想起当代著名哲学家伽达默尔在《真理与方法》第二版序言中一段极富哲理的名言。他说,在现代化种种弊端暴露之时,"难道我们要目前黄昏落日那最后的余晖,而不欣然转身去期望红日重升的第一道朝霞吗"①。其意是说,面对现代化过程中的种种弊端,人类不能仅仅停留于无奈,只是消极地目送夕阳的余辉,而应通过思想理论的建设和积极的工作克服物质进步与精神危机的矛盾,改变人的生存状态,去迎接伟大的晨曦。美育的理论与实践就是这种积极的思想建设工作之一。正是通过这一系列工作,人类才可克服现代化的种种弊端,从而迎接社会进步的旭日东升的曙光。

第五节　美育是沟通科学主义和 人文主义的桥梁

　　科学主义与人文主义的关系是一个古老的话题,也是一个具有崭新时代意义的话题。有的强调科学主义,有的强调人文主义,有的则主张两者的统一。对于主张两者统一的观点,赞成的人更多一些。但如何统一呢? 我们认为,美育是沟通两者的桥

---

① [德]伽达默尔:《真理与方法》第 2 版"序言",洪汉鼎译,上海译文出版社 1999 年版,第 16 页。

梁。这里所说的美育,不是从微观的意义上,即不是从具体的艺术教育与美育课程的意义上,而是从宏观的意义上,从培养具有审美世界观的人的意义上。因为,人是世界的主人,是历史发展中最活跃的因素,只有通过具有审美世界观的人,才能实现科学主义与人文主义的统一。这是社会解放的过程,也是人类解放的过程,是人类永不停息的奋斗目标。其实,关于科学主义与人文主义的关系早已成为当代的热门话题。特别在1957年苏联将第一颗人造地球卫星发射成功之后,世界范围内围绕科技的竞争就愈演愈烈。当然,信息时代的逐步到来,也更加凸现了科技在人类生活中的地位。于是,"科技统治论""精英统治论"等理论层出不穷。这里,面对时代的要求,的确有一个尽快发展科技、造福人类的问题。但科学主义的极度膨胀,对人文主义及相关学科造成无形压力,两者的失衡,对社会和人类的发展的确不利。美国从1959年到1987年历时近二十年的有关"两种文化"的争论就是明证。美国学者C.P.斯诺于1959年发表《两种文化和科学革命》,认为一种文化以科技知识分子为代表,另一种文化以人文知识分子为代表,前者为累积性知识领域,后者为非累积性知识领域,两者之间隔着一条很深的鸿沟,当务之急是建立以科学文化为主要成分的"共同文化"。不仅如此,斯诺还认为:"科学家在道德上比人文学家高出一筹。"①这种对人文主义及其有关学科的歧视,不仅存在于美国,而且存在于世界的其他地方。1996年夏季,中国的七十多位人文社会科学学者在大连就人文社会科学的地位与发展问题进行了专题讨论,对中国业已存在的对人文主义的忽视

---

① [美]拉尔夫·史密斯:《艺术感觉与美育》,滕守尧译,四川人民出版社2000年版,第223页。

以及有关学科的削弱,乃至这种倾向将要导致的严重后果表示出深深的忧虑,并提出相应的对策。对策之一就是要求加强以美育为主要内容之一的文化素质教育。我们认为,在当前特别强调发展科技的同时,重视人文主义及其有关学科的发展,克服对人文学科歧视的蔓延,着力于探索科学主义与人文主义的统一,实在是防患于未然的重要举措,而且是将人类与社会发展引向健康之途的战略性决策。

以美育作为科学主义与人文主义统一的桥梁,这不是我们的发明,而是由德国著名美学家康德首创的。1790 年,康德在其著名的《判断力批判》中指出:"判断力,按照自然的可能的诸特殊规律,通过它的判定自然的先验原理,提供了对于超感性的基体(在我们之内—如在我们之外)通过知性能力来规定的可能性。但理性通过它的实践规律同样先验地给它以规定。这样一来,判断力就使从自然概念的领域到自由概念的领域的过渡成为可能的。"[1]在这段较为晦涩的语言中,康德实际上是说,通过主观先验原理——主观的合目的性,将属于"真"的自然概念与属于"善"的自由概念沟通了起来。在这里,"真"即是科学领域,"善"即是人文领域,而主观的合目的性即是主体的审美共通感(审美力)。康德就这样通过审美力将科学主义与人文主义统一了起来,从而初步解决了近二百年来以英国经验主义为代表的科学主义与以大陆理性主义为代表的人文主义的对立。当然,这是一种主观唯心主义的解决,但至少给人类找到了一条沟通真与善、自然与自由、合规律性与合目的性、科学与人文的途径。康德认为,主体的审美力既因包含着自由的理性精神而同人文主义相联,同时又因

---

[1]［德］康德:《判断力批判》上,宗白华译,商务印书馆 1964 年版,第 35 页。

包含着对于对象自然形式的感受而同科学主义相联,从而成为沟通两者的桥梁。

1795 年,德国著名戏剧家席勒发表《美育书简》,第一次明确提出"美育"这一概念,并将其界定为"情感教育"的特殊领域,目的在克服人性的"异化"。这就在人类历史上第一次使"美育"成为独立的学科。席勒继承康德将情感领域作为感性与理性的中介,从而成为统一科学主义与人文主义的桥梁。他为了克服康德美学思想的主观性而赋予"活的形象""审美的外观"以更多客观内容,但也使其理论产生了内在的不严密性。

由此可见,科学主义与人文主义的统一在西方感性与理性、主体与客体二元对立的思维模式中是难以实现的。因为,这样的思维模式实际上是一种非此即彼的形而上学的思维模式。康德独创审美判断力将两者统一,实际上是对这种二元对立的思维模式的突破。他的有关真善美关系的理论就是以人的主体审美感受为核心的超越一般认识论的崭新哲学体系。因为,审美感受中的理性自由不是通常的认识论所能包含的。由此可以断言,科学主义与人文主义的统一,乃至与此相关的美育学科的发展只有在突破了西方古典哲学的主客二元对立的思维模式才有可能。因而,在严格的意义上,它们都是 20 世纪以后的当代课题。

但是,主客二元对立的思维模式即使在 20 世纪仍有其广泛的市场,实证主义、工具主义、分析哲学等科学主义思潮的泛滥及其造成的严重后果就证明了这一点。德裔美国哲学家马尔库塞在其著名的《单向度的人》中就对这种以美国为代表的发达资本主义社会中实证主义、工具主义、分析哲学等科学主义思潮的泛滥,及由此造成的严重的技术拜物教、对普通大众的精神压抑进行了无情的鞭挞。他认为,这种科学主义思潮的泛滥与技术拜物教的盛行就导致一种"单向度的社会""单向度的思想"与"单向度的人",从而排斥否定性的批判思维与相应的艺术、哲学。他说："导致在数学框架内来解释本质的本质的定量化,把现实与一切固有的目的分离开来;进而,又把真与善、科学与伦理学分离开来。但不管科学现在如何确定自然客观性及其各部分间的相互关系,它都不能按照'终极因'来科学地设想它。不管作为观察、测量和计算中心的主体的作用多么重要,该主体都不能作为伦理、审美或政治的行为者来发挥科学作用。"①由此可见,马尔库塞所说的"单向度"就是主客分裂的二元思维模式所造成的形而上学的思维向度,从而导致科学主义与人文主义的分裂。马尔库塞解决这一分裂的方法仍然是借助于美学。他借用黑格尔美学思想中著名的"还原"理论,即在艺术创作过程中对外在偶然性和杂质进行"清洗",以达到形象的思维化、感性的理性化和个性的共性化。② 他说:"如果艺术还原成功地把控制与解放联结起来、成功地指导着对解放的控制,那么在此时,艺术还原就表现在自然的技术改造之中。"③这里,所谓"统治"就是指科技主义的精神统治,而"解放"则指人文精神的解放,两者的"联系"即意味着统一。他认为,美学在发达资本主义国家"单向度社会"中尽管被视为不合理,但却是"真正合理的家园",是"可以增进生活艺术观念的家园"。他说:"审美的向度还依然保留着一种表达自由,这种

①[美]赫伯特·马尔库塞:《单向度的人》,刘继译,上海译文出版社 2006 年版,第 133 页。

②曾繁仁:《西方美学论纲》,山东人民出版社 1992 年版,第 297 页。

③[美]赫伯特·马尔库塞:《单向度的人》,刘继译,上海译文出版社 2006 年版,第 218 页。

自由使作家和艺术家能够用他自己的称谓来称呼人和物——能够命名他人所不能命名的东西。"①但是,马尔库塞对这种"审美的向度"的"联系"(统一)方式并不寄予最后的期望,更重要的是他对这种"单向度的社会"中的革命因素感到渺茫。因此,在总体上,马尔库塞是悲观的。他说:"社会批判理论并不拥有能在现在与未来之间架设桥梁的概念;它不作许诺,不指示成功,它仍然是否定的。"②

相比起来,更富哲理性的,而且更有信心的是存在主义和解释学美学的理论家们。其中,以海德格尔为其代表,他不仅以其现象学本体论彻底抛弃了主客二元对立的传统认识论思维模式,而且将审美状态提到人的生存状态的高度。这就从存在论的角度将美育提到本体论的高度。他著名的"人诗意地栖居在这片大地上"的命题,成为当代哲人面对时代弊病,为拯救人类命运所提出的重要途径,从而将科学主义与人文主义统一到一起。海德格尔是在资本主义工业化高度发达、科技主义泛滥、两次大战给人类带来深重灾难、滥伐自然形成环境日渐破坏的形势下来思考人类的生存状态的。他说:"世界黑夜弥漫着它的黑暗。"③这里所说的"黑暗"既包含科学技术无限制的运用所形成的对自然的破坏,也包含着战争与科技的泛滥对人的存在的侵害与威胁。他说:"技术统治之对象事物愈来愈快、愈来愈无所顾忌、愈来愈完

---

① [美]赫伯特·马尔库塞:《单向度的人》,刘继译,上海译文出版社 2006 年版,第 225 页。
② [美]赫伯特·马尔库塞:《单向度的人》,刘继译,上海译文出版社 2006 年版,第 234 页。
③ 《海德格尔选集》,孙周兴选编,上海三联书店 1996 年版,第 407 页。

满地推行于全球,取代了昔日可见的世事所约定俗成的一切。技术的统治不仅把一切存在者设立为生产过程中可制造的东西,而且通过市场把生产的产品提供出来。人之人性和物之物性,都在自身贯彻的制造范围内分化为一个在市场上可计算出来的市场价值。"①他认为,在这样贫困的时代,只有诗人及其歌唱才能真正关怀和疗救人类的命运。于是,他将诗人及其诗歌的探索放到了最重要的位置。他说:"诗人何为? 诗人的歌唱正在走向何方? 在世界黑夜的命运中,诗人到底何所归依?"②诗人将走向何方呢? 审美与美育的重要意义何在呢? 海德格尔以空前的勇气告诉我们:存在者的真理自行置入作品。在这里,海德格尔已经摆脱了主客二元对立的传统思维模式。在传统的认识论中,真理是客观规律的反映,从而属于科学的范畴,与美、善并无关系,但海德格尔却抛弃了这种传统的主客二元对立的思维(认识)模式,以存在论的现象本体论作为其哲学基础。他说:"哲学是普遍的现象学本体论;它是从此在的诠释学出发的,而此在的诠释学作为生存的分析工作则把一切哲学发问的主导线索的端点固定在这种发问所以之出且向之归的地方上了。"③海德格尔的现象学本体论借以出发的所谓"此在",即人的存在,是完全不同于普通认识论的主客二元对立的结构。这是一种存在论结构,可以说是一种此在一元论结构。这种此在一元论结构具体表现为大地与世

① [德]马丁·海德格尔:《林中路》,孙周兴译,上海译文出版社 2005 年版,第 264 页。
② [德]马丁·海德格尔:《林中路》,孙周兴译,上海译文出版社 2005 年版,第 290 页。
③ [德]马丁·海德格尔:《存在与时间》,陈嘉映、王庆节译,生活·读书·新知三联书店 1987 年版,第 47—48 页。

界的争执。所谓"大地"乃是人类得以居住的地方,是一切涌现者返身隐匿之所,其本质是"自行锁闭"。所谓"世界",是只有人才独有的,这是一片敞开的领域,是凭借神性而建立的。大地与世界,尽管对立,但却相依为命。世界必须建基于大地,而大地只有穿过世界才涌现出来。双方处于一种特殊的"争执"关系,只有通过争执,双方的本质得以确立,又使双方超出自身而包含另一方。所谓真理在作品中的设置就是以这种争执的实现为前提的。海德格尔所说的真理已不是普通认识论中客观规律的反映,而是指存在者的一种无蔽状态,无蔽即是一种澄明。以上所说,都是指对于艺术作品的解读,亦即一种特殊的解释学的审美过程。经历了大地与世界的"争执",澄明与遮蔽之间的对立,从而使自行置入作品的真理显现出来,这便是美,也就是真理的一种发生方式。由此,海德格尔的此在的生存论结构也具有了极其丰富的内涵,由大地与世界的争执发展到"诗意地栖居于这片大地"。所谓"诗意地栖居",即"置身于诸神的当前之中,受到物之本质切近的震颤"①。这里的关键是诸神的现身,作诗就是要把诸神的消息传达给大地之子——人类,可见,神性乃是度量诗意栖居的尺度。诗人通过描绘形象就可以把握神性的尺度,从而使人类得以诗意地栖居于大地。世界与大地的"争执",又同天地神人四方的世界游戏说紧密相关。正是由于诸神的现身,才使天地神人各成其为本质,从而为人类提供一个诗意地栖居的家园和世界。海德格尔对梵高的油画《鞋》的读解就是其美学之思的典范。他说:"从鞋具磨损的内部那黑洞洞的敞口中,凝聚着劳动步履的艰辛。这硬邦邦、沉甸甸的破旧农鞋里,聚积着那寒风料峭中迈动在一望无

---

①《海德格尔选集》,孙周兴选编,上海三联书店1996年版,第319页。

际的永远单调的田垄上的步履的坚韧和滞缓。鞋皮上粘着湿润而肥沃的泥土。暮色降临,这双鞋底在田野小径上踽踽而行。在这鞋具里,回响着大地无声的召唤,显示着大地对成熟谷物的宁静馈赠,表征着大地在冬闲的荒芜田野里朦胧的冬眠。这器具浸透着对面包的稳靠性无怨无艾的焦虑,以及那战胜了贫困的无言喜悦,隐含着分娩阵痛时的哆嗦,死亡逼近时的战栗。这器具属于大地,它在农妇的世界里得到保存。"①无疑,海德格尔是试图在这幅画的解读中阐明在大地与世界的争执中真理的自行显现这一诗学命题。但从他所阐述的农妇的存在状况看,不是充分渗透了哲人的无限同情吗?这样的生存状态尽管是田园牧歌式的,但决不是诗意的。除了克服科技统治所造成的生存恶化弊端之外,进一步提升人类的生存状态,应该是哲人发自心底的愿望。哲人海德格尔站在时代的高度,以其哲人的睿智,将其美学沉思与人类生存状况的改善紧密相联,从而使其美学之思成为人类命运之思。在如此深刻的美学之思面前,科学主义与人文主义的统一无疑是其题中应有之义。这是对科学主义与人文主义统一的当代回答。当然,这一回答仍有其不完善之处,如海德格尔此在本体论的唯心主义前提,对当代科技发展估计的偏颇,等等。但科学主义与人文主义的统一本来就是一个永无止境的人类课题,在这个重大课题上,只要前进一小步就是一个巨大的收获。

　　中国古代美育思想是不同于西方的独立的体系。首先中国整个古代美学,所谓"诗教""乐教"等,其根本目的就在培养封建社会所需要的君子,以道德教化为其指归。作为先秦两汉儒家诗

①〔德〕马丁·海德格尔:《林中路》,孙周兴译,上海译文出版社2005年版,第16页。

论之总结的《毛诗序》，在谈到艺术作用时，指出："先王以是经夫妇，成孝教，厚人伦，美教化，移风俗。"①因此，可以说中国古代美学就是人生美学，实际上就是美育。另外，中国古代美育思想有其完全不同于西方的哲学背景。西方从古希腊时期就有明确的"理念论""模仿说"，因而主客二元对立的思维模式就已初见端倪。中国古代美育思想的哲学背景则是发端于先秦时期的"天人合一"理论，中国古代儒道两家都主张"天人合一"，人与自然的和谐一致，所谓"一阴一阳谓之道"，即是天人和谐一体的体现。儒家以人道为核心，推己及人，成己成物，尽心知天，从整体和谐出发，凸现主体精神及主体与天地万物的融合，追求由我到社会到自然天地的和谐。孔子既敬天命又重人事。他一方面认为，"不知命，无以为君子"（《论语·尧曰》），又主张"敬鬼神而远之"（《论语·雍也》）。孟子在强调天命的同时，强调秉天之意的艰苦磨炼。他的名言："故天将降大任于斯人也，必先苦其心志，劳其筋骨，饿其体肤，空乏其身，行拂乱其所为，所以动心忍性，曾益其所不能。"（《孟子·告子下》）道家则以天道推及人道，以天道为核心，主张人道要效法天道，效法自然，寄情自然。老子提出："人法地，地法天，天法道，道法自然。"（《老子·二十五章》）就是说，人以地为法则，地以天为法则，天又以道为法则，而道作为最高法则就是自然无为。汉代的董仲舒将先秦天人合一思想同阴阳五行思想结合，提出"天人感应"思想，所谓"人副天数"（《春秋繁露·人副天数》），"天人之际，合而为一"（《春秋繁露·深察名号》），等等。在继承先秦时期天人合一思想精华的同时，又参进了"君权

---

① 郭绍虞等主编：《中国历代文论选》第 1 册，上海古籍出版社 1979 年版，第63 页。

神授"的迷信色彩。但在中国古代哲学中,天与人、自然与社会、主体与客体、科学主义与人文主义是融合一体的。在这两者的融合中,中国古代美育思想起到了极其重要的中介作用。中国古代美育思想的核心就是"致中和"。正如《礼记·中庸》篇所说,"喜怒哀乐之未发,谓之中;发而皆中节,谓之和。中也者,天下之大本也;和也者,天下之达道也。致中和,天地位焉,万物育焉"。这里,将"中和"提到天地万物之根本的高度。早期典籍《尚书·舜典》就提出了"八音克谐""神人以和"的要求,"诗言志,歌永言,声依永,律和声,八音克谐,无相夺伦,神人以和"。孔子也有"质胜文则野,文胜质则史。文质彬彬,然后君子"(《论语·雍也》)这样的著名论述。对于这种"致中和"的美育思想,我们可以将其称作"中和"论美育思想。这是完全不同于西方的具有中国特色的美育思想。西方古代倡导"和谐",但这种"和谐"是指外在形式的对称、统一,与中国的"中和"所包含的天与人、内容与形式、自然与人文等的统一的如此丰富的内涵截然不同。我们认为,这样的美育思想应该在世界文化宝库中有其特殊地位。因为,我国可能并不具有完备的美学理论体系,在这方面确实不如西方,但作为文化和教育大国,我国的具有鲜明民族特色的美学—美育思想却比西方要丰富得多,深刻得多。"中和"论美育思想就是一笔独具特色的宝贵文化财富。这一美育思想以道德一元论的形态出现,天与人、自然与人文统一于培养封建社会所需要的"文质彬彬"的君子。这就摆脱了西方长期占统治地位的主客二元对立的思维模式。当代许多诺贝尔奖获得者都曾经声言,21世纪人类将从东方孔子的学说中寻求拯救人类的智慧吗?我想,以孔子为代表的中国古代的"中和"论美育思想就是这种宝贵的东方智慧之一。

　　中国传统的"中和"论美育思想还植根于充分体现"致中和"思想的艺术作品。这样的作品就是孔子所说具有"乐而不淫,哀而不伤"(《论语·八佾》)之特点的作品。在这种艺术作品中,无论表现哀还是表现乐都不过分。这也就是《礼记·经解》篇所说的"温柔敦厚,诗教也""广博易良,乐教也"。这里所说的一切要求,从内容上说是以儒家的"仁""礼"为其标准,在感情的表达上,则要符合儒家"中庸"的原则。所谓"中庸",就是恰到好处,决不过分。当然,最后还要落脚到封建时代所需要的"君子"的培养。我国传统的"中和"论美育思想将美育在"君子"培养中所起的作用提到非常高的地位,也就是说,将美育在人才培养中提到了"总其成"的高度。这就是孔子的名言:"兴于诗,立于礼,成于乐。"(《论语·泰伯》)在孔子看来,礼与诗等一切文化科学教育最后都得依靠"乐教",使其在教育对象身上取得成功。孔子强调了通过诗、礼、乐培养君子,但最后起作用的是"乐",才能"成人",即完善的君子的培养。那么,什么是"成人"呢?孔子在答复子路的提问时说道:"若臧武仲之知,公绰之不欲,卞庄子之勇,冉求之艺,文之以礼乐,亦可以成人矣。"(《论语·宪问》)这里强调,智慧、品德、勇敢、才艺、礼乐集于一身才是"成人"。由此说明,诗教、礼教、乐教相辅相成,最后由乐教总其成,才能培养这样全面发展的"成人"。这样,通过以"乐教"为标志的美育所培养出来的"君子",就是各种素质和能力的"综合"。美育在教育中真正起到了中介的作用,同时也成为科学主义与人文主义的中介。中国古代君子的培养是要求诗书礼乐射御"六艺"兼顾,"琴棋书画"俱备,达到全面教育、全面发展。

　　现在,我们再从美育自身的育人功能的角度来探索其成为科学主义与人文主义桥梁的可能性。从根本上来说,美育是人类的一种文明教育,对美丑的分辨是人类区别于动物的重要标志。事实证明,动物与自然一体,只有本能的需要,而无美丑之辨。我国的《礼记·乐记》指出:"凡音者,生于人心者也;乐者,通伦理者也。是故知声而不知音者,禽兽是也;知音而不知乐者,众庶是也。唯君子为能知乐。"著名德国哲学家康德也指出,一个孤独地居住在荒岛上的人决不会有对美的追求,不会去修饰自己和自己的茅舍,而"只在社会里他才想到,不仅做一个人,而且按照他的样式做一个文雅的人(文明的开始);因为作为一个文雅的人就是人们评赞一个这样的人,这人倾向于并且善于把他的情感传达于别人。他不满足于独自的欣赏而未能在社会里和别人共同感受"。① 这说明,审美共通感是社会的,审美是人类文明的开始,是文雅人的标志。席勒在《美育书简》中甚至将审美力作为衡量人的文明的尺度。他说,一个人在多大程度上学会重视形象胜于重视实在,他就在多大程度上是一个文明人。由此可见,审美教育实际上是一种基本的文明教育。所有的科学教育与人文教育都应该以其为基础与指归。

美育的中介作用在当代更加凸现出来。20世纪以来,由于科学主义实证哲学的发展,影响到教育,出现了蔓延于全球、影响至今的教育领域测试主义的盛行,由此产生的应试教育占据绝对的统治地位。这种测试主义应试教育代表性的理论与实践,就是所谓智商(IQ)的测定,以"智商"为根据评价学生,选拔学生。20世纪初,这种由法国心理学家阿尔弗莱德·比奈(Alfred Binet)设计的方法,因其被用于测试一百万以上招募来的新兵而风靡一时,从而主宰了美国的教育界,并由此衍生出形形色色的智力测验和

————————

① [德]康德:《判断力批判》上,宗白华译,商务印书馆1964年版,第138页。

标准化考试,甚至发展到试图为每一种可能存在的社会目标研制测试工具。它不仅用于学生的标准化考试,而且用于评估教师、督学、士兵和警官,甚至试图仅仅依靠这种简短的问答方式评估人的性格等。正是在这种情况下,在美国发展了一种十分独特的测试行业,每年为此花费数十亿美元。这正是科学主义泛滥的结果。在教育评估的内容上,将数学与逻辑分析能力放在至高无上的地位;在方法上,追求所谓机械、简单、高效。由此导致了极为严重的规范化的应试教育,即根据统一测试的要求,学生必须学习相同的课程,并以相同的方式传授给所有的学生。学生在校也必须通过频繁的考试,这些考试又都在一致的条件下进行,学生及其家长都收到表明学生进步或退步的量化成绩单。这些考试又必须是全国统一规范化的,以便具有更大范围内的可比性。因此,所谓"最重要的学科"就是适合这种考试产生的学科,如数学、科学、语法、历史年代等等,而不适合这种考试方法的学科,如艺术教育、品德教育等就不受重视。美国学者霍华德·加德纳(Howard Gardner)认为,这种测试主义教育的源头是由古希腊苏格拉底开始的一味推崇"逻辑思维"和理性的传统,实际上也就是西方古代的主客二元对立的思维模式。这种测试主义的应试教育就只能培养整齐划一的大工业生产的劳动后备军,而决不能培养具有鲜活创造力的人才。因此,它特别不适合新的知识经济时代和建设文明社会的要求。更严重的是,这种测试主义的应试教育常常会压抑和戕害人性,妨碍青少年的健康成长,导致严重后果,甚至造成悲剧。这种教育模式理所当然地受到世界各国政治家和教育家的抵制。因此,素质教育问题成为全世界关注的课题。与这种测试主义的应试教育相对,加德纳提出了著名的"多元智能理论"。他认为,所有正常人至少拥有七种相对独立的智能形式:语言智能、数学逻辑智能、音乐智能、身体运动智能、定向智能、人际关系智能、自我认识智能。美国行为与脑科学专家丹尼尔·戈尔曼(Danied Coleman)针对"智商"测试提出"情商"(EQ)的概念,所谓"情商"是指一种受到理性控制的情感力量。戈尔曼认为,在人的成功因素中,"智商"最多只占20%,而80%则归于以"情商"为主的其他因素。这里的所谓"情商",当然主要依靠审美教育加以培养,这也就将审美教育提到十分重要的位置。我国以素质教育作为基本国策,在此前提下,全国范围开展了以美育为核心内容的文化素质教育。由此,美育由工业经济时代、应试教育背景下被冷落的地位,到当前逐步受到重视并走到教育的前沿。

以上所述给人的印象,美育似乎带有对应试教育中测试主义给予纠偏的性质。但单纯的纠偏并不能突出美育的作用。实际上,从教育与美育的功能来看,美育即使在育人的功能中也具有沟通科学教育与人文教育的中介作用。美育作为人文教育的重要组成部分已是毋庸置疑的,但它作为科学教育的组成部分却是人们知之甚少的。美育的主要功能是审美力的培养,审美力的重要内涵是想象力。想象力是科学创新中不可或缺的方面,而且愈来愈显示其重要性。所谓想象力,就是从原有形象创造出新的形象的能力,因而是一种举一反三的创造能力。这种想象力不仅在艺术的创造和欣赏中具有重要作用,而且在科学研究中也具有重要作用。想象力是一种凭借直观形象的模拟和类推,是科学研究中不可缺少的"发散思维"能力,可以补充事实链条中不足的和尚未发现的环节,使科学家借以提出并印证其"假设"。想象力是一种幻想,这种幻想甚至在数学研究中也是不可缺少的。因此,爱因斯坦指出:"想象力比知识要重要,因为知识是有限的,而想象力概括着世界上的一切,推动着进步,并且是知识进化的源泉。严格地说,想象力是科学研究中的实在因素。"①在当前,在信息科技的发展中,想象力同样具有举足轻重的作用。信息科技产业主要是软件的生产,以及通过信息高速公路网络的迅速传播。想象力在知识的组编中具有重要作用。如果说科技是重要的生产力的话,那么作为科技创新能力重要组成部分的想象力也是一种生产力。马尔库塞由此断言:"艺术也将在物质改造中成为一种生产力。"②由上述可知,审美力,不仅是重要的文化素质,而且是重要的科学素质。美育兼具科学教育与人文教育的功能,这是已被大量事实充分证明了的。

　　不仅如此,当代脑科学告诉我们,美育具有开发右脑,极大提高人类潜在创造力的作用。从 20 世纪中叶开始,科学家们在脑科学方面取得突破性进展,从自然科学的角度为美育的重要地位提供了有力的佐证。20 世纪 60 年代,美国加州工科大学的罗格·史贝利为治疗癫痫病人,切断裂脑病人的连接左右脑胼胝体,发现了人的左右脑功能不同。左脑主管语言、读书、计算等机械功能,右脑则主管艺术、情感等功能。另一位科学家,霍金博士认为,右脑还能借助遗传因子传递人类过去的信息。1967 年,美国成立著名的"零点项目研究所",集中人力、财力对形象思维问题进行攻关。1980 年,美国的布雷吉斯理出版《右脑革命》一书。1995 年,日本的春山茂雄出版《脑内革命》一书,提出右脑能量为

①《爱因斯坦论文集》第 1 卷,许良英等编译,商务印书馆 1976 年版,第 284 页。

②转引自朱立元主编:《现代西方美学史》,上海文艺出版社 1993 年版,第 1010 页。

左脑10万倍的观点。戈尔曼根据纽约大学神经中心神经学家约瑟夫·勒杜(Joseph Ledoax)的科研成果,提出:情感教育就是通过大脑皮质中的前额叶这一缓冲装置镇压、控制、规范由杏仁核出发的原始情绪冲动的能力。这是从脑科学崭新成果的角度对包括美育的情感教育的深刻阐述,具有崭新的时代特色。因为,据勒杜和戈尔曼的研究成果显示,人类从史前时期遗留下一条对灾难性的突袭所做出应激反应的神经通道。这条通道就是不通过大脑皮质,而是在出现危急情况之时,大脑的边缘系统直接发出紧急通知,在大脑皮质没有来得及反应之时,边缘系统的杏仁核即以更快的速度做出反应,这就是所谓的"神经短路"。许多原始的本能性的情绪就是这种"短路"的结果。这种原始的本能性的冲动不能任其发展,必须置于思维的控制之下,对其控制的缓冲装置位于大脑主干道的另一端,即前额后面的前额叶。戈尔曼指出:"必须依靠前额叶皮质大力压制杏仁核命令,不使大脑其他部分对恐惧做出过分反应。"①情感教育或美育的重要作用就是强化大脑皮质前额叶对杏仁核的控制、规范作用,使人类的情感反应更加理性,超越原始本能状态进入更高级的层次。美育对开发右脑的作用,或通过大脑皮质对原始本能冲动的理性化控制,不仅具有人文意义,使人类更加文明,而且也具有科学意义,使大脑功能得到进一步开发,使人更加理智、科学。由此,也充分证明美育具有协调科学主义与人文主义的作用。

　　20世纪以来,随着科技的高度发展、工业化程度的提高,市场经济的深化与生活节奏的加快,环境的恶化和精神疾患的蔓延成

---

① [美]丹尼尔·戈尔曼:《情感智商》,耿文秀、查波译,上海科学出版社1997年版,第226页。

为关系人类前途命运而必须加以解决的重大课题。在这两大重要问题上,美育同样起到极为重要的作用,并成为沟通科学主义与人文主义的桥梁。20世纪,在科技与工业高度发展的同时,环境的恶化愈来愈严重。人类破坏了自然环境,不顾后果地消耗地球上那些不能再生的资源,加快了生态系统的失调和数千种有百万年历史的物种灭绝。人类的生存环境受到严重挑战。空气和环境的污染加剧,导致癌症和其他同生态破坏有关的疾病泛滥,可用土地和水资源的短缺,沙漠化和温室效应的加剧。如此等等,都威胁着人类。随着全球人口超过 60 亿,人类可用资源的减少,整个人类的生态足迹平均只有 2.2 公顷,发展中国家大约只有 1 公顷。生态足迹是指每个人平均占有可耕土地、海洋面积,以及为每个人提供可支配的食品、水、住房、能源、交通工具、消费品和可消化掉的废物所需土地的面积。因此,人类的生存环境已经到了危险的边缘,这决不是危言耸听。有一位生态学家以这样的事实告诫人类,我们的近邻金星已完全处于无法控制的温室效应状态,海洋全部蒸发,水蒸气在大气中分解为氧气和氢气,处于一片死寂的化学平衡之中。如果我们的地球因环境的破坏导致生命的绝迹,那么地球也有可能发生同金星相似的情况,海洋会蒸发枯竭,水会从这个世界上消失,表面温度会远远高出 200℃,地球也会处于一片死寂的化学平衡。这难道不是一种十分可怕的景象吗?

正是在这样的情况下,世界各国都开始重视环境保护问题,我国也将以环保为主要内容的可持续发展作为基本国策之一。与此同时,我们认为,十分重要的是,要从根本上解决人类对我们赖以生存的地球、对自然和环境的态度问题,要处理好运用科技手段对自然资源的开发利用与对人类生存条件的人文关怀之间的关系,这实际上是一个世界观问题。有的学者认为,当前人类对环境的无节制地开发利用同西方的基督教文化有直接的关系。他们指出,在《圣经》中,上帝创造了天地、自然和男人女人,又创造了伊甸园让人居住,然后将人逐出伊甸园,从此,人才真正开始在自然中生活。在这里,自然是作为人的对立面,作为上帝惩罚人的工具而出现的。由于上帝的惩罚,人被迫离开了伊甸园,人必须克服伊甸园外艰苦的自然环境才能生存下去。《圣经》对人与自然的关系做了界定,是一种对立的关系,人必须征服自然才能继续生存。这样一种人与自然对立的基督教文化,根深蒂固地影响了人类,成为人类滥用自然资源的世界观的根源。当然,对这种观点还需要研究,但人与自然的对立无疑是长期传承的基督教文化的内容之一。与此相反,许多有识之士强烈地提出了从根本上改变这种世界观与环境观的要求。著名生态学家诺贝尔生存权利奖获得者何塞·卢岑贝格在他所著的《自然不可改良》一书中,提出一个崭新的观点——著名的"该亚定则"。该亚是古希腊神话中的大地女神。该亚定则要求人类把地球看作女神,作为一个无限美丽可爱的有生命的机体,给予应有的关怀和爱护。这是为了地球上的生命得以延续,同样也是为了人类的下一代。卢岑贝格认为,许多人有一个误区,那就是将科学本身的冷静无情同科学活动所包含的人文价值意义相混淆。科学本身是冷静无情的,不包含任何意识形态倾向,但科学活动却既可以造福人类,也可能遗患于人类,因而具有明确的人文价值倾向。在环境的开发利用上就是如此。科学自身是一种客观规律的反映,无价值倾向,但科学一旦被运用而成为技术,利用其开发自然资源就具有了利弊内涵明确的人文价值倾向。这里,将科学与人文相对立,正是西方古代以来,特别是启蒙主义时期某种文化观念的体现,是一种错误的世界观、环境观。卢岑贝格提出该亚定则,就是要纠正这种错误的世界观、环境观,树立正确的世界观、环境观。他的该亚定则实际上既是一种崭新的生态观,又是一种崭新的美学观,就是要以亲和的美学态度来尊重、热爱、关注如大地女神一般美丽而充满生命力的地球。他写道:"我们所居住的这颗星球,在宇宙空朦辽远的地平线上显得何其渺小,现在也应该从一个全新的视角来重新审视它。我们现在认识到,生命的演化过程实际上是一曲宏大的交响乐。它并不仅仅是生命体相互之间生存竞争的过程,而是作为一个整体不断发展演变的进程,在这一过程中,我们的星球——该亚形成了自身生机勃勃、顺应自然的完整体系。它与我们这个星系中已经死亡、静若顽石的其他行星完全不同,它远离统计学和化学意义上的平衡状态,确切地说,它是一个生命。"他接着说道:"这种美学意义上令人惊叹不已的观察和体悟,具有很深的宗教意味,令人油然而生一种虔敬之心。怎么还会有人公然宣称,科学是冷静的,科学不含有主观的价值判断的——即不含有意识形态的!科学本身就存在主观的价值判断。"[①]卢岑贝格说得多么好啊!他用一个该亚定则——带有美学内涵的生态学原则就将人同自然关系中科学主义与人文主义统一了起来。

　　同人类对自然的关系出现严重问题一样,当前人类自身也出现严重的危机,精神疾患及相应出现的社会问题泛滥蔓延,呈难以扼制之势。美国著名未来学家托夫勒指出:"在美国公民中,足足有四分之一的人,情绪严重地受到某种形式的打击","心理危机……在

---

①[巴西]何塞·卢岑贝格:《自然不可改良——经济全球化与生态科学》,生活·读书·新知三联书店1999年版,第63页。

一个混乱，分裂和对未来捉摸不定的美国社会中，到处蔓延"①。世界其他各国，包括我国，患心理疾病的人数也逐年上升。人类自身的问题，特别是心理疾患问题已经到了不能不给予重视和提出解决途径的时候了。因为，长期以来，人类更多地关心社会，较少地关心自然，同时更少地关心自身，特别是自身的心理与人格的健康。其解决的途径，就是要求人们应该审美地对待自然。所谓审美地对待，就是以一种和谐发展的态度对待。人的和谐发展无疑包括身心两个方面。身体的健康发展主要是科学的生理观，主要属于科学主义的范围，而心理的健康发展主要是心理和人格的健全，主要属于人文主义范围。这样，审美地对待自身、生理和心理的和谐发展，这样一个属于美育范围因素的基本态度和观点就在人类自身生存发展问题上将科学主义与人文主义沟通了起来。以审美的态度对待自身，人类将会愈来愈和谐、健康、美好。

科学主义与人文主义的统一，实际上包含着人与自然、自然与自由、存在与本质、对象化与自我确证、科学与伦理、自然主义与人道主义、真与善等一系列矛盾的对立与统一，再对立与再统一，以至于无穷的漫长历史过程。这是人类的永无止境的奋斗目标，我们以美育作为两者的桥梁和中介，实际上就是以美统一真与善作为人类的伟大理想，也就是共产主义的伟大理想。共产主义是我们伟大的政治理想，同时也是一种美的至境，其实，也是为追求这样一种美的至境而奋斗不息的过程。正是通过这样的过程，不断改善人类的生存状态，使人类的生活愈来愈美好。

---

① ［美］阿尔温·托夫勒：《第三次浪潮》，朱志焱等译，生活·读书·新知三联书店 1984 年版，第 457、458 页。

最后,让我们记住马克思的名言:"这种共产主义,作为完成了的自然主义,等于人道主义,而作为完成了的人道主义,等于自然主义,它是人和自然之间、人和人之间矛盾的真正解决,是存在和本质、对象化和自我确证、自由和必然、个体和类之间的斗争的真正解决。它是历史之谜的解答,而且知道自己就是这种解答。"①

---

① 《马克思恩格斯全集》第42卷,人民出版社1979年版,第120页。

第四章 现代美育学科建设

第一节 现代美育的定位

说到现代美育的定位,我们必须看到我国新时期美育的极大进步。我国当前教育领导机构和有关领导人已经明确提出,没有美育的教育是不完善的教育,没有接受过审美教育的学生不可能是全面发展的人。就是在这样的背景下,我们来探讨现代美育的学科建设。

如果要给现代美育定位,首先要从现代人文精神与美育的关系着眼。众所周知,17 世纪以来,欧洲开始了规模宏大的以工业革命为标志的现代化进程。与之相伴,人文精神获得新的发展并出现复杂的情形。一方面,由于科技的进步,经济的繁荣,社会的发展,人的生活质量空前提高,理性精神获得极大发展。这是人文精神丰富发展的一面。另一方面,由于工具理性的极度膨胀,导致人对科技迷信的唯科技主义思潮的产生。由此,出现了以物的追求代替人的权益,以机械冷冰冰的理性代替活生生的人的生存这样不正常的情况,这是对于人文精神的一种戕害。正是在这样的情况下,出现了对于现代工具理性和唯科技主义进行反思和超越的新人文精神,美育就是这种人文精神的体现。新人文精神不同于文艺复兴人文主义之处,在于它不再局限于对于禁欲主义神性的突破,而主要是对于将人视作机器的唯理性主义和认识论本质主义的突破,走向人的全面发展和美好生存。这恰是美育应有之义。美育作为现代人文精神之体现,这应是其最基本的定位。明确了这样的基本定位,才能进一步明确美育的基本性质及其学科建设的方向。

美育作为新人文精神的特点之一,就是其具有十分明显的对资本主义现代性的批判精神。它其实是在对于资本主义现代性的批判之中产生的。席勒的《美育书简》在人类历史上首次提出"美育"概念,就是基于对资本主义现代性分裂人性之弊端的批判。黑格尔在《美学》中批判资本主义是不利于艺术发展的散文化时代。马克思也在著名的 1844 年"巴黎手稿"中尖锐地指出,劳动创造了美,但却使工人变成畸形。由此,他提出"人也按照美的规律来建造"的著名命题。马尔库塞在《单向度的人》一书中以美学的向度为武器,批判资本主义唯科技思维使人变成"单向度的人",向往一种"可以增进生活艺术"的合理的家园。海德格尔也以其著名的"人的诗意地栖居"为目标,有力地批判了资本主义现代性以其现代唯技术思维对于人的压迫,他将这种压迫说成"促逼"。他说:"这片大地上的人类受到了现代技术之本质连同这种技术本身的无条件的统治地位的促逼,去把世界整体当作一个单调的、由一个终极的世界公式来保障的、因而可计算的贮存物(Bestand)来加以订造。"①

美育产生于工业革命以来人类对现代化反思的历史背景之下,因而美育也是现代教育之组成部分。首先,它是西方现代"通

---

① [德]海德格尔:《荷尔德林诗的阐释》,孙周兴译,商务印书馆 2000 年版,第 221 页。

识教育"的组成部分。资本主义从工业革命以来,从人是机器的哲学理念与大工业生产对划一性人才的需要出发,倡导一种以"智商"为标准的唯科技主义教育,产生扼杀人性的严重后果。为了改变这种情况,教育界的有识之士于19世纪后期提出"通识教育"理念,"通识教育"实践于20世纪30年代,特别是"二战"之后迅速发展。所谓"通识教育",就是旨在改变唯智主义的工具性的人才培养理念与模式,以培养人的通与识统一的自由发展能力为其指归。因此,说到底,通识教育就是一种做人的教育。通识教育的具体实践就是开设了作为必选的一系列"核心课程",包括自然、社科与人文等,艺术类课程是其必不可少的组成部分。因为,在通识教育的办学理念中,艺术教育是做人的教育的必要途径。

在中国,结合中国的具体国情,从纠正长期实行的应试教育出发,早在20世纪90年代中期,教育部就正式提出实行文化素质教育,在全国各重点高校建立了30多个文化素质教育基地,并在全国推行这些基地的经验和文化素质教育的办学理念,取得明显成效。文化素质教育之中必然地包含着美育。1999年6月,国家召开第三次全国教育工作会议,发布《关于深化教育改革全面推进素质教育的决定》。这个决定明确提出,我国的教育方针为"以提高国民素质为根本宗旨,以提高学生的创新精神和实践能力为重点,造就'有理想、有道德、有文化、有纪律'的、德智体美等全面发展的社会主义事业的建设者和接班人"。这样,就明确地将美育作为国家教育方针的有机组成部分。这个决定还指出:"美育不仅能陶冶情操,提高素质,而且有助于开发智力,对于促进学生全面发展具有不可替代的作用。"这就进一步明确了美育的"陶冶情操,提高素质,开发智力"的重要作用,及其"不可替代"的地位。这个决定具有非常重要的意义,是我国当代教育转型的反映，也是我国教育观念的重大调整，标志着我国将由传统的重智教育转向当代的素质教育，昭示着一个美育发展的春天即将来临。

第二节　作为人文学科的美育

在现代美育的定位上，我们首先遇到的是美育是否是一个独立学科的问题。对于美育是否是一个独立学科的问题，早在 20 世纪 70—80 年代，美国就发生过一场争论。这是由现代大学制度引起的。因为按照现代大学制度，"所有的课程内容都应该取自学科，换言之，只有学科知识才适合进入学校课程"。面对这一新的局面，艺术本身就被要求必须是一个独立的学科，否则它将会丧失在学校教育中的合法地位。美国于 1965 年在宾夕法尼亚州召开了主题为"艺术教育是一门独立学科"的研讨会，在会上，倡导美育作为独立的学科地位最有力的理论家是巴肯。他面对有关美育缺乏逻辑定理因而无法成为独立学科的指责进行了辩驳，他说："缺乏科学领域中普遍符号系统所体现的关于互为定理的一种形式结构是否就意味着被谓之艺术的人文学科不是学科，意味着艺术探索是无序可循的？我认为答案是，艺术学科是一种具有不同规则的学科。虽然它们是类比和隐喻的，而且也非来自一种常规的知识结构，但是艺术的探索却并非模糊和不严谨的。"①但其他的"艺术教育运动"的倡导者却不赞成艺术教育构成独立学科的意见，他们认为："艺术不是一门学科。相反，它只

---

① ［美］阿瑟·艾夫兰：《西方艺术教育史》，邢莉、常宁生译，四川人民出版社 2000 年版，第 315 页。

是'一种经验',这种经验或是通过参与艺术创作过程而获得,或是通过亲眼目睹艺术家的创作表演而获得。"①但他们都坚持艺术教育应该有一个"整套课程",并在学校课程中应该占有一席之地,发挥积极参与的精神。很明显,在这场争论中,双方对于艺术教育是一种特殊的人文精神载体,在现代大学教育课程中应有一席之地这一点是没有分歧的。

本来,美育无论作为人文精神、批判武器,还是教育理念,都是一种抽象的精神形态的东西。在现代大学教育制度下,一切观念的东西如果要付诸实施必须将其构建为学科。所谓学科,不仅包含知识背景,而且以系统的知识和课程规则为其基础。因此,如果要将美育这样的教育理念和特殊人文精神内容付诸实施,唯有将其作为一个学科来加以建设。但美育又是一种特殊的学科,它是不同于自然科学与社会科学学科的人文学科。人文学科的最基本的特性就是以活生生的"人性""人道"为其研究对象,而不是以客观的自然现象和社会现象为其研究对象。《大英百科全书》关于"人文学科"的条目,引用了美国国会在建立国家人文学科捐赠基金时采用的有关"人文学科"的界定。这个界定是:"人文学科包括(但不限于)下列学科:现代语言和古典语言、语言学、文学、历史学、法学、哲学、考古学、艺术史、艺术理论和艺术实践,以及含有人道主义内容并运用人道主义的方法进行研究的社会科学。"②在这个表述中,非常关键的是"含有人道主义内容并运用人道主义方法进行研究"。这说明人文学科的特性是以"人性"

①［美］阿瑟·艾夫兰:《西方艺术教育史》,邢莉、常宁生译,四川人民出版社2000年版,第318—319页。
②尤西林:《人文学科导论》,高等教育出版社2002年版,第190页。

与"人道"为其研究对象的。美育就是人性的重要内容,许多理论家对于这一点都有过论述。如,席勒所说的审美"标志着野蛮人达到了人性",康德所说的审美是"人性的特质"等等。最近,史蒂文·米森在题为《音乐——生命的本能》一文中指出:"神经系统科学最新研究表明,在大脑里,音乐和语言在一定程度上是相对独立的,有些人从未训练其语言能力,但不管怎样,他们有非凡的音乐才能。"又说:"我们的音乐才能是如何与语言能力一起进化的。不是其中一个派生了另一个,而是它们有共同的根源,即古代交流体系。仅在大约20万年前我们自己的人种智人在非洲进化时,这个体系分成了我们今日所认识的两个分支。"①

美育作为人文学科,它与自然科学及社会科学的最大的不同在于,自然科学与社会科学的目的是对于对象客观规律的把握,因而它们可以是冷静的、"价值中立"的,而美育却不是这样。当然,对于自然科学与社会科学,特别是社会科学是否真正能够做到价值中立这个问题,目前分歧很大。但这些学科的主要目的在于把握对象的客观规律,这却是没有疑问的。但美育作为人文学科,其目的却不在客观规律的追求,而在于明显的价值诉求。它首先是一种审美价值的诉求。美育就是要通过美的事物的熏陶感染培养受教育者鉴赏美、接受美与创造美的能力,提高其审美素养。的确,艺术并不能与审美等同。在英语里,作为艺术的"Art"原指与自然相对的技术与技艺。但美育却是以审美作为价值取向的。也就是说,在态度上,我们对于具有审美效果的艺术作品持肯定态度,对于与此相反的艺术作品则不持肯定态度。这就是

---

① [英]史蒂文·米森:《音乐——生命的本能》,《参考消息》2005年8月27日。

美育所特有的审美价值取向性。此外,美育还有更高的伦理诉求。美育的这种伦理价值诉求不是独立的,而是寓于审美之中,即通过审美的途径追求一种高尚的道德情操和对于人类的终极关怀。

美育作为人文学科具有明显的非专业性。正如《大英百科全书》所说:"人文学科是某些教育性学科的总称(其中不包括自然科学和社会科学),这些学科一起构成了大学中非职业性学校(除法律学校和医学院外)所开设的文科类课程。"①也就是说,美育作为大学通识类人文学科,其任务不是培养专业技能和专业类人才,而是一种"人性"和"人道"的教育,即做人的教育。这种人性的做人的教育表面看可有可无,其实非常重要。所有的在专业和事业上的成功者在总结自己的成功原因时都将良好的人性素养和做人放在首位的。最近,我国著名物理学家钱学森向国家领导人就人才培养问题进言。他说:"我要补充一个教育问题,培养具有创新能力的人才问题。一个有科学创新能力的人不但要有科学知识,还要有文化艺术修养,没有这些是不行的。小时候,我父亲让我学理科,同时又送我去学绘画和音乐。我觉得艺术上的修养对我后来的科学工作很重要,它开拓科学创新思维。"②

美育作为人文学科是有着内在的矛盾性的,认识这种内在的矛盾性可以使我们更好地掌握美育的学科特点,自觉遵循其规律,将其提到更高的水平。这种矛盾性表现在美育作为学科的智性特点与它自身的非智性本性的矛盾、美育作为学科的考评要求与它自身的不可考评性的矛盾,以及美育作为大学教育的阶段性

①尤西林:《人文学科导论》,高等教育出版社2002年版,第190页。
②钱学森:《亲切的交谈——温家宝看望季羡林、钱学森侧记》,《人民日报》
　2005年7月31日。

与它作为人性教育的终身性的矛盾。首先,美育作为学科的智性特点与它自身的非智性本性的矛盾。很明显,美育作为大学的学科必须进入课程设置和科学研究,因而必然地具有智性的特点。但美育的本性是一种人性的教育,是非智性的,这两者之间肯定是一种矛盾。要处理好这一矛盾,就必须将美育这一人文学科作为一种特殊的学科来对待。在课程的开设、科学研究和学科建设要求方面,充分考虑到美育的非智性本性,决不能将它与其他知识性课程同样对待。其次,美育作为学科的考评要求与它自身的不可考评性的矛盾。作为学科和课程都需要考评,但美育作为人性教育自身又的确难以考评。这就要在具体考评的指标体系的设计上将定量和定性很好地结合,并采取特殊的课程考评方式。例如,在学科考评中,既要考虑到开课、师资、条件、经费等硬指标,更要考虑到审美素养提高的效果这样更为重要的软指标。在美育课程考评中,应改变知识性课程划一性测试方式,采取个体性测试。在考评内容上,将能力和素养的测试放在更加重要的位置。在处理美育作为大学教育的阶段性与作为人性教育的终身性的矛盾时,主要是在美育的教育中不要将立足点放在知识性之上,而要放到端正对审美与艺术的态度之上,将审美的教育作为一种世界观的教育,并培养起对审美与艺术的终生不变的兴趣。这样的美育才能使学生终身受益。

第三节　美育学科的理论出发点

——从审美力的培养到人性的自由发展

美育作为人文学科虽有其不同于自然科学与社会科学的特殊性,但既然是一个独立的学科,列入大学教育体系,具有可操作性,那就应该具有自己独立的理论出发点。诚如华伦斯坦所说,所谓学科应该"拥有一个有机的知识主体,各种独特的研究方法,一个对本研究领域的基本思想有着共识的学者群体"①。这就是说,如果没有一个独立有机的知识主体,那就很难列入大学的教育体系和课程体系,也无法成为独立的学科。理论的出发点是独立有机的知识主体的必要条件,这个理论出发点就是理论的逻辑起点。美育作为人文学科,其对象是多姿多彩的"人性",因而很难有一个明确的逻辑起点。在这种情况下,就要从美育作为人文学科的实际情况出发,确立一个具有更大包容性、适合美育的人性内涵特点的理论出发点。

美育作为人文学科其理论出发点应该围绕人性内涵确立,也就是说,应该从人的素养的培养着眼。但素养又不是抽象的,它是同人的能力密切相关的。具体到美育来说,就是同人的审美力的培养密切相关的。但能力本身并不就是素养,不能说一个人能力强素养就好,能力必须经过内化的过程成为人的态度和世界观,才能转化成人的素养。能力是素养的基础和前提。由此,美育的直接理论出发点还是审美力的培养。对于审美力,目前论述得最好的还是德国美学家康德。黑格尔曾说,康德说出了关于美的第一句合理的话。这句话,就是康德认为美是无目的的合目的性的形式。从另一个角度说,这句话的意思就是美是反思的情感判断,这个反思的情感判断是对于一个个别事物的愉快与不愉快的判断。康德指出:"鉴赏是凭借完全无利害观念的快感和不快感对某一对象或其表现方法

---

① [美]阿瑟·艾夫兰:《西方艺术教育史》,邢莉、常宁生译,四川人民出版社2000年版,第313页。

的一种判断力。"①也就是说,审美力作为反思的情感判断,是不同于自然科学与社会科学的从普遍性的理论和概念出发的判断,而是从个别事物出发的判断。它又不同于理性派美学家鲍姆嘉通有关美是感性认识的完善的论述,康德认为,美是一种不同于认识的情感判断,是有关主体愉快或不愉快的判断。这种反思的情感判断是以感性的想象力为基础的判断,这又是其不同于其他以知性力与理性力为基础的判断之处。诚如康德所说:"为了判别某一对象是美或不美,我们不是把(它的)表象凭借悟性联系于客体以求得知识,而是凭借想象力(或是想象力和悟性的结合)联系于主体和它的快感和不快感。"②也就是说,审美力是以审美的想象力为其基础的,这充分说明了它从感性出发的特点。当然,审美力最终还是要走向普遍共通性和道德的象征,康德认为,"美是那不凭借概念而普遍令人愉快的"③。也就是说,美尽管是个别的、主体的,以想象力为基础的,但却是普遍的,具有共通性的。这也是审美力的特点所在。如果不具共通性,那美感就仅仅是快感,从而离开人性的轨道。不仅如此,康德指出:"美是道德的象征。"④这就使审美力既是个别的、形式的、想象的、主体的,同时又是普遍的、道德的。这就是审美力的基本特性,是其二律背反之所在。诚如康德所说:"所以关涉到鉴赏的原理显示下面的二律背反。(一)正命题:鉴赏不植基于诸概念,因否则即可容入对它辩论(通过论证来决定)。(二)反命题:鉴赏判断植基于诸概念;因否则,尽

①[德]康德:《判断力批判》上,宗白华译,商务印书馆1964年版,第47页。
②[德]康德:《判断力批判》上,宗白华译,商务印书馆1964年版,第39页。
③[德]康德:《判断力批判》上,宗白华译,商务印书馆1964年版,第57页。
④[德]康德:《判断力批判》上,宗白华译,商务印书馆1964年版,第201页。

管它们中间有相违异点,也就不能有争吵(即要求别人对此判断必然同意)。"①这种二律背反就是"基于两个就假相来看是相互对立的命题,在事实上却并不相矛盾,而是能够相并存立"②。这恰是审美力作为真与善、自然与自由、知与意、感性与理性之中介的特点所在,是其特具的内在张力与魅力之原因。正如席勒所说,恰恰由于对感觉和思维之二律背反的解决才"带领我们通过整座美学的迷宫"③。这也充分说明,美学作为人学的多维性、丰富性和巨大的感染力。

　　美育通过对于人的审美力的培养,最后导向人性的自由发展,这恰是审美力作为人的特殊能力内化为人的素养的结果。在康德的美学理论中,审美力内化为人的"自由的游戏"的心理素养。康德在将审美与手工艺相比较时,提出自己的"自由的游戏"说。他说:"艺术也和手工艺区别着。前者唤做自由的,后者也能唤做雇佣的艺术。前者人看作好像只是游戏,这就是一种工作,它是对自身愉快的,能够合目的地成功。后者作为劳动,即作为对于自己是困苦而不愉快的,只是由于它的结果(例如工资)吸引着,因而能够是被逼迫负担的。"④在康德看来,审美因为是无功利的,因而是自由的,"好像只是游戏"。这种"自由的游戏"表现为,审美是一种以鉴赏力为基础,以想象力最为活跃的各种心理功能的自由结合。正如康德所说:"所以美的艺术需要想象力、悟性、精神和鉴赏力。"⑤可见,在康德的

①[德]康德:《判断力批判》上,宗白华译,商务印书馆1964年版,第185页。
②[德]康德:《判断力批判》上,宗白华译,商务印书馆1964年版,第187页。
③[德]席勒:《美育书简》,徐恒醇译,中国文联出版公司1984年版,第98页。
④[德]康德:《判断力批判》上,宗白华译,商务印书馆1964年版,第149页。
⑤[德]康德:《判断力批判》上,宗白华译,商务印书馆1964年版,第166页。

美学思想中,审美的"自由的游戏"还需要借助于主观的先验的
先天原理,因而还是局限于人的内在的心理领域。但到了席勒,
审美的自由就开始走出主观,进入现实生活,成为人生的美学。
在《美育书简》之中,他将"自由"作为全书的主旨。他说:"把美
的问题放在自由的问题之前,我相信它的正确性不仅可以用我
的爱好来辩解,而且也可以通过各种原理加以证明。"①就是说,
在席勒看来,审美教育最基本的主旨就是要落实到"自由"之上。
他试图突破康德的主观先验的自由观,逐步走向现实社会人生。
他将美育看作是实现政治自由的唯一途径,说:"我们为了在经
验中解决政治问题,就必须通过审美教育的途径,因为正是通过
美,人们才可以达到自由。"②因此,他将美育看作是人性改造的
重要途径。他的名言就是:"要使感性的人成为理性的人,除了
使他首先成为审美的人,没有其他途径。"③为此,他刻意构筑了
权利的王国、伦理的王国和审美的王国这样三个王国,认为只有
审美的王国以自由为法律,才能克服人性的分裂,给社会带来
和谐。

在康德和席勒的美育理论之中,由审美力内化而成的自由已
经成为一种精神境界和一种世界观。在当代存在论美学之中,审
美的自由已经成为真理的自行显现,是由遮蔽走向澄明,步入人
的诗意地栖居的必由之途。

---

① [德]席勒:《美育书简》,徐恒醇译,中国文联出版公司 1984 年版,第 38—
39 页。
② [德]席勒:《美育书简》,徐恒醇译,中国文联出版公司 1984 年版,第 39 页。
③ [德]席勒:《美育书简》,徐恒醇译,中国文联出版公司 1984 年版,第
116 页。

第四节 美育学科的研究方法

关于美育学科的研究方法,目前有自上而下与自下而上等多种说法。但我们坚持必须从美育的特殊学科性质出发的原则,也就是说,必须根据美育作为人文学科的特点。正如《大英百科全书》所说,人文学科"含有人道主义内容并运用人道主义方法"。我们所说的美育学科的培养审美力和审美自由的理论出发点就与人性紧密相关。面对这样一种丰富多彩并活生生的人性内容,只能采取特有的人学的研究方法。

所谓"人学"的研究方法,当然不同于一般的自然科学与社会科学的逻辑的理论研究方法,而是一种个别的描述的方法。例如,同样是面对人这个实体,生理科学采取由一般理论出发的逻辑的方法,而美育则采取人学的具体描述的方法。这种人学的描述的方法是多维度的、阐释的和具有明显价值取向的。首先是多维的,也就是说人学的描述的方法对于研究对象不能如一般科学那样采取一种界说,一种界说无法对人性进行描述,而必须是多维度的、多方面的,乃至于是开放的、共创的。每一种理论也可能只是界说之一、之二、之三,还可以有界说之四、之五、之六,乃至其他。同时,这种人性的描述还应是阐释的,是一种研究主体在此时此地特定语境中对于对象的阐释和理解。这样的阐释就包含着极为丰富的前见与现见、过去与现在、主体与客体之间的平等交流对话。当然,这种人性的描述也是包含着明显的价值取向的,而绝对不是科学中的"价值中立"。这恰恰是现代人学之描述方法的特殊性所在。

现代人学之描述就是现代审美经验现象学之描述方法,包含着"悬搁"与"超越"之内容,因而包含明显的超越现实物欲与感性的价值取向。这种价值取向首先是审美的价值取向。审美其实是·种价值取向,也就是对美与丑的分辨,这正是美育首先必须做到的。如果美育连这一点都做不到,那肯定是美育的失败。其次,还有道德的和意识形态的价值取向。例如,我们作为中国人在充分尊重世界与人类共同的审美价值前提下,必然会将弘扬民族审美文化作为历史的责任。最后,作为人文精神必须包含对于人类终极关怀的情怀,包括对于审美理想的追求和关心人类前途命运的情操等等。

第五节　美育学科所凭借的手段

——艺术教育

美育可借助自然美、社会美与艺术美的各种途径。但其最主要的途径则是运用艺术美的手段,所以,从某种意义上说,美育也可以称作艺术教育。这正是人类运用人与艺术之间的辩证关系的自觉性表现。因为,按照马克思主义的实践观点,在人类的生产实践活动中,不仅生产了主体所需要的产品,而且产品也反过来增长和提高了主体的需要。总之,没有主体的需要就没有生产,但没有生产也就没有主体需要的再生产。艺术活动作为一种精神生产,情况也是如此。人类为了满足自己的审美需要生产了艺术品,反过来艺术品又进一步培养、发展了人类的审美需要和能力。也就是说,人类生产了艺术,艺术又生产了审美的主体,这就是人与艺术之间互相创造的辩证统一的关系。诚如马克思在《〈政治经济学批判〉导言》中所说:"艺术对象创造出懂得艺术和能够欣赏美的大众,——任何其他产品也都是这样。因此,生产不仅为主体生产对象，而且也为对象生产主体。"①作为人类文明组成部分的审美力及其产品艺术，就正是在这种辩证的统一关系中不断地朝前发展。这是一个不以人的意志为转移的客观规律。自觉地运用这一规律，重视和不断发展艺术生产和艺术教育，正是人类自我意识不断增长的证明。随着人类社会的不断前进，物质生产与精神生产的不断发展，人类日益摆脱粗俗的、原始的物质需要的束缚，而发展着社会的、精神的需求，其中就包括着高级的审美需要，因而，就愈发重视艺术生产和艺术教育。对于艺术教育的重要性，早在 100 多年前，有一位俄国学者在论述普希金的书中曾作过比较准确的阐述。他说，什么更重要——科学知识还是文学艺术？一个受过教育的、头脑清晰的人对此将这样答："科学书籍让人免于愚昧，而文艺作品则使人摆脱粗鄙；对真正的教育和人们的幸福来说，二者是同样的有益和必要。"②

艺术教育在内容上包括艺术创造与艺术欣赏两个方面。也就是通过艺术创造的实践培养学生审美的能力，通过对艺术品的鉴赏活动提高其审美能力。二者的途径不同，但达到培养审美力的目的却是一致的。比较起来，在艺术教育中，艺术欣赏比艺术创造运用得更为广泛普遍。一般来说，当我们谈到艺术教育时，通常就是指通过艺术欣赏的途径所进行的审美教育。原因在于，艺术欣赏的方式较为简便，不像艺术创造那样需要各种物质材料。它只需几件艺术品就可将学生引领到一个无限神奇的、动人的美的世界，并常常能收到极好的效果。正因为艺术欣赏是艺术

---

① 《马克思恩格斯选集》第 2 卷，人民出版社 1972 年版，第 95 页。
② 转引自［苏］波古萨耶夫：《车尔尼雪夫斯基》"前言"，钟遗、殷桑译，天津人民出版社 1982 年版，第 5 页。

教育的主要方式,所以我们需要对它简略地介绍一下。什么是艺术欣赏呢? 所谓艺术欣赏就是一种以情感激动为特点的美感享受。在艺术欣赏中,欣赏者首先要被艺术品所吸引,引起感情上的激动,而且,这种激动还应该是肯定性的。也就是说,由于艺术品所包含的情感同欣赏者的情感一致,而使其喜欢,引起他的愉悦之情。这样,就能拨动欣赏者的心弦,扣触其心扉,使他感到一种从未有过的精神上的享受。这种肯定性的特色就从一个角度将艺术哲学中的情感激动同现实生活中的情感激动划清了界限。例如,同是悲伤,但人们愿意花钱买票到剧院里欣赏悲剧甚至为此落泪,却绝不愿意碰见大出殡而伤感。因为,前者是一种享受,而后者则是一种痛苦。对于这种肯定性的情感激动,毛泽东把它叫作使人"感奋"、令人"惊醒",马克思则把它叫做"艺术享受"。不管是"感奋""惊醒",还是"艺术享受",在美学上我们都一律把它叫做"美感"。正如茅盾所说:"我们都有过这样的经验:看到某些自然物或人造的艺术品,我们往往要发生一种情绪上的激动,也许是愉快兴奋,也许是悲哀激昂,不管是前者,还是后者,总之我们是被感动了,这样的情感上的激动(对艺术品或自然物),叫作欣赏,也就是我们对所看到的事物起了美感。"①

　　艺术教育所凭借的是一种特有的艺术美手段。艺术教育所凭借的手段是不同于自然美与社会美的艺术美,这种艺术美具体地体现为艺术品。艺术品本身是艺术家创造性劳动的产物,是美的物化形态与集中表现,是人类高尚情感的结晶。它同自然美与社会美相比,在美的层次上更高。人们通过对于艺术品的欣赏,可以直接接触到无限丰富多样的美的对象,从而受到熏陶启迪。

---

①《茅盾评论文集》上,人民文学出版社 1978 年版,第 5 页。

因此,艺术品是实施美育的最好教材,具有突出的特点。

　　首先,形象性是它的外部特征。艺术品给予我们的第一个印象就是,它不是抽象的概念、判断、推理,而是具体的形象。它或者是由节奏与旋律构成的音乐形象,或者是由动作与形体构成的舞蹈形象,或者是由色彩与线条构成的绘画形象,或者是由语言构成的文学形象。总之,形象性是艺术品的外部特征。任何形象都是一幅活生生的生活图画,是具体的、个别的、可感的,面对这样的形象,都可"如闻其声,如见其人"。正因为艺术形象具有这种形象性的外部特征,才具备引起欣赏者感情激动的基本条件。心理学告诉我们:"情绪和情感是人对客观现实的一种特殊反映形式,是人对于客观事物是否符合人的需要而产生的态度的体验。"①可见,只有具体的个别的事物才能引起人们的情感体验,而任何抽象的概念一般都不会产生这样的效果。这就是艺术美(艺术品)在欣赏中之所以能激起欣赏者情感激动的原因之一。

　　其次,形象性与情感性的直接统一是艺术品的根本特点。一般的生活形象不会像艺术形象那样使人产生巨大的情感激动的效果。艺术形象之所以会产生这样的效果,是由于在具体的、个别的、可感的形象之中渗透着、融化着作家的强烈情感。艺术形象是作为客观因素的形象与作为主观因素的情感的直接统一。这种直接统一,犹如盐溶于水,"体匿性存"。这就是我国古代文论中常讲的"情景交融""寓情于景""一切景语皆情语"等等。不论是造型艺术中的形象、文学作品中的形象,还是音乐形象、舞蹈形象,都不单纯是对生活形象的客观写照,而是浸透着饱满的主观情感。法国著名小说家左拉在称赞一个作家时写道:"这是一

―――――――――

① 孙汝亭等主编:《心理学》,广西人民出版社1982年版,第441页。

个蘸着自己的血液和胆汁来写作的作家。"我国清代作家曹雪芹在谈到自己写作《红楼梦》的情形时,十分感叹地说:"字字看来都是血,十年辛苦不寻常。"请看他在《红楼梦》第二十七回所写的著名的《葬花辞》吧!辞中写道:"一年三百六十日,风刀霜剑严相逼;明媚鲜艳能几时,一朝漂泊难寻觅","未若锦囊收艳骨,一抔净土掩风流。质本洁来还洁去,不教污淖陷渠沟"。这些词语,表面看似写的是花,但实际上却是写人;表面上记述葬花之景,实际上字字句句无不渗透着作家对女主人公面对"风刀霜剑严相逼"的凄凉身世的深厚同情,寄情于景,真正达到了花与人、景与情高度直接的统一,达到水乳交融的地步。面对这样的艺术形象,我们怎能不为之潸然泪下呢?又如,著名唐代诗人杜甫,一生坎坷,历尽艰辛,对安史之乱所引起的国破家亡有深刻的体验。他在五律《春望》中,劈头四句写道:"国破山河在,城春草木深。感时花溅泪,恨别鸟惊心。"这首诗是公元757年杜甫身陷为安史叛军所占据的长安时所作。表面上,诗人在写长安春景,但却借破碎的山河、深深的荒草、溅泪的花和悲鸣的鸟,寄寓了对国破家亡的悲愤之情,这首写景诗不是也同《红楼梦》一样,"字字看来都是血"吗?面对着这样的情景交融的艺术形象,人们怎能不产生强烈的情感激动呢?

最后,艺术品所包含的情感是一种寓有理性的高级的情感。艺术品不仅包含着情感,而且这种情感并不是一般的情感,而是寓有理性的情感。普列汉诺夫说:"艺术既表现人们的感情,也表现人们的思想,但是并非抽象地表现,而是用生动的形象来表现。艺术的最主要的特点就是在于此。"[①]正因为如此,艺术形象才有

---

①[俄]普列汉诺夫:《普列汉诺夫美学论文集》,曹葆华译,人民出版社1983年版,第308页。

理性的价值,艺术才能作为美育的主要途径而富有极大的教育意义。众所周知,艺术形象都不是简单的生活原型,而是经过典型化、艺术提炼的产物。别林斯基曾说:"才能卓著的画家在画布上创造出来的风景画,比任何大自然中的如画美景都更美好。为什么呢?因为它里面没有任何偶然的和多余的东西,一切局部从属于总体,一切朝向同一个目标,一切构成一个美丽的、完整的、个别的存在。"①他又说道:"诗的本质就在这一点上:给予无实体的概念以生动的、感性的、美丽的形象。"②可见,就在这样朝着一个目标、舍弃任何偶然多余的东西的典型化过程中,使艺术形象所包含的情感具有了巨大的思想性、理性。具体表现为,这种情感不局限于对个别事物的感触,而是具有巨大的概括意义。巴尔扎克在《论艺术家》一文中说:"艺术作品就是用最小的面积惊人地集中了最大量的思想,它类似总结。"③例如,杜甫在《春望》中所表达的感情,就不是局限于对个别的草木花鸟之感,也不同于某些才子佳人的伤春之情,而是在草木花鸟之感中凝聚着这一时代人民的家国之痛。再就是,艺术作品所包含的情感不是偶然的,而是具有某种必然性,因而富有深刻的哲理。例如,《红楼梦》中的《葬花辞》,所咏者为花之凋零,看似偶然,但却暗喻着封建时代叛逆的女性纯洁而凄苦的命运。这就包含着必然性,具有启发人的深刻哲理意味。

　　艺术教育所产生的是一种动人心魄的神奇的魔力。艺术品的形象性与情感性的高度统一的特点,决定了艺术教育所产生的

①《外国理论家论形象思维》,中国社会科学出版社1979年版,第69页。
②《外国理论家论形象思维》,中国社会科学出版社1979年版,第69页。
③王秋荣编:《巴尔扎克论文学》,中国社会科学出版社1986年版,第10页。

这种肯定性的情感激动必然是极其强烈的,具有一种动人心魄的神奇的魔力和巨大的感染力量。它可以使人"神摇意夺,恍然凝想",以至于"快者掀髯,愤者扼腕,悲者掩泣,羡者色飞"。古希腊哲人柏拉图将这种情形称作是一种"浸润心灵"的"诗的魔力"。高尔基也把这种现象称作是一种令人不可思议的"魔术"。他曾经生动地描写了自己少年时期在热闹的节日里,避开人群,躲到杂物室的屋顶上读福楼拜的小说《一颗纯朴的心》的情景。当时,他由于无知,误以为这本书里藏着一种"魔术",以致曾经好几次"机械地把书页对着光亮反复细看,仿佛想从字里行间找到猜透魔术的方法"①。对于艺术的这种动人心魄的奇妙作用,列宁也曾做过描述。有一天晚上,他听了一位钢琴家演奏贝多芬的几支奏鸣曲,被深深地打动了。他说:"我不知道还有比《热情交响曲》更好的东西,我愿每天都听一听。这是绝妙的、人间没有的音乐,我总带着也许是幼稚的夸耀想:人们能够创造怎样的奇迹啊!"②艺术品的这种动人心魄的神奇魔力,甚至会导致某种罕见的群众性的狂热场面。例如,1824 年 5 月 7 日,在维也纳举行贝多芬的《D调弥撒曲》和《第九交响曲》的第一次演奏会,获得了空前的成功,场面之热烈几乎带有暴动的性质。当贝多芬出场时,受到群众五次鼓掌欢迎。在如此讲究礼节的国家,对皇族的出场,习惯上也只鼓掌三次。因此,警察不得不出面干涉。交响曲引起狂热的骚动,许多人哭了起来。贝多芬在终场以后,也感动得晕了过

---

① [苏]高尔基:《论文学》,孟昌等译,人民文学出版社 1978 年版,第 182—183 页。

② 中国社会科学院文学研究所编:《列宁论文学与艺术》,人民文学出版社 1983 年版,第 418 页。

去。大家把他抬到朋友家中,他朦朦胧胧地和衣睡觉,不饮不食,直到次日早晨。总之,动人心魄的神奇魔力正是艺术教育的特色,也正是我们把它作为实施美育的重要途径的原因之所在。

艺术教育具有一种特有的潜移默化的作用。首先,任何艺术品都不同程度地给人以某种教育。任何艺术品都不是完全无目的、为艺术而艺术的。唯美主义者企图将艺术关进象牙之塔,否定它的一切功利作用,这是不现实的。其实,任何艺术品都因包含着作者对生活的主观体验和评价而在不同程度上具有某种思想意义。一切优秀的文艺作品又都从不同的角度给人们以启发教育。鲁迅曾要求一切进步文艺成为引导人民前进的灯火。他在《论睁了眼看》一文中说:"文艺是国民精神所发的火光,同时也是引导国民精神的前途的灯火。"①当然,文艺由于题材与体裁的不同,所起教育作用的程度和角度都是不同的。一般来说,山水诗、风景画、轻音乐等,更多的是给人一种健康的情感陶冶;而小说、戏剧、电影、历史画等,则更多的是给人一种思想上的启示。

其次,艺术教育是以"寓教于乐"为其特点的。艺术所给予人的教育是不同于政治理论所给予人的教育的。政治理论是以直接的、理论教育的形式出现的,目的明确,内容直接。艺术教育是以娱乐的形式出现的,是娱乐与教育的直接统一。这就是思想教育的目的直接渗透、溶解在娱乐之中。关于艺术教育的这一特点,古代许多理论家都已不同程度地认识到。柏拉图就对文艺提出了"不仅能引起快感,而且对国家和人生都有效用"的要求。古罗马的贺拉斯在《诗艺》中认为,文艺的作用是"寓教于乐"。文艺复兴时期的塞万提斯也对文艺提出"既可以娱人也可以教人"的

---

① 鲁迅:《坟》,人民文学出版社1980年版,第234页。

要求。狄德罗则将文艺的"寓教于乐"称作是以"迂回曲折的方式打动人心"。周恩来在《在文艺工作座谈会和故事片创作会上的讲话》中也指出："群众看戏、看电影是要从中得到娱乐和休息,你通过典型化的形象表演,教育寓于其中,寓于娱乐之中。"这都告诉我们,文艺的教育作用是以娱乐的形式出现的,没有娱乐就没有艺术的教育,也没有艺术的欣赏。所谓"娱乐",有两大特点:第一,从目的上来看,是为了情感上的轻松愉悦、精神享受,而不是为了刻苦出力;第二,从欣赏者所处的境况来看,完全是一种自觉自愿,没有外在的规范强制,是出自内心的心理欲求。这种艺术教育的特点是由艺术欣赏的心理特点所决定的。因为,艺术欣赏是一种理性评价与感性体验的直接统一,表现为强烈的情感体验的形式。所以,它所起的作用也就主要是动之以情。而政治理论教育则是一种纯理性的逻辑、判断、推理活动,所以,它的教育作用就是一种诉之以理的方式。

最后,艺术教育的娱乐性中渗透着理性的因素。艺术教育尽管以娱乐性为其特点,但绝不是单纯的娱乐,而是在娱乐中渗透着理性,包含着教育。这是一种特殊的理性教育。从性质上来说,这种渗透于娱乐的教育主要不是认识和道德的教育,而是一种情感的教育,是一种对于人的心灵的熏陶感染,也就是由情感的打动到心灵的启迪。歌德在其著名的论文《说不尽的莎士比亚》中,认为莎士比亚著作的特点表面上看似乎是诉诸人们外在的视觉感官,而实际上是诉诸人的"内在的感官"。所谓"内在的感官",就是心灵。也就是说,艺术教育是一种打动人们的心灵的教育。它扣触人们情感的琴弦,产生的效果是心灵的震动,即灵魂的净化、道德的升华。茅盾把这通俗地叫作"灵魂洗澡"。他在谈到自己第一次听冼星海的《黄河大合唱》的感受时,说道:"我不能有条有理告诉你《黄河大合唱》的好处在哪里,可是它那伟大的气魄自然而然使人鄙吝全消,发生崇高的情感,光是这一点也就叫你听过一次就像灵魂洗过澡似的。"①这种情形,我们都会有亲身的感觉。例如,当我们读到李存葆的小说《高山下的花环》中的这样一段:梁三喜带领全连攻上无名高地后,被躲在岩石后面的敌人击中左胸要害部位。他立刻倒了下来,但仍然微微睁着眼,左手紧紧地攒着左胸上的口袋,有气无力地说:"这里,有我……一张欠账单……"战友们在热血喷涌的弹洞旁边,在那左胸口袋里找到一张血染的四指见方的字条"我的欠账单",上面密密麻麻地写着 17 位同志的名字,总额 620 元。此景此情,难道对于我们不是一场灵魂的洗涤吗?作者在这无言的形象描绘中为我们塑造了一位为国捐躯的高大英雄形象。在这样一个"位卑未敢忘国"的高大英雄形象面前,我们会感到一种从未有过的道德的启示和人生哲理的领悟。

从艺术教育的形式来看,它不同于政治教育的直接教育形式,而是一种间接的潜移默化,也就是在娱乐中不知不觉地、潜在地,当然,也是逐步地使欣赏者接受、改变乃至培养起某种感情。人们曾经借用杜甫的一句诗,把这种情形比作细雨滋润大地,即"润物细无声";也有将此比作战场上的一种出其不意、猝不及防的战术,是对人的感情的"偷袭"。在艺术教育中,受教育者常常是不知不觉地被艺术形象所征服,从而当它的"俘虏"。著名作家巴尔扎克非常了解艺术这种特有的潜移默化作用,他曾经说过这样一句名言:"拿破仑用刀未能完成的事,我要用笔

①茅盾:《忆冼星海》,见《永生的海燕——聂耳、冼星海纪念文集》,人民音乐出版社 1987 年版,第 290 页。

来完成。"

正因为艺术教育具有这种特有的启迪、熏陶人们心灵的巨大作用,所以,人们常常把艺术品称为"精神食粮",把文艺家叫作"人类灵魂的工程师"。从这个角度说,从事艺术教育和美育工作的人也应该是"人类灵魂的工程师",应对自己的工作感到自豪,感到自己肩负着高度的责任,应十分重视并很好地利用艺术教育更好地培养广大群众特别是青年一代的健康审美能力,塑造他们的美好心灵。

第六节　美育学科的教育途径
——美育的课程设置及其评价

美育学科作为现代教育的组成部分,必须通过课程的设置来加以实施。美国极力倡导将美育作为学科来建设的巴肯,提出过艺术创作、艺术史和艺术批评三门课程作为美育教育课程的意见。这种三位一体课程内容的观念成了美国以学科为中心的艺术教育的标志。

我国新时期以来,对于美育的课程建设也有诸多探索。《关于深化教育改革全面推进素质教育的决定》明确提出:"要尽快改变学校美育工作薄弱的状况,将美育融入学校教育全过程。中小学要加强音乐、美术课堂教学,高等学校应要求学生选修一定学时的包括艺术在内的人文学科课程。"为此,我国教育部部长于2002年7月25日下达了《学校艺术教育工作规程》的部长令。这个《规程》明确规定:"各类各级学校应当加强艺术类课程教学,按照国家的规定和要求开齐开足艺术课程。职业学校应当开设满足不同学生需要的艺术课程。普通高等学校应当开设艺术类必

修课或者选修课。"根据这样的明确要求,现在我国高等学校大体
开设了这样几类课程:基本理论、鉴赏类、欣赏类和实践类课程。
有的学校明确将艺术类课程计入学分,有的明确规定不修满必修
的艺术类学分不得毕业或取得学位。还有的学校将课内和课外
艺术类课程通盘考虑,将参加学校艺术社团活动成绩计入艺术类
课程成绩。例如,北京师范大学早在前几年就将《大学美育》从原
来的选修课程变成了必修课程,教学形式也从单纯的课内教学变
成"课内—课外"相结合。每年入学的新生在完成大一的美育基
础理论学习之后,二、三年级学生每学期必须参加4次以上课外
艺术俱乐部活动才能获得大学美育的2个学分,也才能通过毕业
资格审查。

　　以上,都是一些极为可贵的探索。目前,我国绝大部分高
校专列了艺术类课程教师人事编制,有的成立了非专业艺术
教育教研室或教学中心,有的将其纳入人文素质教育系列,由
专门的学校领导分管。我国早在20世纪80年代就成立了教
育部艺术教育委员会,负责督导检查全国学校艺术教育工作,
取得很大成效。经过新时期近30年的努力,我国已经建设了
一支以专职为主、专兼职结合的艺术教育队伍,出现了一批艺
术教育骨干。

　　这些成绩的取得充分显示了我国在艺术教育方面的巨大进
步。但正如教育部所一再强调的,直到目前为止,我国的艺术教
育仍然是各类教育中最薄弱的环节,与素质教育的要求相比仍然
有着巨大的差距,还需要我们继续努力。在课程的评价方面,应
充分考虑到美育的人文学科特点,避免以自然科学和社会科学有
关学科的考核办法来机械地硬套美育学科的考核。在有关课程
的知识、能力和素养各要素的考评之中,应将重点放到能力和素

养特别是素养之上。在考核的方式上,尽量改变划一性考试和集中性考试方式,以单个性考核与总体性考核为主。一定要在考核方面改变应试教育模式,贯彻素质教育精神,这样,才能引导美育学科走上健康发展的道路。

第五章 现代美育的发展

第一节 关于审美教育现代性

当前，在世界范围内，政治、经济、科技、思想、文化等各个方面都已发生了深刻的变化。人们正在探索现代性的问题，探索"二战"之后信息产业发展的形势下思想文化领域的后现代特点。我国新时期以来，国家正式提出"四个现代化"的宏伟目标，经过40多年的奋斗，取得辉煌成就，各个方面都发生深刻的变化。在这种情况下，美育学科应与时俱进，主动适应已经变化了的社会现实，注入新的时代内容。因此，当前美育学科不仅应很好地继承历史上的成果，而且更应面向现实，很好地研究美育现代性问题。

美育现代性的提出是 20 世纪后半期的事情。1988 年春，美国艺术资助部门公布了历时两年才完成的艺术教育状况的研究报告——《走向文明：艺术教育报告》。这个报告对美国艺术教育现状做出评估，认为"今日美国的问题是缺乏基本的艺术教育"，并指出：艺术教育的目标是"引导所有学生培养一种文明世界的艺术感，一种艺术过程中的创造力，一种从事艺术交流的语言表达能力和一种鉴别艺术产品必不可少的评判能力"①。这是美国从 20 世纪 50 年代进入后工业经济时代之后,对工具理性膨胀所导致的应试教育进行深刻反思的结果,要求在新的时代培养学生具有一种"文明世界的艺术感",即在当代经济与社会文明条件下所必备的审美态度和审美能力。1994 年,美国众参两院通过《2000 年目标:美国教育法》,把艺术增列为基础教育中的"核心学科"。同年,美国出版了在政府直接干预下由音乐、舞蹈、戏剧和视觉艺术四门艺术教育的全国性组织研制的《艺术教育国家标准》。由此可见,美国的当代教育,已经把美育放在十分重要的突出位置。我国从 20 世纪 90 年代后期开始,面对现代化的紧迫任务,将素质教育提到议事日程,从而也提高了对作为素质教育重要组成部分的审美教育的重视。1997 年,国务院副总理李岚清指出:"美育,是党的教育方针的重要组成部分,是对青少年进行全面素质教育的重要内容。因为,美育不仅是人类认识世界、改造世界的重要手段,也是人类实现自身美化、完善人格塑造的重要途径。美育有着独特的功能和作用,这是其他教育所无法替代的。"②1996 年 6 月,我国召开第三次全国教育工作会议,发布《关于深化教育改革,全面推进素质教育的决定》,将美育作为素质教育的有机组成部分,同德、智、体其他各种教育一起提到关系国家和民族前途命运的高度。无论是"文明世界的艺术感",还是"素质教育的有机组成部分",都是现代社会对美育提出的要求,从而开始并逐步促进了美育现代性的实践和探索。

　　首先,美育现代性是经济和社会发展的需要。当前,已逐步

---

① [美]列维·史密斯:《艺术教育:批评的必要性》,王柯平译,四川人民出版社 1998 年版,第 1、2 页。
② 转引自伍春霖主编:《大学美育》,高等教育出版社 1997 年版,第 1 页。

进入了以信息产业为标志的知识经济时代。美国大体是在 20 世纪 50 年代开始步入知识经济时代的。我国信息产业的发展速度也很快，知识经济已初见端倪。这样的时代，特别需要创新的人才、创新的素质。因为，创新是一个民族前进的不竭动力。在创新的素质中，最重要的一个素质就是想象力。想象力是一种由此及彼、由不知到知的发散思维能力，它是科学创造中最重要的因素。在想象力的培养中，审美教育是最主要的途径。

其次，美育现代性是当前教育现代化的需要。目前，世界范围内正在经历着教育现代化的巨变，其主要内涵是由应试教育逐步转向素质教育。这样的转变，使美育的作用以前所未有之势凸现出来。因为，在应试教育之中，美育没有其地位；而在素质教育当中，美育却是不可缺少的重要组成部分。我国从 20 世纪 90 年代中期开始的素质教育，就从文化素质教育开始，而文化素质教育的主要内容就是艺术教育。当然，随着素质教育全面深入的推进，美育的地位和作用还会进一步提升。

再次，美育现代性也是现代化过程中人文精神补缺的需要。我国正在实现空前规模的四个现代化，这是中华民族得以振兴的重要步骤。现代化的过程，即是市场化、工业化、城市化的过程，这是不可超越的。市场化、工业化和城市化一方面极大地促进了经济社会的发展，同时也有其负面影响。如，市场化所导致的市场本位、金钱拜物，工业化所导致的工具理性膨胀，城市化所导致的精神疾患蔓延，等等。这些都是资本主义国家在现代化的过程中所遇到的问题。目前看，我国现代化过程中这些问题也难以避免。这些问题都有一个共同性，那就是人文精神的缺失。我国作为社会主义国家，可以凭借制度的优越性，自觉地采取必要的措施加以克服。审美教育就是人文精神的培养与发扬，可以在现代化过程中对种种人文精神缺失的现象起到补缺作用。

美育与现代经济的关系还可以从技术美学的发展中看出。通过审美力的培养，可以极大地提高当代技术美学的水平，给现代工业化机械生产所造成的产品的单一化与粗糙化以重要的补救，从而极大提高产品的美学价值与经济价值。为了克服机械生产所带来的产品的单一化与粗糙化问题，从19世纪开始，特别到20世纪，产生了一门新的学科——技术美学，又被称为工业美学、生产美学或劳动美学。它试图通过艺术与工业的结合来克服工业革命的消极后果。19世纪上半叶，美国美学家赫伯特·里德指出，100年前的一个重要问题是如何控制机器。它是一个怪物，它在一端吞进原料，在另一端生产出产品，然而产品必须以它的漂亮装潢和色彩对可能的买主产生诱惑力。那个时代的资本家已认识到，艺术是商业因素。当其他方面都相同时，最艺术的产品将赢得市场。

19世纪50年代，英国出现了"工艺美术运动"。20世纪80年代，比利时出现了"新艺术运动"。1907年，德国成立了"德意志艺术工业联盟"。这个联盟联合了当时一批有名的建筑学家、实用艺术家、企业家，致力于研究工业品的设计和制造如何同艺术更好地结合起来，如何增强产品在世界市场上的竞争力。这个联盟的活动影响很大，使一些国家在国际市场上的地位日益受到挑战。在20世纪20年代前夕，德国在"德意志艺术工业联盟"的基础上又创立了鲍豪斯学校，成为世界上第一所艺术设计和工业建筑的高等学校。这个学校的宗旨是，使工业产品"尽可能美观"，"要生产出完美的产品"，要实现产品的"艺术价值"与"效能"的完全统一。鲍豪斯学校的理论研究和实践活动，为现代技术美学的诞生奠定了基础。

　　1944 年 12 月，美国创立了第一个技术美学学会的组织，并确立了大力促进工业产品的艺术设计水平，在国际市场上与先进国家展开竞争的宗旨。20 世纪 50 年代，英国、日本、法国等国家纷纷成立了技术美学委员会。1957 年，国际技术美学协会也在日内瓦宣告成立。目前，技术美学已成为深受各国普遍欢迎和高度重视的一门学科，并已成为调节产品市场、扩大产品销路、提高产品竞争力的专门化学科领域和重要手段。美、日、德等国家的科学技术和工业生产之所以高度发展，这与他们对技术美学的深入研究和广泛应用是分不开的。

　　信息技术的发展，又将技术美学推上一个新的台阶。人们可以通过各种各样的软件，借助计算机进行设计，做到工业和艺术的更完美的统一，生产出更多更美的产品和城市建筑物。技术美学水平的提高有赖于美育，而新的凭借电脑进行技术美学设计能力的需要更加依赖于美育。

　　总之，美育现代性问题是一个崭新的课题，是时代的需要。目前，我们的探索还只是初步的，有待于进一步深化。但社会的需要就是学科发展最强大的动力，我们相信，在新世纪，在人才成为经济社会发展最关键因素的情况下，与人的素质之提高紧密相关的美育现代性研究一定会得到更大的重视和发展。

第二节　美育与大脑开发

　　现在，我们面临的一个重要问题是，如何加强美育学科建设，使之在现有基础上有新的突破？我认为，除了理论研究的加强之外，十分重要的就是在实证方面上有新的突破。所谓实证的方面，一方面是美育的实践，也就是自觉地进行美育实施，并总结其规律。我国大中小学的美育实施已在各级教育部门的组织领导下,逐步列入教学计划,并积累了丰富的经验,但对这方面的理论总结还有欠缺。更为薄弱的方面,是对于美育与心理学,尤其是脑科学关系的探讨十分不够,可以说,迄今尚未真正展开,当然更没有真正有分量的论著。但对美育与心理学尤其是脑科学关系的探讨,无疑是美育学科实现新的突破的关键环节之一。因为,美育学科的性质决定了美育与脑科学关系的探讨可使之更具科学性。美育是教育学与美学的交叉学科,也是它们的分支学科。教育学与美学都与心理学密切相关。正是从这个意义上,我们说,心理学是美育的重要支撑。脑是心理的器官,脑的功能与机制正是心理学科的生理基础。将脑科学同心理学紧密相联,才使心理学同哲学分离而具有独立的科学意义。众所周知,心理学在古代属于哲学范围,使用的是哲学的思辨的方法。直到1879年,德国哲学教授、生理学家冯特在莱比锡大学建立了世界上第一个心理学实验室,把自然科学使用的实验方法用于心理学研究,才使心理学成为一门独立的实验科学。到20世纪20年代至60年代,随着一门新的"神经心理学"的诞生,人们才有可能探寻心理活动的神经机制,从大脑的各部分分工和协调的角度阐明心理活动的实质。因此,如果我们的美育学科要加强其心理学的支撑基础,就必须将神经心理学引入美育学科,深入探讨美育与脑科学的关系,探讨美育活动及其效果的神经科学机制与规律。这样,美育的社会科学探讨同自然科学的研究相结合,将更具科学性、实证性与可操作性。

将美育同脑科学紧密结合,还能使美育吸取当代的科研成果,从而具有新时代的特色。众所周知,现代神经科学(脑科学)出现于20世纪50年代与60年代之交,1989年美国众参两院通过立法，把1990年1月1日开始的十年确定为"脑的十年"，我国也将脑功能研究列为"八五"规划、"攀登计划"，予以重点支持。这是人对自身了解的进一步重视与深化。因为，人对自身的了解从自然科学意义上来说最重要的就是了解人的大脑。通过深入了解掌握脑的规律，有目的地控制其运行，促使其健康发展，使之充分发挥作用。20世纪，由于分子生物学、遗传生物学以及人类对基因（DNA）认识的深化，脑科学得到长足发展，实现许多突破。由此，对医学、心理学、思维科学与语言学都起到极大推进作用。美育学科研究只有借助现代脑科学的研究成果，才能使本学科真正成为具有现代意义并站在时代前沿的学科。而且，国外已经有些学者在这方面做了可贵的尝试，如，美国的戈尔曼、日本的春山茂雄等。对于这些尝试我们完全有加以借鉴的必要。

同时，美育与脑科学的结合也是培养新型人才的需要。美育的落脚点就在于新型人才的培养，在于通过提高人的审美素质进而提高其综合素质。所谓"素质"，从大的方面看，无非"身""心"两个方面。"心"的角度又无非是"知—情—意"。"知—情—意"又都有其心理的根据，并同脑的功能与机制相关。因此，素质的提高从自然（身体）的角度说主要是充分发掘脑的潜力，发挥其功能。可见，深入探讨美育与脑科学的关系，可以更好地发挥美育加强素质教育、培养新型人才的作用。

如何将美育同脑科学相结合呢？我们目前的认识还相当肤浅。特别是我们对神经心理学与脑科学的了解甚少，更谈不上科学实验的基础。现仅就目前掌握的材料，可将其归纳为三个方面。

首先是大脑两侧功能研究与美育特有的开发右脑的作用。美育具有开发右脑的功能，是当前美育研究中用得最多的理论，也是美育同脑科学最早的结合。但认真考察一下当代神经科学论著,其理论依据远比我们通常了解的左脑主管逻辑思维、右脑主管形象思维要复杂得多。从历史发展看,最早提出左右脑功能分工的是德国神经科学家里普门(Liepmann)和马斯(Mass)。他们在20世纪初指出,大脑两半球之间胼胝体的破坏可以导致割裂状态。但这一观点在20世纪30年代的激烈论争中并未占上风,直到20世纪50年代,马尔斯(Myers)和史贝利(Speny)的裂脑手术成功,他们在通过切断连接左右脑的胼胝体来治疗癫痫病人时,发现左脑偏重语言、读书、计算等机械性功能,右脑偏重艺术及情感功能。至此,对大脑两侧功能分工的研究又重新掀起高潮。30多年的重要研究成果认为,从进化论角度看,人类大脑分为两侧半球,这显然是天然合理的,为此,机能分工也是肯定的。可是,两半球之间又被一束庞大的联合纤维沟通着,这也是一个合理的现实。这就意味着两半球的功能关系不单有分工的一面,而且有协同的一面。20世纪80年代以后,心理学家已经把双脑半球的协调机制作为重要的研究方向。但是,无论如何,大脑两侧功能的分工却是明显的事实。20世纪60年代后期,盖斯奇瓦德(Geschwind)等人从解剖学的角度论证了大脑两侧结构的不对称与功能的不对称是紧密联系的。从结构方面说,最典型的例子就是,与语言相关的脑区即左侧颞平面与左侧额叶盖比它们在右半球对应区域明显发达,而右半球的听觉皮层的面积比左半球对应区要大。其他在比重、长度、体积、重量等方面,大脑左右两半球也都各有优势。因此,可以说功能的不对称正是来源于结构的不对称。同时,由于大脑的功能越加复杂,也越加高级,实现这一功能的神经网络联系也随之变得复杂。连接大脑左右半球皮层的主要通路是胼胝体,假如每一种脑的高级功能都要求左右两半球共同合作来实现,胼胝体就会变得越来越粗大,以至颅内空间无法容纳。因此,把复杂的高级脑功能局限在单侧半球内,应该是大脑对有限颅内空间的进化适应。这样,就使左右两半球有所分工,从而实现更多的高级功能。此外,英国神经病理学家陶喀森(Taokson)在1874年从语言功能的角度指出,语言活动是由利手的对侧脑主管的。左利手的语言主管在右脑半球,而右利手的语言主管则在左脑半球,这就是所谓的"对侧律"。但因为绝大多数人是右利手,因此,绝大多数的语言功能由左脑半球主管。相应的,形象和情感功能就由右脑半球主管。

　　上面从多个方面揭示了人脑左右半球功能分工不同的原因,下面介绍一下目前脑科学领域对于左右脑半球具体功能分工的研究成果。1974年,神经科学家莱维(Levy)在总结人类裂脑研究的大量文献之后,说:"右半球对空间进行综合,左半球对时间进行分析;右半球着重视觉的相似性,左半球着重概念的相似性;右半球对知觉形象的轮廓进行加工,左半球则对精细部分进行加工;右半球把感觉信息纳入印象,左半球则把感觉信息纳入语言描述;右半球善于做完形性综合,左半球则善于对语言进行分析。"①显然,在莱维的总结中,大脑右半球的功能偏重于空间、视觉、形象等方面,而大脑左半球功能则偏重于时间、概念、语言等方面。

　　正是基于人类这样些科学的,同时也是初步的认识,我们认为加强审美教育,通过优美的形象和动听的音乐就能起到激活并强化右脑的功能。这就是美育所特有的"开发右脑"的作用。当然,人们对人类左右脑半球功能分工的认识都有待于深化。但相

---

① 韩济生:《神经科学管理》,北京医科大学出版社1999年版,第938页。

比之下,人们对左脑半球的研究和了解还要胜过右脑半球。因为,左脑半球同语言和思维密切相关,人们通过对语言和思维的研究对左脑半球功能的认识也逐步深入。而且,人们还创立了认知心理学,对思维与语言的脑神经运动规律,特别是语言与思维的优势半脑(左脑)进行了深入研究。相比之下,人们对大脑右半球的研究显得较弱。因此,通过美育等各种手段开发右脑,正是人类提高自身素质、挖掘自身潜力的极其重要的途径,预示着人类的整体素质通过美育等教育手段会不断得到提升。因此,开发右脑是极其重要而有前景的课题,正如郭念锋教授所说:"虽然右脑的功能性质至今还不太清楚,但这个半球的存在绝不是多余的,未来可能发现,它的功能作用可能比现在人们想象的更重要些。"①有关美育"开发右脑"的功能,学术界认识大体一致。1995年,本人在论述美育与智育的关系时就曾引用史贝利(Sperry)关于左右大脑分工的理论,提出"审美活动可以调节人的大脑机能,提高学习和工作效率"。1999年,本人在论述美育与素质教育关系时明确提出"开发右脑,加强美育"问题。但这些论述都过于简略,通过上述介绍,美育所独有的"开发右脑"的功能会更加明晰。②

其次是大脑皮质调节包括杏仁核在内的边缘系统机制对美育的启示。这里首先要解释一下,所谓大脑皮层是覆盖在大脑两半球表面的灰质,这些灰质形成纵横交错、起伏不平的沟与回,它是心理活动的主要物质基础,也是反射活动的最高调节机构。它

①韩济生:《神经科学管理》,北京医科大学出版社 1999 年版,第 945 页。
②参见曾繁仁:《走向二十一世纪的审美教育》,陕西师范大学出版社 2000 年版,第 96 页。

是高级动物特别是人类特有的结构。所谓边缘系统，是指大脑与间脑交接处的边缘，以及包括杏仁核在内的皮层下结构。边缘系统是脑在动物阶段就有的结构。所谓大脑皮层是对边缘系统的调节机制，用心理学的语言表述，就是弗洛伊德精神分析心理学中潜意识的巨大作用，以及意识对潜意识的稽查或压制。在弗洛伊德时代，人们尚未找到脑科学方面的根据。直到20世纪，才由纽约大学神经中心神经科学家约瑟夫·勒杜（Joseph Ledoax）第一个发现了杏仁核在情绪中枢的关键作用，以及大脑皮层的调节作用。他首先推翻了认为杏仁核必须依赖大脑皮质的信息以形成情绪反应的传统观念，通过自己的研究，勒杜揭示了当我们的大脑皮质思维中枢尚未做出决策时，杏仁核就可能越俎代庖，支配我们的情绪反应。这就是所谓神经系统"短路"。也就是说，在出现危急之时，大脑的边缘系统发出紧急通知，呼吁脑的所有组织紧急动员。"短路"的一瞬间，大脑皮质思维中枢还没有来得及了解发生了什么事，因此不可能权衡利弊做出反应，而边缘系统的杏仁核却以更快的速度做出反应，控制了神经系统。勒杜的研究证实，眼耳等感觉器官所传递的信息首先进入丘脑，经神经突触到达杏仁核；另一条通道是信息经丘脑，沿主干道进入大脑皮质，皮质经若干不同水平的通路聚合信息，充分领悟后发出情绪的特定反应。杏仁核对信息在大脑皮质之前做出反应，这就是所谓的"短路"。勒杜研究的革命意义在于，推翻了一切反应都必须通过大脑皮质的定见，首先发现了情绪的通路可以在大脑皮质之外，人类最原始最强烈的情绪取捷径直达杏仁核。这条路程足以解释为什么情绪会战胜理智，也就是春山茂雄所说的人有动物脑、人类脑。边缘系统就是动物阶段脑的重要成分，进化到人类后大脑皮质发达，边缘系统被推到次要部位。但人类早期，面对恶劣的生存环境,为了保存自己,绵延种族,常常是凭借边缘系统迅速地做出应激反应,抵御灾难,对抗侵害,保护自己。因此,也可以说,边缘系统杏仁核的应激反应是原始人类所遗留的一种基于本能的自主反应。这也可以解释弗洛伊德有关潜意识、本我、力必多的巨大能量的论述。这也就是当代出现各种暴力事件等大量社会悲剧的根源之一。但是,这种基于本能而未经意识的从大脑边缘系统杏仁核发生的应激反应或原始的情绪冲动不能任其发展,而应置于理性与思维的控制之下。这种调节边缘系统杏仁核直接作用和控制原始情绪冲动的缓冲装置位于大脑皮质主干道的另一端,即前额后面的前额叶。当人发怒或恐慌时,前额叶开始工作,主要是镇压或控制这些感受,为了更有效地对付眼前形势,通过重新评估而做出与先前完全不同的反应。这种反应慢于"短路",因为包括了许多通路,但更审慎周密,包含更多的理智,并经认真权衡风险得失选出最佳方案。这也就是弗洛伊德所谓的意识对潜意识的管辖。美国行为与脑科学专家丹尼尔·戈尔曼(Daniel Goleman)将这种通过大脑皮质中前额叶这一缓冲装置镇压、控制、规范由杏仁核发出的原始情绪冲动的能力叫作"情商"(EQ)。所谓"情商",是一种不同于"智商"(IQ)的受到理性制约的情感力量,在人的一生中起到重要作用,成为一个人成功的主要因素。戈尔曼指出:"今天,情感智商之所以受到如此重视,全靠神经科学的发展。"①

　　勒杜发现的大脑皮质对边缘系统杏仁核的调节机制,及戈尔曼在此基础上提出的"情商"理论,对审美教育有着重要的启示作

①[美]丹尼尔·戈尔曼:《情感智商》"致简体中文版读者",耿文秀、查波译,
　　上海科学出版社1997年版,第3页。

用。我们认为,勒杜从脑科学的角度所提出的大脑皮质对边缘系统杏仁核的调节机制可以作为美育的脑科学机制之一。因为,这种调节机制包含对杏仁核应急反应的提升与压制两方面的含义,而美育就具有将原始情绪提升与压制这两方面的作用。美育这两方面作用的脑科学机制无疑是大脑皮质对杏仁核的调节机制,这就为审美教育中著名的"升华"(Sublimation)理论找到了自然科学根据。"升华"一词原意是高尚化。根据升华理论,弗洛伊德认为,艺术、科学、宗教、道德等人类文化活动大都是本能冲动升华的结果。朱光潜先生曾将其运用于"美育",他说,美育"把带有野蛮性的本能冲动和情感提到一个较高尚的较纯洁的境界去活动,所以有升华作用"①。

再次是脑内吗啡的研究与对美育作用认识的深化。人的心理活动是受神经—体液综合调节的。激素是体液的重要组成部分,它的分泌受到中枢神经的调节,同时又对体内重要的内分泌腺的活动有促进作用,并影响到各个器官及人的行为。脑神经机制包括对激素等体液的调节并进而影响人的生理、情感与行为。日本医学科学家春山茂雄指出,脑内吗啡的分泌能促进心情愉快。他说:"在所有的脑力吗啡肽之中,作用力最强的,大概就是当我们心情愉快时出现的 β-内啡肽。""反之,凡是人在生气或感到害怕时,就会分泌出甲肾上腺素及肾上腺素,这两种荷尔蒙都具有相当强的毒性,所以常生气或者感到恐惧的人,就很容易累积超过人体负荷的毒素而得病或迅速老化。"②"脑内吗啡"的概

---

① 郝铭鉴编:《朱光潜美学文集》第 3 卷,上海文艺出版社 1982 年版,第 506 页。
② [日]春山茂雄、竹村健一:《脑内革命的活用》,台北星光出版社 1998 年版,第 113、114 页。

念是1983年英国《自然》科学杂志首次提出的。它对人的作用包含三个方面:第一,活化脑细胞,促使细胞维持年轻有活力的状态;第二,促使失去平衡的左右大脑半球恢复平衡;第三,具有增强大脑能量的作用。这就从大脑生理学的角度为美育的作用提供了论据。那就是说,审美教育可以通过美的对象,使主体在欣赏(教育)过程中,在大脑中产生内啡肽,在心理上产生愉快轻松的"正效应",在生理上产生有利于促进大脑能量与身体健康的积极作用。这不仅从脑生理活动的自然科学角度论证了心理学中的"正""负"效应,而且论证了审美教育从心理到生理的积极作用。心理学始终认为,情感在心理作用上是具有增、减(正、负)两种不同的效应的。这就是所谓情感的两极性,表现为积极的增力作用和消极的减力作用。在美育中,我们一般把这种情感的增、减(正、负)效应说成是"肯定性的情感评价"与"否定性的情感评价",而美育就是一种"肯定性的情感评价"。本人1985年论述艺术教育时明确指出:"艺术欣赏就是人们对于艺术作品的一种肯定性的感情评价。"①脑内吗啡的研究恰恰从脑科学的角度为美育过程中情感评价的肯定性与否定性提供了科学的佐证。

　　以上,我们从三个方面介绍了脑科学研究成果同美育的关系。这当然是一个初涉脑科学的社会科学工作者的介绍,不可避免地有错误和疏漏之处。但这是我作为美育研究工作者的尝试,希望能起到抛砖引玉的作用。

　　我们把美育与脑科学关系的探讨作为美育学科突破的重要关键环节,并且运用具有相当说服力的材料证明了美育与脑科学

①参见曾繁仁:《走向二十一世纪的审美教育》,陕西师范大学出版社2000年版,第171页。

关系的探讨具有广阔的学术前景。下一步，要在美育与脑科学关系的探讨中取得重大进展，就必须着力于学科建设。应建立一门美育心理学学科，着重探讨美育的心理机制，进而探讨这种心理机制的神经活动机制，包括美育同大脑功能分工以及大脑活动的特殊规律，等等。借助于现有的神经心理学与脑科学的科研成果，逐步借助现代的形态学方法、生理学方法、电生理学方法、生物化学方法、分子生物学方法以及脑成像方法等，将美育与脑科学关系的探讨建立在实验科学的基础上。同时，应将美育心理学立项，设立专门研究美育与脑科学之关系的课题。当然，最重要的还是组织队伍。首先，现有从事美育科研工作的人员中应有一部分有兴趣的人员从事美育与脑科学关系的专题研究，同时要设法邀请从事神经科学研究的专业人员参与到这一研究之中。在这两方面的共同努力下，经过一段时间的联合攻关，以期取得进展。我们希望，美育与脑科学的关系这一重要课题能引起学术界同行的重视与参与，并逐步引起其他有志者，特别是从事脑科学研究学者的重视与参与，从而在这方面涌现更多的研究者与研究成果，推动我国美育学科的建设和素质教育的深化，同时也使美育学科取得突破，使之更具科学性。

第 二 编

现代西方美育

第一章　西方现代美学的
　　　美育转向(上)

第一节　现代"美育转向"与
　　　　美育的发展

　　20 世纪以来的西方现代美学呈现了多元、多变的发展轨迹，出现了种种"转向"，如"非理性转向""心理学转向""语言论转向""文化研究转向"等。但迄今为止，人们却忽视了其中另一种重要的转向即"美育转向"。在由古典形态的对美的抽象思考转为对美与人生关系的探索、由哲学美学转到人生美学的过程中，美育在西方现代美学，特别是现代人文主义美学中成为一个前沿话题。这一转向并非偶然，而有其现实的社会根源。20 世纪以来，科技经历了由机械化到电子化再到信息化的发展，经济活动由工业时代逐步进入知识经济时代，教育则经历了从世纪初以测试主义为标志的应试教育的泛滥到 20 世纪后半叶素质教育受到广泛重视的转变。这种社会的巨变，使包括想象力在内的人的审美力的发展问题显现出从未有过的重要性，美育的地位也由此得以凸现。此外，社会现代化的步伐同时也带来了工具理性膨胀、市场拜物盛行与心理疾患蔓延等各种弊端。这些弊端的共同点，便集中体现为人文精神的缺失，因此，对现代化进程中人文精神的补缺便成为十分紧迫的当代课题。美育作为人文精神的集中体现，是实现人文精神补缺的重要途径。因此，西方现代美学的"美育转向"正应和了时代的需要。

具体说来，西方现代美学的"美育转向"，是以康德、席勒为其开端的。康德在其哲学体系中完成了"自然向人的生成"，使美学成为培养具有高尚道德的人的中介环节，第一次把美学由认识论转到价值论，并使之完成由纯粹思辨到人生境界的提升，从而开辟了西方现代美学的"美育转向"之路。席勒"基于康德的基本原则"，将美育界定在情感教育范围，并明确提出："要使感性的人成为理性的人，除了首先使他成为审美的人，没有其他途径。"①尤为可贵的是，席勒的思想体现了鲜明的现代色彩，包含着对于资本主义现代化过程中"异化"现象的忧虑与试图消除的努力。可以说，康德与席勒为西方现代美学的"美育转向"确立了基本方向。其后，叔本华、尼采的理论主张体现出更加鲜明的现代性。他们以"生命意志""强力意志"等为武器，彻底否定了西方的理性主义传统，倡导"人生艺术化"，把审美与艺术提到世界第一要义的本体论高度。

由此可见，贯穿整个西方现代历程的人文主义美学思潮，在某种意义上就是人生美学，也就是广义的美育。即使弗洛伊德的"原欲升华论"，也可视为一种美育思想，即通过艺术与审美的途径提升人的本能，升华人的精神。存在主义美学更加彻底地将注意点完全转向到现实人生，以人的生存为出发点与落脚点，首先敏锐地洞察与感受到现代资本主义对人的深重压力。为了改变

---

① [德]席勒:《美育书简》，徐恒醇译，中国文联出版公司1984年版，第116页。

这种极端困窘的生存状态,使人找到真正的精神家园,存在主义美学提出通过艺术与审美来实现"生存状态诗意化"的重要命题,萨特更是把艺术与审美看作人的生存由困窘向自由的提升。与存在主义美学对美育的重视相呼应的,还有作为社会批判理论的西方马克思主义某些代表人物,如马尔库塞试图以艺术与审美对"单向度的社会"进行改造,强调"艺术也在物质改造和文化改造中成为一种生产力"①。实用主义者杜威从科学主义角度关注美育,提出"艺术生活化"的著名命题。他的突出贡献在于将艺术归结为经验,以经验为中介打破艺术与生活的界限,认为审美经验就是生活经验的一种,"这种完整的经验所带来的美好时刻便构成了理想的美"②。这种"理想的美"的获得,就是个体生命与环境之间由不平衡到平衡所获得的一种鲜活的生活经验。这样,杜威的"艺术生活化"理论也从一个侧面反映了现代工业社会大众文化逐步发展的实际情况,同时又带有某种理想的色彩。

这里,我们要特别提出法国当代哲学家福柯晚期著名的"生存美学"思想。这一思想强调"把每个人的生活变成艺术品",为此,福柯提出了相应的"自我呵护"命题,主张"与自我的关系具有本体论的优先性,以此衡量,呵护自我具有道德上的优先权"③。"自我呵护"命题的提出,标志着一个重要的哲学与伦理学转折的开始,即把人的关注点从人与社会、人与他人的关系转

---

① 朱立元主编:《现代西方美学史》,上海文艺出版社 1993 年版,第 1021 页。
② 朱立元主编:《现代西方美学史》,上海文艺出版社 1993 年版,第 643 页。
③ 转引自路易丝·麦克尼:《福柯》,贾湜译,黑龙江人民出版社 1999 年版,第 172 页。

到人与实际存在的人自身的关系之上,要求从个体出发而突破
"规范化"的束缚。应该看到,人类关注重点的转移是有着强烈
时代性的。在人类社会早期,农耕时代人类所关注的是自然;进
入工业社会,人类关注的重点是理性;从 20 世纪初期开始,特别
是"二战"以后,资本主义制度的弊端愈发突出,工具理性的局限
日益明显,人类面临诸多灾难,因此关注的重点转向非理性对理
性的突破之上。进入信息时代以来,网络技术迅速发展,全球化
进程不断加速,大众文化日渐勃兴,对工具理性的解构逐步被人
的主体性重建所代替。在这种形势下,福柯特别提出以关注人
自身存在状况为内涵的"自我呵护"命题,其侧重点显然不在人
的解放,而在于人的艺术化生活的"创造"。尽管这一命题的审
美乌托邦倾向与极端个人主义内涵十分明显,但它所揭示的现
代社会工具理性与市场拜物盛行所造成的"规范化"现实,以及
由此产生的人的"自我"的某种程度的丧失,却是客观存在的。
对此,我们可以在唯物主义实践观指导下,扬弃其个人主义的内
涵,通过倡导"自我呵护"而引导每个人的生活走向"艺术化"的
创造。

　　上述西方现代美学的"美育转向"为 21 世纪中国美育的发展
提供了重要的启示和借鉴。中国古代虽然有着极为丰富的美育
思想遗产,诸如礼乐教化、诗教、乐教等理论与实践传统,但是,作
为现代形态的美育思想,却是 19 世纪末 20 世纪初由王国维、蔡
元培等人自西方引入的。当时最著名的就是蔡元培所倡导的"以
美育代宗教说",由于它主要针对了当时孔教的一度泛滥的弊
端,并试图以美育作为革新的工具,因而带有鲜明的反封建的启
蒙主义色彩。新中国成立以后,特别是十年"文化大革命"结束
后,一些美学家重新倡导美育,但主要是为了批判"四人帮"颠倒

美丑的逆行,带有拨乱反正的性质。当代我国对美育的倡导,集中体现在 1999 年 6 月第三次"全国教育工作会议上"将美育作为素质教育的有机组成部分,作为关系国家民族前途命运的事业提了出来。这样,美育便不仅肩负着培养创新型人才的重任,还承担了在现代化过程中对人文精神进行补缺的重担。在这种情况下,有分析地吸收西方现代美学中有价值的美育观念和思想,是十分必要而有意义的。一方面,我国美学研究需要适应时代,尽快走出脱离现实的抽象思辨的窠臼,实现必要的"美育转向",将美育作为理论与实践的前沿课题加以研究、突破;另一方面,我们要对西方现代有价值的美育思想,如唯意志主义美学"人生艺术化"的思想、存在主义美学"生存状态诗意化"的思想、福柯"自我呵护"的命题等,做出批判地吸收,将其精华部分吸收到我国当代美育理论体系之中,将人以审美的态度对待社会和自然,特别是人自身,作为美育研究的一个十分重要的当代课题。

当前,在主客等各个方面,人自身都处于十分窘迫的"非美"状态。客观上,工具理性的膨胀,应试教育的盛行,科技拜物与市场本位的发展,以及生态环境的破坏,都给人的身心造成巨大的压力。城市化的加速、生活节奏的加快,则使人产生空前巨大的精神压力,造成全世界近 4 亿人口、中国近 1600 万人口不同程度地罹患心理疾病。在主观上,由于市场本位、金钱拜物与消费文化的影响,导致人的价值趋向低俗,以追求利益为目的的工作与消费使相当一部分人处于一种浑浑噩噩的状态,极大地降低了人的生存质量。面对这种情况,我们应当意识到,改善人的生存状态的关键,主要不是社会与他人,而是人自身。因而,我们应该倡导人们"自我呵护",以审美的态度对待自身,使人自已的生态状态得到有效改善与提升,将自己的生活创造成"艺术品"。这对于应对时代与社会的挑战,克服某些社会弊端,提升人的生活品位,促进社会主义精神文明建设,都是有所裨益的。

第二节　艺术是人生的花朵

——叔本华的生命意志美学

叔本华(1788—1860),代表性的论著为《作为意志和表象的世界》。他几乎是黑格尔的同时代人,但却是反对黑格尔的。他不同意黑格尔脱离实际、纯思辨的哲学与美学理论,将黑格尔称作莎士比亚《暴风雨》一剧中的丑鬼珈利本,并认为当时把黑格尔作为最大的哲学家推崇是一种错误。他将康德的"善良意志论"改造为"意志主义本体论",力倡一种生命意志哲学—美学思想。他所说的意志是非理性的,甚至是本能的一种盲目、不可遏止的冲动。也就是说,叔本华所谓的意志就是"欲求",包含生存和繁衍两个方面的内涵,这种生命意志便是世界的本源。在这里,叔本华还没有完全超越德国古典哲学与美学,但已力图将美学引向个体的人的生存,成为20世纪存在论美学的先驱。正是在这样的前提下,叔本华提出了"艺术是人生的花朵"的著名论断,从而可以说,叔本华的美学思想与席勒以追求人的全面发展为目的的"自由论"美学—美育思想是一致的。

一、艺术是人生的花朵论

如何认识艺术的作用呢? 叔本华提出著名的"艺术是人生的花朵"的理论:"因此,在不折不扣的意义上说,艺术可以称为人生的花朵。"①叔本华认为,艺术创作同现实生活相比是一种"上升、加强和更完美的发展",而且"更集中、更完备而具有预定的目的和深刻的用心"②。这就将艺术、审美同人生相联系,开辟了西方古典美学所没有的人生美学,即广义的美育之路。

二、艺术补偿论

艺术为什么会成为人生的花朵呢? 这与叔本华基本的人生观与美学观有关。在人生观上,叔本华是一个悲观主义者。叔本华立足于他的生命意志理论,认为人的欲求起源于对现状的不满,因为现实无法满足人的需要。所以,他认为,意志本身就是痛苦,生存本身就是不息的痛苦,要摆脱痛苦只有通过艺术的审美欣赏,使人进入一种物我两忘的审美境地,尽管这也只是暂时的摆脱。这样,叔本华就将审美作为解决生存痛苦的重要工具,审美与艺术也就标志着人生的光明与希望。正是在这样的背景下,叔本华提出了艺术补偿论:"一切欲求皆出于需要,所以也就出于缺失,所以也就是出于痛苦。"③

三、审美观审论

叔本华认为,摆脱痛苦的手段之一就是审美的观审。他认为,人们在审美中,"摆脱了欲求而委心于纯粹无意志的认识",从

---

① [德]叔本华:《作为意志和表象的世界》,石冲白译,商务印书馆 1982 年版,第 369 页。

② [德]叔本华:《作为意志和表象的世界》,石冲白译,商务印书馆 1982 年版,第 369、273 页。

③ [德]叔本华:《作为意志和表象的世界》,石冲白译,商务印书馆 1982 年版,第 273 页。

而"进入了另一个世界","一个我们可以在其中完全摆脱一切痛苦的领域"。① 也就是说,人们在审美观赏中得到的享受和安慰对于观赏者可以起到一种"补偿"的作用。他说,艺术"对于他在一个异己的世代中遭遇到的寂寞孤独是唯一的补偿"②。之所以审美与艺术会成为人生的一种补偿,是因为审美与艺术本身具有一种超越功利的特性,从而使人进入到一种超功利的观审状态,这就是叔本华的"审美观审说"。他认为,审美观审的条件就是作为审美对象的不是实际的个别事物而是非根据律的"理念",作为审美主体的则是摆脱了意志和欲求的无意志的主体。这说明,他认为,审美快感的根源在于纯粹的不带意志、超越时间、在一切客观关系之外的主观方面。叔本华指出,这种审美的观审状态就是使审美者进入一种物我两忘、融为一体的"自失"状态。"人在这时,按一句有意味的德国成语来说,就是人们自失于对象之中了,也即是说人们忘记了他的个体,忘记了他的意志","所以人们也不能再把直观者(其人)和直观(本身)分开来了,而是两者已经合一了"。③ 在这里,对于审美观审的无功利性的强调,表明叔本华继承了康德思想,但他对康德却有着明显的超越,那就是他对审美合规律性的否定。叔本华认为,在审美观审中,"这种主体已不再按根据律来推敲那些关系了,而是栖息、浸沉于眼前对象的亲

---

① [德]叔本华:《作为意志和表象的世界》,石冲白译,商务印书馆 1982 年版,第 276、370 页。

② [德]叔本华:《作为意志和表象的世界》,石冲白译,商务印书馆 1982 年版,第 369—370 页。

③ [德]叔本华:《作为意志和表象的世界》,石冲白译,商务印书馆 1982 年版,第 250 页。

切观审中,超然于该对象和任何其他对象的关系之外"①。这种对于根据律的超越,就将审美从普通认识论带入审美存在论,说明叔本华的审美观的确标志着西方美学的美育转向。

四、超人作用论

叔本华认为,只有天才才能创造真正的作为人生花朵的艺术,而艺术的创造者也只能是天才。那么,什么是天才呢？他认为,所谓"天才"就是"超人"。他说:"正如天才这个名字所标志的,自来就是看作不同于个体自身的,超人的一种东西的作用,而这种超人的东西只是周期地占有个体而已。"②这种所谓"超人"就是不凭借根据律认识事物,沉浸于审美观审之人。叔本华说:"天才人物不愿把注意力集中在根据律的内容上。"③也就是说,他所谓"超人",是超越于通常的认识论的,进入了审美的生存境界。他认为,这种超人的能力使天才发挥了特有的作用。普通的人凭借根据律认识,只能成为"照亮他生活道路的提灯",而天才人物作为"超人"却超越了普通的根据律,具有全人类的意义,成为"普照世界的太阳"。④ 作为天才的"超人"之所以具有这种能力,是凭借一种特殊的想象力。想象力有两种,一种是普通人凭

①[德]叔本华:《作为意志和表象的世界》,石冲白译,商务印书馆1982年版,第249页。

②[德]叔本华:《作为意志和表象的世界》,石冲白译,商务印书馆1982年版,第264页。

③[德]叔本华:《作为意志和表象的世界》,石冲白译,商务印书馆1982年版,第264页。

④[德]叔本华:《作为意志和表象的世界》,石冲白译,商务印书馆1982年版,第262—263页。

借幻想的想象力。这是一种按照根据律,从自己的意志欲念出发进行的想象,其作用在个人自娱,最多只能产生各种类型的庸俗小说;另　种是作为天才的"超人"所具有的想象力,这种想象力完全摆脱意志和欲念的干扰,是认识理念的一种手段,而表达这种理念的就是艺术。他说:"与此相同,人们也能够用这两种方式去直观一个想象的事物:用第一种方式观察,这想象之物就是认识理念的一种手段,而表达这理念的就是艺术;用第二种方式观察,想象的事物是用以盖造空中楼阁的。"①这种特殊的想象力既表现在质的方面,又表现在量的方面,将作为"超人"的天才的眼界扩充到实际呈现于天才本人之前的诸客体之上,举一反三,由此及彼,由表及里,由现象到本体。

由上述可知,叔本华的审美观审论,以及艺术是人生花朵的理论,尽管在相当大的程度上把审美归结为一种认识,不可避免地仍然残留着德国古典美学的痕迹,但从总体上说,其唯意志论美学仍然开辟了西方美学的新方向。他以非理性的唯意志论美学全面地批判了黑格尔的古典主义美学,用意志取代认识,抬高直观,贬低唯理性主义,赋予审美以生命的生存意义。这就为西方现代人文主义的人生美学,也就是广义的审美教育的发展奠定了基础。

第三节　艺术是生命的伟大兴奋剂

——尼采的强力意志美学

尼采(1844—1900)在西方现代美学发展史上具有特殊的地

---

①［德］叔本华:《作为意志和表象的世界》,石冲白译,商务印书馆1982年版,第261页。

位,从某种意义上说,西方现代真正意义上的人生美学的转向是从尼采开始的。他是继叔本华之后另一个德国唯意志主义哲学家、美学家。他同叔本华一样,也认为世界的本源是意志,人生是痛苦的、可怕的、不可理解的。但他反对叔本华把世界分为表象与意志,而是认为意志与表象不可分离。所谓意志,并不是生命意志,而是强力意志。因此,他反对叔本华的悲观主义和虚无主义,主张以强力意志反抗生活的痛苦,创造新的欢乐和价值。在此基础上,他彻底地否定古希腊的理性传统、基督教文化、启蒙主义理性精神和传统的生活,宣称"上帝死了""价值重估"。但他并不主张虚无主义,而是主张价值的转换与重建,写于 1872 年的《悲剧的诞生》就是其价值重估的最初尝试。《悲剧的诞生》是尼采的处女作,为他的全部著作奠定了一个基调,成为其整个哲学的诞生地。他以酒神精神对古希腊文化作了全新的阐释,提出艺术是"生命的伟大兴奋剂"的重要观点,奠定了西方整个 20 世纪作为人文教育的广义的美育,即人生美学发展的基础。

一、审美人生论

尼采美学的根本特点是把审美与人生紧密相连,把整个人生看作审美的人生,而把艺术看作人生的艺术,为此,他提出著名的"艺术是生命的伟大兴奋剂"的重要观点。他在《悲剧的诞生》中将希腊艺术的兴衰与希腊民族社会的兴衰结合起来研究,着重探讨"艺术与民族、神话与风俗、悲剧与国家在其根柢上是如何必然和紧密地连理共生"①。

---

① [德]尼采:《悲剧的诞生》,周国平译,生活·读书·新知三联书店 1986 年版,第 101 页。

　　他与叔本华一样,认为人生是一出悲剧。他借用古希腊神话说明这一点:古希腊佛律癸亚国王问精灵西勒若斯,对人来说什么是最好最妙的东西,西勒若斯回答:最好的东西是不要诞生、不要存在、成为虚无,次好的东西则是立即就死。从文化本身来说,尼采认为,当代文化同艺术是根本对立的,带给人的是个性的摧残和人性的破坏。他对现代教育和科技的非人化机械论、非人格化的劳动分工对于人性和人的生命因素的侵蚀毒害进行了无情的批判:"由于这种非文化的机械和机械主义,由于工人的'非人格化',由于错误的'分工'经济,生命便成为病态的了。"①既然人生是悲剧,那该怎么办呢? 尼采认为,只有借助于审美进行补偿和自救,"召唤艺术进入生命的这同一冲动,作为诱使人继续生活下去的补偿和生存的完成"②。他甚至进一步将审美与艺术提到世界第一要义的本体的高度。他在《悲剧的诞生》前言中说,我确信"艺术是生命的最高使命";又说:"只有作为一种审美现象,人生和世界才显得是有充足理由的。"③他还说:"艺术,除了艺术别无他物! 它是使生命成为可能的伟大手段,是求生的伟大诱因,是生命的伟大兴奋剂。"④表面上看,尼采与叔本华都主张审美补偿论,但尼采不同于叔本华之处在于,尼采认为,悲剧的作用不仅

①[德]尼采:《悲剧的诞生》,周国平译,生活·读书·新知三联书店 1986 年版,第 57 页。

②[德]尼采:《悲剧的诞生》,周国平译,生活·读书·新知三联书店 1986 年版,第 12 页。

③[德]尼采:《悲剧的诞生》,周国平译,生活·读书·新知三联书店 1986 年版,第 2、105 页。

④[德]尼采:《悲剧的诞生》,周国平译,生活·读书·新知三联书店 1986 年版,第 385 页。

在于生命的补偿,而且在于对生命的提升与肯定。

此外,特别重要的是,作为悲剧精神的酒神精神在尼采的美学理论中已经被提升到本体的人的生存意义的形而上高度,成为代替科技世界观和道德世界观的唯一世界观。这在当代西方美学中是具有开创意义的。

二、酒神精神论

酒神精神和日神精神是尼采哲学——美学中具有核心意义的范畴,特别是酒神精神,更具重要性,具有使艺术成为人生花朵的基本功能。尼采指出,对于悲剧人生进行补偿的唯一手段是借助于一种特有的酒神精神及作为其体现的悲剧艺术。他认为,宇宙、自然、人生与艺术具有两种生命本能和原始力量,那就是以日神阿波罗作为象征的日神精神与以酒神狄俄尼索斯作为象征的酒神精神,而最根本的则是酒神精神。这是一种以惊骇与狂喜为特点的强大的生命力量,尼采后来将其称作"权利意志",这也是一种审美的态度。这种审美的态度不同于康德与叔本华的"静观",而是一种生命的激情奔放。充分体现酒神精神的就是古希腊的典范时代及其悲剧文化。这是对古希腊美学精神的新的阐释,也是对传统的和谐美的反拨。尼采鼓吹在德国文化与古希腊文化之间建立起一座联系的桥梁,他说:"谁也别想摧毁我们对正在来临的希腊精神复活的信念,因为凭借这信念,我们才有希望用音乐的圣火更新和净化德国精神。"[1]与此同时,尼采有力地批判了古希腊的和谐美的美学精神。他认为,所谓"美在和谐""美在理性"是一种以苏格拉底为代表的

①[德]尼采:《悲剧的诞生》,周国平译,生活·读书·新知三联书店1986年版,第88页。

非审美的、理性的逻辑原则,主张"理解然后美""知识即美德"等等,实际上是一种扼杀悲剧与一切艺术的原则。

三、艺术的生命本能论

艺术的起源及其本真的内涵到底是什么? 这是长期以来人们一直在探讨的一个十分重要的问题。尼采提出了著名的生命本能的二元性论,将艺术的起源及其本真内涵与人的生命、人的本真的生存相联系。尼采认为,艺术是由日神精神与酒神精神这两种生命本能交互作用而产生的,犹如自然界的产生依靠两性一样。他说,"艺术的持续发展是同日神和酒神的二元性密切相关的","这酷似生育有赖于性的二元性"。① 在他看来,日神的含义是适度、素朴、梦、幻想与外观,而酒神则是放纵、癫狂、醉与情感奔放。"为了使我们更切近地认识这两种本能,让我们首先把它们想象成梦和醉两个分开的艺术世界。"②在二者中,尼采认为,酒神精神更为重要。因为,艺术的本原与动力即在于酒神精神。但日神精神也是不可或缺的,尼采指出,"我们借它的作用得以缓和酒神的满溢和过度"③。这里需要说明的是,酒神精神与日神精神都是非理性精神,它们是非理性的两种不同形态,是人的醉与梦两种本能。

既然艺术起源于日神与酒神两种生命本能,这就决定了艺术的基本特征是以酒神精神为主导的酒神与日神两种生命本能精

① [德]尼采:《悲剧的诞生》,周国平译,生活·读书·新知三联书店1986年版,第2页。
② [德]尼采:《悲剧的诞生》,周国平译,生活·读书·新知三联书店1986年版,第3页。
③ [德]尼采:《悲剧的诞生》,周国平译,生活·读书·新知三联书店1986年版,第94页。

神的冲突与和解,而其核心是一种激荡着蓬勃生命、强烈意志的酒神精神。因此,这样一种艺术精神就极大地区别于苏格拉底所一再强调的理性的原则与科学的精神。他在区别苏格拉底式的理论家与真正的艺术家时,写道:"艺术家总是以痴迷的眼光依恋于尚未被揭开的面罩,理论家却欣赏和满足于已被揭开的面罩。"①而任何语言都不能真正表达出艺术的真谛,"语言绝不能把音乐的世界象征圆满表现出来"②。他更加反对对音乐的图解,认为这势必显得十分怪异,甚至是与音乐相矛盾的,是我们的美学"感到厌恶的现象"③。

四、悲剧的形而上慰藉论

悲剧观是尼采人生美学的重要组成部分。尼采继承席勒的理论,认为悲剧起源于古希腊的合唱队。他说:"希腊人替歌队制造了一座虚构的自然状态的空中楼阁,又在其中安置了虚构的自然生灵。悲剧是在这一基础上成长起来的。"④这种古希腊的合唱队俗称"萨提尔合唱队",是一种充满酒神精神的纵情歌唱的艺术团体。萨提尔是古希腊神话中的林神,半人半羊,纵欲嗜饮,代表了原始人的自然冲动。这就说明,悲剧起源于酒神精神,但悲剧的形成

---

① [德]尼采:《悲剧的诞生》,周国平译,生活·读书·新知三联书店 1986 年版,第 63 页。
② [德]尼采:《悲剧的诞生》,周国平译,生活·读书·新知三联书店 1986 年版,第 24 页。
③ [德]尼采:《悲剧的诞生》,周国平译,生活·读书·新知三联书店 1986 年版,第 23 页。
④ [德]尼采:《悲剧的诞生》,周国平译,生活·读书·新知三联书店 1986 年版,第 27 页。

还需要日神的规范和形象化。因此,悲剧是酒神精神借助日神形象的体现,可以说,悲剧是酒神精神和日神精神统一的产物。尼采说:"我们在悲剧中看到两种截然对立的风格:语言、情调、灵活性、说话的原动力,一方面进入酒神的合唱抒情,另一方面进入日神的舞台梦境,成为彼此完全不同的表达领域。"①他还更深入地从世界观的角度探讨,认为悲剧起源于一种古典的"秘仪"。他说:"认识到万物根本上浑然一体,个体化是灾祸的始因,艺术是可喜的希望,由个体化魅惑的破除而预感到统一将得以重建。"②

正是因为悲剧起源于酒神精神,所以才具有一种"形而上的慰藉"的效果。在悲剧效果上,亚里士多德提出著名的"卡塔西斯理论",也就是悲剧通过特有的怜悯与恐惧达到特有的"陶冶";黑格尔曾提出著名的"永恒正义胜利说";尼采则另辟蹊径,提出了著名的"形而上慰藉说"。他说:"每部真正的悲剧都用一种形而上的慰藉来解脱我们:不管现象如何变化,事物基础之中的生命仍是坚不可摧的和充满快乐的。"③这种悲剧效果论也不同于叔本华的悲剧观。叔本华的悲剧观是由否定因果律的"个体化原理"导致对于意志的否定,引向悲观主义;而尼采则由对"个体化原理"的否定导致对意志的肯定,引向乐观主义。这是在现象的不断毁灭中指出生存的核心,是生命的永生。尼采以古希腊著名悲剧《俄狄浦斯王》为例说明,"一个更高的神秘的影响范围却通

---

① [德]尼采:《悲剧的诞生》,周国平译,生活·读书·新知三联书店1986年版,第34页。
② [德]尼采:《悲剧的诞生》,周国平译,生活·读书·新知三联书店1986年版,第42页。
③ [德]尼采:《悲剧的诞生》,周国平译,生活·读书·新知三联书店1986年版,第28页。

过这行为而产生了,它把一个新世界建立在被推翻的旧世界的废墟之上"①。从哲学的层面来说,这实际上是个人的无限痛苦和神的困境,"这两个痛苦世界的力量促使和解,达到形而上的统一"②,是一种更高层次的超越个别的统一和慰藉。从深层心理学的角度来讲,这也是一种由非理性的酒神精神移向形象的"升华"。尼采说道:"对于悲剧性所生的形而上快感,乃是本能的无意识的酒神智慧向形象世界的一种移置。"③由此可知,这里所谓形而上的统一,不是现象世界的统一,也不是道德世界的统一,而是审美世界的统一。所谓形而上的慰藉,从根本上来说,也不是现象领域、道德领域和哲学领域的慰藉,而是美学领域具有超越性的形而上的慰藉,是一种具有蓬勃生命力的酒神精神的胜利。这说明,形而上的慰藉是一种具有本体意义的酒神精神之审美的慰藉,也是审美世界观的确立、人的生存意义的彰显。

从上述尼采的美学理论中可知,他敏锐地感受到资本主义现代文明已经暴露出的对于人性压抑扭曲的弊端,因而大力倡导一种以酒神精神为核心的悲剧美学。如果说,叔本华仍然保留着较多的传统美学的痕迹,那么尼采则将非理性的生命意志哲学——美学理论贯彻到底,完成了由传统到现代的过渡,成为新世纪哲学——美学的真正的先行者,特别成为新世纪人文主义美学的先驱,为精神分析主义、存在主义等哲学——美学理论奠定了基础。

①[德]尼采:《悲剧的诞生》,周国平译,生活·读书·新知三联书店1986年版,第36页。
②[德]尼采:《悲剧的诞生》,周国平译,生活·读书·新知三联书店1986年版,第38页。
③[德]尼采:《悲剧的诞生》,周国平译,生活·读书·新知三联书店1986年版,第70页。

第四节　艺术即直觉的表现实践

——克罗齐的表现论美学

克罗齐是当代意大利著名美学家,生活的年代是 1866 年至 1952 年,最主要的美学论著《美学原理》出版于 1902 年。他是继叔本华、尼采之后突破西方古典和谐美和认识论主客二分思维模式并取得重要成就的当代美学家。他在 20 世纪开始之际建立了美是非理性的情感显现这一表现论美学理论体系,从而成为 20 世纪西方当代美学的旗帜。他的美学思想对于当代美育理论的贡献,是突出地强调了艺术的情感表现性特征和相异于认识、道德的独立地位,从而有力论证了美育的不可取代性。

一、美学是直觉的科学

克罗齐说:"美学只有一种,就是直觉(或表现的知识)的科学。"①这一对于美学的界说,既不同于鲍姆嘉通的"美学是感性认识的科学",也不同于黑格尔的"美是艺术哲学"等有关界说,充分反映了他不同于德国古典美学的非理性主义倾向。他认为,直觉包含物质与形式两个方面的内容。所谓物质即"感受",属于直觉界线以下的无形式部分,被动的兽性。所谓形式即为心理的主动性,可克服物质的被动性与兽性,赋予感受以形式,使之成为具体的形象,被人们所认识。但这种克服不是消灭,而只是一种"统辖"。他还突出地强调了审美与艺术的"意象性"特点。他说:"意象性是艺术固有的优点:意象性中刚一产生出思考和判断,艺术

————————
① [意]克罗齐:《美学原理》,朱光潜译,外国文学出版社 1983 年版,第 21 页。

就消散，就死去。"①

二、艺术即直觉的表现

这是克罗齐美学思想的核心命题，明显地区别于亚里士多德的"美是和谐"、康德的"美是无目的的合目的性形式"、黑格尔的"美是理念的感性显现"等命题。他说："直觉是表现，而且只是表现（没有多于表现的，却也没有少于表现的）。"②这样，将直觉与表现完全等同，将艺术完全局限于艺术想象阶段，归结为纯个人的艺术想象活动，就是克罗齐美学的基本观点，决定了他的其他一系列美学观点。这一观点一方面决定了他将艺术与无意识的情感显现相联，有其突破传统的合理性。同时，也决定了他仅仅将艺术局限于纯个人的想象阶段，同赋予其物质形式的创作活动无关。而且，也决定了他将艺术创作与艺术欣赏完全等同。这显然是不符合艺术活动的规律。

三、艺术独立论

克罗齐突出地强调了艺术的独立性。他认为，如果没有艺术的独立性，其内在价值就无从说起，这涉及"艺术究竟存在不存在"这一关系到艺术存亡的关键性问题。他认为，如果前一种活动依赖于后一种活动，那么事实上前一种活动就不存在。他说："如果没有这独立性，艺术的内在价值就无从说起，美学的科学也就无从思议，因为这科学要有审美事实的独立性为它的必

---

① [意]克罗齐：《美学原理》，朱光潜译，外国文学出版社 1983 年版，第 217 页。
② [意]克罗齐：《美学原理》，朱光潜译，外国文学出版社 1983 年版，第 18 页。

要条件。"①他提出艺术独立论的主要理论根据,是其"精神哲学"理论。他把精神作为世界的本原,提出"意识即实在"的命题。他又把心灵活动分为知与行,即认识与实践两个度。认识分为直觉与概念两个阶段,实践分为经济与道德两个阶段。直觉是其心灵活动的起始,其产品为个别意象,哲学的门类即为美学。直觉为其后的概念、经济、道德等活动提供了基础,后者包括前者,但前者却可离开后者而独立。这种精神哲学的理论就为他的艺术绝对独立性提供了理论依据。他认为,艺术离逻辑而独立。他说:"一个人开始作科学的思考,就已不复作审美的观照。"②他还认为,艺术离开效用而独立。他说:"就艺术之为艺术而言,寻求艺术的目的是可笑的。"③他也要求在艺术活动中完全废止道德的因素,"完全采取美学的,和纯粹的艺术批评的观点"④。

总之,克罗齐的艺术即直觉的表现的美学理论是西方20世纪人本主义美学思潮的重要开端与代表,对整个西方20世纪美学与美育的发展产生极为重要的影响。

第五节　艺术即经验

——杜威的实用主义美学

杜威生活的年代为1859年至1952年,他是20世纪美国著

---

① [意]克罗齐:《美学原理》,朱光潜译,外国文学出版社1983年版,第126页。
② [意]克罗齐:《美学原理》,朱光潜译,外国文学出版社1983年版,第44页。
③ [意]克罗齐:《美学原理》,朱光潜译,外国文学出版社1983年版,第60页。
④ [意]克罗齐:《美学原理》,朱光潜译,外国文学出版社1983年版,第61页。

名的哲学家、教育家和心理学家。从 1894 年开始,他与他的学生们组成美国实用主义的重要学派——芝加哥学派,产生极大影响。1931 年,杜威应哈佛大学之邀前往举办演讲会,做了一系列题为"艺术哲学"的演讲,后编成《艺术即经验》一书,1934年出版。这本书集中阐释了其实用主义美学思想,构建了当代最具美国特点的美学理论体系。杜威在该书中以艺术即经验为核心观点,全面论述了艺术与生活、艺术与人生、艺术与科学、内容与形式等一系列重要问题。他将美国资产阶级的民主观念与商业观念贯注于其经验论美学之中,将艺术从高高的象牙之塔拉向现实的社会人生,对于当代特别是我国的美学与美育建设产生重要影响。

一、经验自然主义的美学研究方法

要掌握杜威的艺术即经验的实用主义美学思想,首先要了解其经验自然主义的美学研究方法。经验自然主义的方法就是实用主义的方法,也就是一种重效果、重行动的特有的当代美国式的方法。这种方法当然同 18 世纪英国经验派的理论有继承关系,但它主要产生于美国特有的拓荒时代,与当时所遵循的实业第一的原则、效率首位的教育、利益取向的政治,以及 19 世纪以达尔文进化论为代表的科技发展及其强调实证的观点相一致。对于这种方法,杜威将其看作是一种"哲学的改造",旨在突破古希腊以来,特别是工业革命以来的理性主义和本质主义传统,以及主客二分的思维模式。杜威认为,这种方法立足于突破古希腊以来由主奴对立所导致的知识与实用的分裂。他试图通过经验对二者加以统一,这是杜威实用主义哲学与美学的最重要的贡献和最富启发性之处,但长期以来并没有引起足够的重视。

　　首先是主观唯心主义的经验论。该理论对其哲学与美学的核心概念"经验"做了主观唯心主义的界说。他突破传统的主客二分方法,将经验界定为主体与客体的合一、感性与理性的合一,以此与传统的二元论划清界限。他的经验论又与自然主义的实践观紧密相联。这里所说的实践是作为有机体的人为了适应环境与生存所进行的活动。他说,"经验是有机体与环境相互影响的结果"①。其次,以生物进化论作为其重要理论基础。杜威将达尔文的生物进化论,特别是适者生存理论作为自己的哲学与美学的理论基础。这种对于人与环境适应的强调固然有生物进化论的弊端,但十分重要的是将人的生命存在放在突出的位置,因此,也可以说这是一种"自然主义的人本主义"(Naturaliatic Humanism)。再就是工具主义的方法论。杜威主张真理即效用的真理观,这就是一种工具主义的理论。在此基础上,他又将其改造为控制环境的一种工具。他说:"对环境的完全适应意味着死亡。所有反应的基本要点就是控制环境的欲望。"②这种控制就是朝着一定的目标对环境运用"实验的方法"进行的一种"改造"。所谓"实验的方法"就是对"逻辑的方法"的一种摒弃,采取假定—实验—经验的解决问题的路径。这就是一种实验的工具主义的方法。在《艺术即经验》之中,这种工具主义方法的具体运用就是采用一种与本质主义方法相对的"描述"的方法。也就是一种"直

---

①转引自蒋孔阳、朱立元主编:《西方美学通史・二十世纪美学》上,上海文艺出版社 1999 年版,第 648 页。

②转引自[美]威尔・杜兰特:《哲学的故事》,文化艺术出版社 1991 年版,第 532 页。

观的""直接回到事实"的方法。杜威将艺术界定为"经验",就是一种抓住其最基本事实的"描述",虽不尽准确,但却具有极大的包容性。

二、艺术即经验论

"艺术即经验"是杜威美学思想的核心命题。他的《艺术即经验》一书的主旨就是恢复艺术与经验的关系,"把艺术与美感和经验联系起来"。这就是所谓西方当代美学的"经验转向",将艺术由高高在上的理性拉向现实的生活实践与生活经验。

首先,杜威认为,艺术的源泉存在于经验之中。他说:"艺术的源泉存在于人的经验之中。"①艺术的任务就是恢复审美经验与日常经验的联系。他说,艺术哲学的任务"旨在恢复经验的高度集中与经过被提炼加工的形式——艺术品——与被公认为组成经验的日常事件、活动和痛苦经历之间的延续关系"②。这种对于艺术经验与日常经验延续关系的探讨,正是杜威式的美国资产阶级民主在审美与艺术领域中的表现。它打破了文学艺术的精英性和神秘性,而将其拉向日常生活与普通大众。杜威特别强调审美经验的直接性,认为这是美学所必需的东西。他说:"美学所必须的东西:即审美经验的直接性。不是直接的东西便不是审美的,这点无论怎样强调都不算过份。"③由此,他反对在艺术欣赏中过分地强调联想,因其违背审美经验直接性的原则。同时,

①伍蠡甫主编:《现代西方文论选》,上海译文出版社1983年版,第218页。
②伍蠡甫主编:《现代西方文论选》,上海译文出版社1983年版,第217页。
③伍蠡甫、胡经之主编:《西方文艺理论名著选编》下卷,北京大学出版社
　1987年版,第23页。

他也反对从古希腊开始的将审美经验仅仅归结为视觉与听觉的理论,而将触觉、味觉与嗅觉等带有直接性的感觉都包含在审美的感觉之内。他说:"感觉素质,触觉、味觉也和视觉、听觉的素质一样,都具有审美素质。但它们不是在孤立中而是在彼此联系中才具有审美素质的;它们是彼此作用、而不是单独的、分离的素质。"①

既然审美经验与日常经验有着延续的关系,那么审美经验与日常经验的区别在哪里呢?杜威认为,审美经验不同于日常经验之处,就是它是一种"完整的经验",因而构成"理想的美"。他说:"把对过去的记忆与对将来的期望加入经验之中,这样的经验就成为完整的经验,这种完整的经验所带来的美好时期便构成了理想的美。"②这种完整经验的理想的美具体表现为有序、有组织运动而达到的内在统一与完善的艺术结构。杜威认为,这个完整的经验以现在为核心,将过去与将来交融在一起,使人达到与环境水乳交融的境界,从而使人成为"真正活生生的人"。这就是一种处于审美状态的人和审美的境界,"这些时刻正是艺术所特别强烈歌颂的"③。艺术即"活生生的人"的"完整的经验",是"理想的美"。这就是杜威对于艺术即经验的中心界说。

正因为杜威把经验界定为人作为有机体生命的一种生机勃勃的生存状态,所以,他认为老是不断的变动和完结终止都不会

①伍蠡甫、胡经之主编:《西方文艺理论名著选编》下卷,北京大学出版社1987年版,第25页。
②伍蠡甫主编:《现代西方文论选》,上海译文出版社1983年版,第226—227页。
③伍蠡甫主编:《现代西方文论选》,上海译文出版社1983年版,第227页。

产生美的经验,而只有变动与终止、分与合、发展与和谐的结合才能产生美的经验。所谓"需要—阻力—平衡"成为审美经验的基本模式。他说:"我们所实际生活的世界,是一个不断运动与达到顶峰、分与合等相结合的世界。正因为如此,人的经验可以具有美。"①这种分与合的结合,实际上是人与周围环境由不平衡到平衡、由不和谐到和谐的过程。他说:"生命不断失去与周围环境的平衡,又不断重新建立平衡,如此反复不已,从失调转向协调的一刹那,正是生命最剧烈的一刹那。"②这也就是美的一刹那。由此可见,杜威的美论是一种主体与环境由不平衡到平衡的过程中所产生的强烈的,同时也是完整的审美经验,即生命的体验。正是从艺术即经验的基本界说出发,杜威主张"艺术成品,是艺术家和读者、观众、听众之间的联系物"③。他认为,艺术品只有在创造者之外的人的经验中发生作用,或者说被接受,才是完整的。他甚至认为,即便在艺术创作过程中,艺术家也应该将自己化身为读者与观众,像了解自己的孩子一样与自己的作品一起生活,掌握其意义,这时"艺术家才能够说话"④。杜威的实用主义的工具主义在其美学理论中的表现,就是他认为艺术与其他经验一样都是具有工具性的。⑤ 艺术经验的工具性的特点即为"在事情的

---

①伍蠡甫主编:《现代西方文论选》,上海译文出版社 1983 年版,第 225—226 页。

②伍蠡甫主编:《现代西方文论选》,上海译文出版社 1983 年版,第 226 页。

③伍蠡甫、胡经之主编:《西方文艺理论名著选编》下卷,北京大学出版社 1987 年版,第 11 页。

④伍蠡甫、胡经之主编:《西方文艺理论名著选编》下卷,北京大学出版社 1987 年版,第 11 页。

⑤[美]杜威:《经验与自然》,傅统先译,商务印书馆 1960 年版,第 8 页。

结果方面和工具方面求得较好的平衡"。这也就是要求作为完整经验的美与作为工具性的善之间取得某种统一与平衡。

三、艺术的内容与形式不可分论

杜威提出艺术的内容与形式的不可分论,是由其主客混合、感性与理性统一的自然主义经验思想所决定的。在他看来,内容与形式是任何艺术的最基本的要素,两者之间的关系是美学研究的核心课题之一。因此,他在《艺术即经验》一书中列专章来讨论这一重要课题。他认为,内容与形式不可分割,任何企图将两者分开的理论都是"根本错误的"①。他主张"内容与形式的直接混合",并认为"除了思考的时候而外,形式与内容之间是没有界线可分的"②。其原因是,他认为,在作品中内容与形式是相对的。从欣赏的角度看,内容与形式也是不可分的。审美经验本身也是内容与形式的高度统一,而其最后的根源则是自然主义的经验论。他认为,从自然主义经验论来看,人与环境的和谐平衡这个最根本的自然的生物的规律必然要求审美的艺术经验中内容与形式不可分。当然,从总的方面来说,杜威本人还是倾向于形式的。他认为,审美经验就是"把经验里的素材变为通过形式而经过整理的内容",起关键作用的还是主体,是主体通过形式对素材的整理,从而使其成为内容。这就是理性主义的工具主义在艺术理论中的体现。

---

① 伍蠡甫、胡经之主编:《西方文艺理论名著选编》下卷,北京大学出版社1987年版,第35页。
② 伍蠡甫、胡经之主编:《西方文艺理论名著选编》下卷,北京大学出版社1987年版,第35、14页。

总之,杜威尝试用新的实用主义方法,突破传统美学与艺术理论,提出艺术即经验的重要命题,回应了 20 世纪新时代提出的一系列新的课题,并产生广泛影响。他在《经验与自然》一书的序言中说道:"本书中所提出的这个经验的自然主义的方法,给人们提供了一条能够使他们自由地接受现代科学的立场和结论的途径。"①这就是杜威借助实用主义方法对审美与艺术所进行的全新的阐释。他破除西方古典美学中艺术与生活,内容与形式两极对立的观点,而以经验为纽带将其紧密相联,突破传统二元对立的纯思辨方法,成为其美学与艺术理论中的精彩之点,形成新的实用主义美学流派,产生广泛影响。杜威是 20 世纪初期美国最有影响的美学家,他的美学是一种改变了美国艺术家思维方式的理论,多数美国的美学家和艺术家都承认,不了解杜威美学就不会了解战后美国的美学和艺术所发生的深刻变化。

第六节　艺术是"精神的升华"

——弗洛伊德的精神分析美学

弗洛伊德是奥地利著名的精神病学家,精神分析学派的创始人,生活于 1856—1936 年。他的以潜意识的发现为特点的深层心理学在现代人类文化史上具有很大的影响,渗透于当代西方哲学、教育学、心理学、伦理学、社会学与美学等各个领域。可以说,弗洛伊德的深层心理学从根本上改变了人们对自身行为的看法,使人们认识到决定人的行为的并不完全是意识,还有并不被人们

---

①［美］杜威:《经验与自然》,傅统先译,商务印书馆 1960 年版,《原序》第 3 页。

所了解的潜意识。这就为包括美育在内的人的教育与人格的培养提供了新的思想维度。它告诉我们,美育不能忽视精神分析心理学,也不能不将弗洛伊德有关潜意识升华的文化与美学理论放到自己的视野之中。

弗洛伊德的潜意识升华的文化与美学理论是建立在他的精神分析心理学的基础之上的。他的精神分析心理学包括心理结构理论、人格结构理论与心理动力理论等。所谓心理结构理论,是指他认为人的心理结构应分为意识、前意识与潜意识三个层次,作为人的本能的潜意识是最原始、最基本与最重要的心理因素。所谓人格结构理论,是指他认为人的人格结构也分为超我、自我与本我三个层次,其中"本我"是人格的原始基础和一切心理能量的源泉。所谓心理动力理论,是指他认为人的心理过程是一个动态系统,以本能作为一切社会文化活动的能量源泉,成为其终极因。正是在以上理论的基础上,弗氏建立了自己的"原欲升华"的美学与美育理论。

一、艺术创作的源泉在"原欲"

弗洛伊德认为,艺术创作的源泉是"原欲"。他说:"艺术活动的源泉之一正是必须在这里寻觅。"①又说:"我坚决认为,'美'的观念植根于性的激荡。"②这里所说的"原欲"(Libido),是一种广义上的能带来一切肉体愉快的接触。他认为,"力比多"同饥饿一样

---

① 转引自叶果洛夫:《美学问题》,刘宁、董友等译,上海译文出版社 1985 年版,第 305 页。
② [奥]弗洛伊德:《爱情心理学》,林立明译,作家出版社 1986 年版,第 35 页注(22)。

是一种本能的力量,即为"性驱力",是人的一种"潜能",是生命力的基础,处于心理的最深层,人的一切行为都是它的转移、升华和补偿。弗洛伊德认为,"原欲"在人身上集中地表现为"俄狄浦斯"的"恋母情结"和"爱兰克拉"的"恋父情结"。所谓"情结",即是压抑在潜意识中的性欲沉淀物,实际上是一种心理的损伤,即是未曾实现的愿望。弗洛伊德认为,这种"恋母"和"恋父"情结经过变化、改造和化装,供给诗歌与戏剧以激情,成为艺术作品的源泉。

二、原欲的实现经过了发泄与反发泄的对立过程

弗洛伊德不仅将艺术创作的源泉归结为"原欲",而且进一步从动态的角度描述了原欲实现的过程。他认为,这是对于心理现象的动力学研究。心理现象都表现为两种倾向的对立:能量的发泄与反发泄的对立与斗争。所谓"发泄",即指本我要求通过生理活动发泄能量;而所谓"反发泄",即指自我与超我将能量接过来全部投入心理活动。这种情形就是超我、自我与本我之间的"冲突"。这就使原欲处于受压抑状态,得不到实现,从而形成对痛苦情绪体验的焦虑,长此以往,就可能形成神经疾病。而艺术创作就是冲突的解决,给原欲找到一条新的出路。

三、升华——原欲实现的途径

弗洛伊德认为,要使人们摆脱心理冲突,从焦虑中挣脱出来,有许多途径,"移置"即为其中之一。所谓"移置",即指能量从一个对象改道注入另一个对象的过程。因而,移置就必然寻找新的替代物代替原来的对象;如果替代对象是文化领域的较高目标,这样的"移置"就被称为"升华"。对弗洛伊德来说,所谓升华作用即是"将性冲动或其他动物性本能之冲动转化为有建设性或创造性的行为之过程",艺术即是这种原欲升华之一种①。弗洛伊德认为,艺术的产生并不是纯粹为了艺术,其主要目的在于发泄那些被压抑了的冲动。这是原欲对于新的发泄出口的选择,其作用则在于通过心理的发泄不使其因过分积储而引起痛苦。他说:"心理活动的最后的目的,就质说,可视为一种趋乐避苦的努力,由经济的观点看来,则表现为将心理器官中所现存的激动量或刺激量加以分配,不使他们积储起来而引起痛苦。"②弗洛伊德认为,这就证明,原欲为人类的文化、艺术的创造带来了无穷的能量,从而为人类文化艺术的发展作出了很大的贡献。他说:"研究人类文明的历史学家一致相信,这种舍性目的而就新目的性动机及力量,也就是升华作用,曾为文化的成就带来了无穷的能源。"③又说:"我们认为这些性的冲动,对人类心灵最高文化的、艺术的和社会的成就做出了最大的贡献。"④

现在看来,弗洛伊德这种将力比多看作一切社会文化活动的根本动力的泛性主义,显然是片面的。但他主张潜意识的原欲是人类社会文化活动的根源之一,并将其途径概括为"升华",应该说是很有见地的。他的这种"舍性目的而就新目的"的理论与批评实践,无疑是对艺术育人作用的新的概括,是对当代美学和美育理论与实践的丰富。

---

①参见弗洛伊德:《爱情心理学》,林立明译,作家出版社1986年版,第145页注(11)。

②[奥]弗洛伊德:《精神分析引论》,高觉敷译,商务印书馆1984年版,第300页。

③[奥]弗洛伊德:《爱情心理学》,林立明译,作家出版社1986年版,第59页。

④[奥]弗洛伊德:《精神分析引论》,高觉敷译,商务印书馆1984年版,第9页。

第二章 西方现代美学的美育转向(下)

第七节 海德格尔论艺术与人的诗意的栖居

马丁·海德格尔是 20 世纪最有影响的西方哲学家、美学家之一,生活于 1889 年至 1976 年。他出生于德国的默斯基尔希,在弗莱堡大学学习神学和哲学,1914 年获博士学位,先后在马堡大学和弗莱堡大学任教,主要著作有《存在与时间》《林中路》与《荷尔德林诗的阐释》等。海氏是当代存在主义哲学与美学的最重要代表,终生思考资本主义现代性与传统哲学的诸多弊端,着力阐发其基本本体论哲学与美学思想。他的基本本体论实际上是对传统本体论的一种反思与批判,认为传统本体论的最主要弊端是混淆了存在与存在者的关系。他将两者区分开来,认为所谓存在者就是"是什么",是一种在场的东西;所谓存在则是"何以是",是一种不在场。他认为,在存在者中最重要的是"此在",即人,这是一种能够发问存在的存在者。"此在"的特点是一种"在世",是处于一种"此时此地"之中,而且此在之在世是处于一种被抛入的状态,其基本状态就是"烦""畏"和"死"。

海氏的哲学与美学有一个前后期的发展,大体以 1936 年为界,前期有明显的人类中心倾向,后期则逐步转入生态整体。海氏的哲学与美学理论直接面对当代资本主义社会制度和工具理性膨胀之压力下的人的现实生存状态,提出审美乃是由遮蔽到解蔽的真理的自行显现,是走向人的诗意的栖居。他在 1936 年所写的《荷尔德林和诗的本质》一文中引用了荷尔德林的诗"充满劳绩,然而人诗意地栖居于这片大地上",他认为,荷尔德林在此说出了"人在这片大地上的栖居的本质","探入人类此在的根基"①。海氏的这一论述及其有关的思想具有重要的理论价值与现实意义,影响深远,对于当代美学与美育建设无疑都是非常重要的理论资源。

一、艺术就是自行置入作品的真理

海氏突破传统认识论中有关真理的符合论思想,从其存在论现象学出发将真理看作是存在由遮蔽到解蔽的自行显现,而这也就是美与艺术的本源。他说:"艺术作品以自己的方式敞开了存在者的存在。这种敞开,就是揭示,也就是说,存在者的真理是在作品中实现的。在艺术作品中,存在者的真理自行置入作品。艺术就是自行置入作品的真理。"②海氏面对资本主义深重的经济与社会危机、社会制度的诸多弊端与工具理性的重重压力,以及人的极其困难的生存困境,思考人的存在之谜,探问人是什么,人在何处安置自己的存在。他认为,工具理性的膨胀已经使人类处

①[德]马丁·海德格尔:《荷尔德林诗的阐释》,孙周兴译,商务印书馆 2000 年版,第 46 页。

②转引自朱立元主编:《现代西方美学史》,上海文艺出版社 1993 年版,第 530 页。

于技术统治的"黑暗之夜"。他说:"也就是说,这片大地上的人类受到了现代技术之本质连同这种技术本身的无条件的统治地位的促逼,去把世界整体当作一个单调的、由一个终极的世界公式来保障的、因而可计算的贮存物来加以订造。"①因此,人的存在只有突破资本主义社会制度和工具理性的重重压力,才能由遮蔽走向敞开,实现真理的自行置入,才能得以进入审美的生存境界。

二、人诗意地栖居于这片大地上

"人诗意地栖居于这片大地上",是海氏对诗和诗人之本源的发问与回答。艺术何为? 诗人何为? 海德格尔回答说,它就是要使人诗意地栖居于这片大地上。他认为,诗人的使命就是在神祇(存在)与民众(现实生活)之间,面对茫茫黑暗中迷失存在的民众,将存在的意义传达给民众,使神性的光辉照耀宁静而贫弱的现实,从而营造一个美好的精神家园。海氏认为,在现代生活的促逼之下,人失去了自己的精神家园,而艺术应该使人找到自己的家,回到自己的精神家园。同时,"人诗意地栖居于这片大地上"也是海氏的一种审美的理想。他所说的"诗意地栖居",是同当下"技术地栖居"相对立的。所谓"诗意地栖居",就是要使当代人类抛弃"技术地栖居",走向人的自由解放的美好的生存。

三、天地神人四方游戏说

海氏后期突破人类中心主义的束缚,走向生态整体理论,被称为"生态主义的形而上学家",最著名的,就是他所提出的"天地

---

① [德] 马丁·海德格尔:《荷尔德林诗的阐释》,孙周兴译,商务印书馆 2000年版,第 221 页。

神人四方游戏"说。他在《荷尔德林的大地与天空》一文中指出："于是就有四种声音在鸣响：天空、大地、人、神。在这四种声音中，命运把整个无限的关系聚集起来。"①海氏的"四方游戏"说包含了极其丰富的内容。四方中之"大地"，原指地球，但又不限于此，有时指自然现象，有时指艺术作品的承担者。"天空"指覆盖于大地之上的日月星辰，茫茫宇宙。所谓"神"，实质是指超越此在之存在。所谓"人"，海氏早期特指单纯的个人，晚期则拓展到包含民族历史与命运的深广内涵。所谓"四方"并非是一种实指，而是指命运之声音的无限关系从自身而来的统一形态。"游戏"是指超越知性之必然有限的自由无限。海氏甚至用"婚礼"来比喻"四方游戏"之无限自由性。这无疑是对其早期"世界与大地争执"之人类中心主义的突破，走向生态整体理论。正是通过这种四方世界的游戏与可靠持立，存在才得以由遮蔽到解蔽，走向澄明之境，达到真理显现的美的境界。海氏认为："在这里，存在之真理已经作为在场者的闪现着的解蔽而原初地自行澄明了。在这里，真理曾经就是美本身。"②

由此可见，在海氏的美学理论中，四方游戏、诗性思维、真理显现、美的境界与诗意的栖居都是同格的。这就是他后期的美学思想中不仅包含着深刻的当代存在论思想，而且包含着深刻的当代生态观的缘由。这正是他以诗性思维代替技术思维、以生态平等代替人类中心、以诗意栖居代替技术栖居的必然结果。

---

① [德]马丁·海德格尔：《荷尔德林诗的阐释》，孙周兴译，商务印书馆2000年版，第210页。
② [德]马丁·海德格尔：《荷尔德林诗的阐释》，孙周兴译，商务印书馆2000年版，第198页。

第八节　审美经验现象学

——一种全新的审美方法的确立

现象学哲学兴起于 20 世纪初的德国,其创始人是德国的胡塞尔(1859—1938)。胡塞尔并未建立自己的美学体系,但他的现象学方法和理论对美学产生了极大的影响。他提出了一个著名的现象学口号:回到事物本身。他所说的"事物"并不是指客观存在的事物,而是指呈现在人的意识中的东西,他称这些东西为"现象"。所以,"回到事物本身"就是回到现象,回到意识领域。他认为,哲学研究以此为对象,就能避免心物二分的二元论。要"回到事物本身"就要抛弃传统的思维模式,采取现象学的"还原法",也就是将通常的有关主体和客体的判断"悬搁"起来,加上括号,存而不论。他认为,通过这种"现象学还原"就能直觉到纯意识的"意向性"本质。所谓"意向性"即指意识总是指向某个对象,因而世界离不开意识。这是一种用"整体性意识"反对传统主客二分思维模式的现代哲学方法,具有重要的影响和意义,对于美学也有着直接的借鉴作用。胡塞尔说:"现象学的直观与'纯粹'艺术中的美学直观是相近的。"又说:艺术家"对待世界的态度与现象学家对待世界的态度是相似的。……当他观察世界时,世界对他来说成为现象。"①将这种现象学方法较好地运用于美学的是法国的杜夫海纳(1910—1995)和波兰的英加登(1893—1970)。杜夫海纳于 1953 年所著《审美经验现象学》,成为西方现代审美经验现象学理论和方法的奠基之作,具有重要的美学理论创新意

————————

①《胡塞尔选集》,倪梁康选编,上海三联书店 1997 年版,第 1203 页。

义。他们的研究开创了审美经验现象学的方法,这种方法直接借鉴现象学之"回到事物本身""本质还原""意向性"与"悬搁"等基本原则,但又结合审美有所发挥。杜夫海纳指出:"我们敢说,审美经验在它是纯粹的一瞬间,完成了现象学的还原。对世界的信念被暂时中止了,同时任何实践的或智力的兴趣都停止了。说得更确切一些,对主体而言,唯一仍然存在的世界并不是围绕对象的或在对象后面的世界,而是……属于审美对象的世界。"①

具体说,审美经验现象学方法有这样几个内涵。

一、审美态度的改变性

英加登在论述审美经验时,专门阐述了由日常经验到审美经验的转化过程,也就是审美经验兴起的前提。他认为,最重要的凭借是由日常态度到审美态度的转变。他将此称作是"预备审美情绪"。他认为,人们在面对一个对象时,一开始常会选取一种功利的现实态度,而一旦为对象特有的色彩、节奏、形状等美学特质所打动,唤起一种特有的"预备审美情绪",就会中断对于周围物质世界的日常经验活动,进入一种精力空前集中的审美经验状态。这就是由日常态度到审美态度的转变。这种"预备审美情绪"对于由日常经验过渡到审美经验起到决定性的改变作用。英加登指出:"预备情绪最重要的功能是改变我们的态度,亦即使我们对待日常经验的自然态度变成特殊的审美态度。"②

――――――――――

① 转引自蒋孔扬、朱立元主编:《西方美学通史·二十世纪美学》上,上海文艺出版社1999年版,第449页。

② [波]R.英加登:《审美经验与审美对象》,见[美]李普曼:《当代美学》,光明日报出版社1986年版,第293页。

二、审美知觉的构成性

审美知觉的构成性是对审美经验兴起的阐述。现象学美学将主体的意向性作用放到非常突出的地位,认为审美对象是主体凭借审美知觉在意向中构成的结果。杜夫海纳指出:"简言之,审美对象是作为被知觉的艺术作品。这样,我们就必须确定它的本体论地位。审美知觉是审美对象的基础,但那是在公平对待它即在服从它的时候才是这样。"①例如,一件艺术作品,尽管是一种举世公认的客观存在,但只有在鉴赏者通过审美的知觉对其进行鉴赏时这件艺术品才能成为审美对象,这就是审美知觉的构成性。杜夫海纳指出,一旦美术馆关门,最后一位参观者离开,那么,这件艺术作品就不再作为审美对象而存在,只能作为作品或可能的审美对象而存在。

三、审美想象的填补性

审美想象的填补性是对于审美经验完善性的论述。英加登在其审美经验现象学中提出了"未定域"与"具体化"两个十分重要的概念。所谓"未定域",即指没有被作品加以确定的方面。例如,我们面对一件雕塑作品,人物的身份、动作等都需要通过鉴赏者的想象加以艺术地补充。"具体化"是指鉴赏者在鉴赏过程中通过"意向性"对于作品进行再创造的过程,包括对于原作某些缺陷的弥补,都需要通过审美想象进行。英加登在谈到这一点时,以雕塑《维纳斯》为例说明。他指出:"在审美态度中,我们不知不

---

①[法]米·杜夫海纳:《审美经验现象学》,韩树站译,文化艺术出版社1996年版,第8页。

觉地完全忘怀了肢体的残缺,断掉的臂膀。一切都发生了奇妙的变化。在这种方式'观看'下的整个对象完美无缺,甚至因为双臂木曾出现在人们的视野里而更富魅力。"①

四、审美价值的形上性

审美价值的形上性是对于审美经验内涵提升的论述,包含着浓厚的人文精神。众所周知,审美经验现象学所说的审美经验是不同于英国感性派美学的纯感性的经验的,而是包含着形而上的超验的内容,具有一种追求人的美好生存的价值取向。英加登和杜夫海纳都不约而同地谈到这一点。杜夫海纳指出:"赋予审美经验以本体论的意义,就是承认情感先验的宇宙论方面和存在方面都是以存在为基础的。也就是说,存在具有它赋予现实的和它迫使人们说出的那种意义。审美经验之所以阐明现实是因为现实是作为存在的反面——人是这种存在的见证——而存在的。"②这就是说,审美经验之所以阐明现实,是为了现实之后人的存在得以显现,说明审美经验现象学之本体论意义是走向人的诗意地栖居,这已同当代存在论美学相融合。

审美经验现象学以审美与现象学的相近性将审美提到了哲学世界观的高度,力主在当下的现实情况下确立一种既重视主体感觉又包含尊重他者的"间性"、既注重审美知觉又重视超越性"存在"的具有某种"悬搁"的现象学审美态度,这是对于当代审美

---

①［波］R.英加登:《审美经验与审美对象》,见［美］李普曼:《当代美学》,光明日报出版社 1986 年版,第 287 页。
②［法］米·杜夫海纳:《审美经验现象学》,韩树站译,文化艺术出版社 1996年版,第 581 页。

教育的重要概括和启示。

第九节 美学实际上归属于解释学

——伽达默尔的解释学美学

伽达默尔是当代德国最著名的解释学哲学家、美学家,生活于 1900 年至 2002 年,是胡塞尔和海德格尔的学生。他先后任教于马堡大学、莱比锡大学、法兰克福大学和海德堡大学。他 1960年出版的代表性论著《真理与方法》,标志着当代解释学哲学的诞生。该书的副标题为"哲学解释学的基本特征",从艺术、历史与语言三个部分阐释"理解"的基本特征。书名《真理与方法》,实际上指的是在真理与方法之间进行选择。伽氏的选择是,超越启蒙主义以来理性主义的科学方法,从解释学理论出发去探寻真理的经验。该书的最重要贡献是在胡塞尔现象学和海德格尔解释学的基础上进一步完善与发展了现代解释学哲学理论,并将之用于美学领域,提出美学实际上归属于解释学的重要命题。

一、美学的解释学哲学原则

伽氏的现代解释学是对西方古代解释学理论继承发展的结果,特别是对德国生命哲学家狄尔泰客观主义解释学和海德格尔存在论此在解释学继承发展的结果。但它又有着自己鲜明的特点:第一,在对待理解者"偏见"的态度上,传统解释学是将其看作消极因素而力主消除的,但伽氏则将其看作是有益的视界,是一种"前见"。第二,在解释学循环方面的不同含义。传统解释学循环是部分与整体之间的解释循环,而伽氏则是"前见"与理解之间的循环关系,具有本体的意义。第三,对于"解释"的不同理解。

传统解释学将解释看作方法，而伽氏则将其看作本体，提出"解释本体"的核心观点。第四，不同的真理观。传统解释学是一种符合论的命题真理观，而伽氏的当代解释学则是一种本体论的真理观，将"理解"作为此在之存在方式，其本身就是真理。第五，当代解释学哲学原则是关系性、对话性、开放性和历史性，这也是传统解释学所没有的。

二、对艺术经验的解释

伽氏认为："艺术的经验在我本人的哲学解释学中起着决定的，甚至是左右全局的重要作用。"①他以当代解释学理论对艺术经验做了全新的阐释，他说：如果我们在艺术经验的关联中去谈游戏，那么，游戏是"指艺术作品本身的存在方式"②。也就是说，伽达默尔认为，从艺术经验的角度审视游戏，游戏就是艺术作品本身的存在方式。他认为，游戏的特点首先是其特具的"此在"的本体性特征；游戏还具有游戏者与观者"同戏"的特点，这是艺术的本质，也是其人类学基础，人性特点之所在；再就是，游戏还是一种"创造物"，艺术家通过自己的艺术创造实现艺术的"转化"，即由日常的功利生活转入审美的生活。最根本的是，游戏具有一种"观者本体"基本特征。伽氏指出："观者就是我们称为审美游戏的本质要素所在。"③他认为，艺术表现实质上是通过接受者的

---

① 转引自蒋孔扬、朱立元主编：《西方美学通史·二十世纪美学》下，上海文艺出版社 1999 年版，第 230 页。

② ［德］H.G.伽达默尔：《真理与方法》，王才勇译，辽宁人民出版社 1987 年版，第 146 页。

③ ［德］H.G.伽达默尔：《真理与方法》，王才勇译，辽宁人民出版社 1987 年版，第 186 页。

再创造使之获得艺术本身存在方式的过程。他认为,游戏只有在被玩时才具体存在,而作为具有游戏特点的艺术作品也只有在被观赏时才具体存在,也就是说,只有依赖于观者的艺术经验,艺术作品才具体存在。这种"观者本体"的作用表现在两个方面:一是只有通过观者的欣赏和创造,艺术才能超越日常功利进入审美状态;二是只有通过"观者"的意向性构成作用才能使作品成为审美对象。这种对于观者构成功能的突出强调,就使阐释论美学有别于认识论美学,也有别于完全不讲文本的"接受美学"。

伽氏认为,象征是艺术作品的显现方式。他说:"歌德的话'一切都是象征'是解释学观念最全面的阐述。"①象征之所以成为艺术作品的显现方式,完全是由艺术作为游戏的非功利性质决定的。这里所说的象征,不是一物对于另一物的象征,而是指一物对于"存在""意义"的象征。由此,形成巨大的"解释学空间",召唤理解者沉浸在"在与存在"本身的遭遇之中,体认那流逝之物中存在的意义。

因为伽氏以海德格尔的存在论现象学为其哲学基础,所以特别地重视艺术存在的时间特性问题。他认为,节日就是艺术存在的时间特性。时间性是解释学美学不同于传统美学的重要内容,包含历史性、现时性与共时性等内涵。节日庆典是伽氏研究艺术经验时间性的重要对象。因为,庆典具有同时共庆性、复现演变性和积极参与性等特点,由此区别于日常的经验,进入特有的审美世界,并使作为阐释的艺术具有了现时性。这种节日庆典的狂欢共庆性进一步成为艺术的人类学根源。

①转引自王岳川:《现象学与解释学文论》,山东教育出版社1999年版,第223页。

三、对艺术作品意义的理解

对丁艺术作品意义的埋解成为解释学美学的核心。正是因为解释具有本体的性质,所以作品只有在解释中才能存在。其中心问题是理解的历史性,主要包括"时间间距""视界融合"与"效果历史"等内容。

首先是"时间间距",指两次理解之间的差距。伽氏指出:"艺术知道通过其自身意义的展现去克服时间的间距。"①事实证明,只有通过两次理解的交流,出现新的理解,才能消除时间的"间距"。这里,关键是对前人理解,也就是"前见"的态度。传统的所谓"客观重建说",是否定前见的。但伽氏对"前见"总体上持一种肯定的态度,认为"前见"是一种重要的历史传统。在理解过程中,通过对话对其进行过滤,去伪存真,消除时间间距,形成新的理解。

其次是"视界融合",指文本的原初视界与解释者现有视界的交融,产生一种新的视界,更多地包含过去与现在、古与今对话交融之内涵。这里,从"观者本体"的角度出发,视界交融的重点是解释者,是当下。

最后是"效果历史",指历史的真实与历史的理解相互作用产生的效果。伽氏指出:"一种正当的解释学必须在理解本身中显示历史的真实。因此,我把所需要的这样一种历史叫作'效果历史'。"②

---

① [德]H.G.伽达默尔:《真理与方法》,王才勇译,辽宁人民出版社 1987 年版,第 243—244 页。
② [德]H.G.伽达默尔:《真理与方法》"第二版序言",王才勇译,辽宁人民出版社 1987 年版,第 39 页注②。

这里,重点是主体与客体的交融,通过理解消除两者的疏离,求得新的统一。主体与客体两者之间是一种互为主体的对话的关系。

四、审美理解的语言性

语言是伽氏解释学理论的三大领域之一,构成其美学思想的本体论基础。伽氏认为,所谓解释学就是把一种语言转换成另一种语言,因而是在处理两种语言之间的关系。他认为,审美理解的基本模式是一种对话,对话都需预先确定一种共同语言,同时也创造一种共同语言。人是一种具有语言的存在,通过艺术的语言,审美主体不仅理解了艺术作品,同时也理解了自身。

五、关于审美教化

伽氏解释学美学具有浓郁的人文色彩,他特别地强调了审美的教化。他说:"现在教化就最紧密地与文化概念联在了一起,而且首先表明了造就人类自然素质和能力的特有方式。"[1]这就将其解释学美学引向文化,引向造就人类的素质。他充分论述了自席勒以来审美教育的重大意义。他说:"从艺术教育中形成了一个通向艺术的教育,对一个'审美国度'的教化,即对一个爱好艺术的文化社会的教化,就进入了道德和政治上的真正自由状态中,这种自由状态应是由艺术所提供的。"[2]在此,伽氏不仅深入论述了审美教化的内涵,而且论述了其导向道德和政治自由的巨

①[德]H.G.伽达默尔:《真理与方法》,王才勇译,辽宁人民出版社1987年版,第11页。
②[德]H.G.伽达默尔:《真理与方法》,王才勇译,辽宁人民出版社1987年版,第119页。

大作用。将解释学美学引向审美教化,又将审美教化强调到改造国家社会的高度,这恰恰表明了伽氏强烈的社会责任意识。

伽氏还论述了当代审美教化的特点。首先是审美观念的刷新直接影响到审美教化,这就是"对19世纪心理学和认识论的现象学批判"①。这种批判标志着当代审美观念的转型,要求从认识论转到以现象学为哲学基础的当代阐释学美学的轨道上来。由此,在审美教化过程中突出了观者主体的作用和同戏共庆的人类学特征。再就是,对于审美教化所凭借的艺术作品,伽氏也作了自己的阐释。那就是,他提出了"审美体验所专注的作品就应是真正的作品"这样的见解。所谓"真正的作品",就是目的、功能、内容、意义等非审美要素的撇开。也就是说,伽氏认为,真正的作品只能同审美体验相联,在游戏中存在,通过象征显现。在这里,伽氏对审美教化,即美育,做了阐释学的全新的理解。

尽管伽氏的阐释学美学有着十分明显的主观唯心主义和相对主义的弊病,但其对美学和美育的全新理解却对我们深有启发。

第十节　"解构"作为一种新的美学思维的提出
——德里达的解构论美学

德里达是当代法国最著名的哲学家和美学家之一。他生活于1930年至2004年,是当代著名的解构论哲学与美学的创立者

---

① [德]H.G.伽达默尔:《真理与方法》,王才勇译,辽宁人民出版社1987年版,第120页。

与代表人物,也是当代最具震撼力的理论家之一。他出生于法属阿尔及利亚近郊的一个犹太家庭,19 岁赴法,进入著名的巴黎高师,师从黑格尔研究家伊波利特,潜心攻读哲学史,受到萨特与加缪等存在主义哲学家的深刻影响。1960 年任教于巴黎大学,1965年回巴黎高师教授哲学史。20 世纪 70 年代起定期赴美讲学,影响日渐扩大。特别是美国耶鲁大学每年邀请德里达讲学并主持学术研讨会,一批美国优秀的青年学者都不同程度地接受解构论哲学与美学,并应用于批评实践,在全美乃至整个西方学术界引起巨大反响,被称为"耶鲁学派"。

德里达于 1966 年在美国霍普金斯大学召开的"批评语言和人文科学国际座谈会"上发表《人文科学话语中的结构、符号和游戏》的重要学术演讲,一举成名。这篇演讲也被誉为当代解构理论的奠基之作。1967 年,德里达出版《论文字学》《书写与差异》与《言语与现象》三本著作,全面推出其解构主义哲学与美学理论。德里达的解构理论在当代哲学与美学领域产生极大影响和强烈震动,特别是其以"解构"作为核心范畴的解构论美学思想是美学领域又一次重要的思想解放,具有振聋发聩的作用。

一、德里达的解构理论

"解构"是德里达解构理论特有的哲学思维与理论观念。所谓"解构"(Deconstruction),当然是针对着结构主义理论二元对立的稳定的思维模式。但它又不完全是颠覆,也不是简单地颠倒结构中双方的位置,而是反对任何形式的中心,否认任何名目的优先地位,消解一切本质主义的思维模式。解构是对一切"本体论"的批判和对一切"在场的形而上学"的超越。所谓"本体论"即为传统哲学中以一种物质的或精神的实体作为世界的本原的理论,解构论否认存在这种本原。因为,所谓"在场的形而上学"即是将上述实体作为现成的事物,作为本质。解构就是对这种现成的事物和本质的超越。解构也是对"逻各斯中心主义"的一种反拨。所谓"逻各斯",即希腊语"Logos",指语言、定义,泛指理性与本原,是一种关于世界客观真理的观念,是一种对于中心性的渴求。它也是自柏拉图以来的一种形而上学的二元对立,所谓内与外、初与始、中心与边缘被一一区别对待,且中心决定边缘。解构论就是要打破这种传统的"逻各斯中心主义",力主消除中心,消除理性,消除"逻各斯"。

解构也是德里达所运用的特有的哲学思维方法。这是在传统理论中寻找其自身的解构因素,将其加以扩展,从而达到拆解这一理论体系的方法和路径,这也是一种以子之矛攻子之盾的从内部瓦解的方法。因此,解构并不丢弃结构,而是从结构的方法入手,进行一点一点的拆解。德里达本人便是从哲学史的研究入手进行解构的。

以上就是德里达解构理论的基本内涵,也是其哲学与美学理论的基本立场和方法。除了"解构"这一中心范畴之外,还有一个重要范畴就是"去中心"(Decentrement)。"中心"本是传统"逻各斯中心主义"及结构主义理论的核心概念。德里达运用结构主义理论自身存在的悖论对其予以消解。他说:"中心可以悖论地被说成是既在结构内又在结构外。中心乃是整个整体的中心,可是,既然中心不隶属于整体,整体就应当在别处有它的中心。中心因此也就并非中心了。"①就这样,德里达以中心既可在整体内又可在整体外的悖论消解了结构主义的中心理论。"去中心"是

①[法]雅克·德里达:《书写与差异》,张宁译,生活·读书·新知三联书店 2001年版,第503页。

德里达的解构理论的重要内涵,使其哲学与美学理论走向开放性、相异性和多元性,从而为我们开辟了新的思想维度。

二、论文字学——解构哲学与美学之经典

德里达的论文字学,即对传统文字学理论的研究,成为其解构理论实践的经典。德里达指出,文字成为一切语言现象的基础。他认为,从古代希腊以来,由于"逻各斯中心主义"的统治,形成语音中心主义,语音与文字的二元对立,语音对于文字的统治,文字成为"搬运尸体的工具""符号的符号"。他认为,这是一种二元对立,应该通过"去中心"消解这种二元对立,也就是通过对语音中心主义的解构,确立文字是一切语言现象之基础的观念。德里达指出:"文字先于言语而又后于言语,文字包含言语。"又说,文字"既外在于言语又内在于言语,而这种言语本质上已经成了文字"。① 在这里,德里达通过其解构理论对传统的语音中心主义进行了解构,提出文字是一切语言现象基础的重要观点。

同时,德里达还提出"文本之外无他物"的重要观点,这是他的语言理论,也是他的哲学与美学理论的核心观点。他说,根据文本中心观点,"我们认为文本之外空无一物"②。这就是说,解构理论通过不断的解构,对于"在场"的消解,最后只剩下"文本"——文字与符号,别无他物。这是一种对于意义和本原的解构,对于作者的"放逐"。

---

① [法]雅克·德里达:《论文字学》,汪堂家译,上海译文出版社 2005 年版,第 348、63 页。
② [法]雅克·德里达:《论文字学》,汪堂家译,上海译文出版社 2005 年版,第 237 页。

不仅如此,德里达还进一步对于西方的人种中心主义进行了批判,对于东方文化,特别是中国的汉字给予极大推崇,认为汉字是 一种哲学性文字。对索绪尔语言学中对于欧洲以拼音为特点的表音文字的特别推崇加以抨击,他说:"我们有理由把它视为西方人种中心主义。"①他认为:"中文模式反而明显地打破了逻各斯中心主义。"②借用莱布尼茨的话来说:"汉字也许更具哲学特点并且似乎基于更多的理性考虑。"③

三、解构哲学与美学的阅读理论

德里达的解构还是一种崭新的以子之矛攻子之盾的阅读理论。他首先提出,阅读就是辨认言语的"分延"。这里,需要先对"分延"这个概念作一个解释。"分延"是德里达自创的一个新词"Differance",是区分和推迟两个词的组合。他认为,一个词的意义并不像索绪尔所说的完全取决于它与其他词的差异,而是存在于它与其他词的交叠、贯串,从而使其意义的出现推迟,并且具有模糊性、多义性和边缘性,这就是所谓的"能指的滑动"。他认为,阅读即辨认言语的"分延"。他说,阅读活动是"在言语中辨认文字,即辨认言语的分延和缺席"④。这是一种全新的解构理论阅

---

①[法]雅克·德里达:《论文字学》,汪堂家译,上海译文出版社 2005 年版,第 55 页。
②[法]雅克·德里达:《论文字学》,汪堂家译,上海译文出版社 2005 年版,第 115 页。
③[法]雅克·德里达:《论文字学》,汪堂家译,上海译文出版社 2005 年版,第 116 页。
④[法]雅克·德里达:《论文字学》,汪堂家译,上海译文出版社 2005 年版,第 204 页。

读观,认为阅读不是把握作者的原意、文本的内涵和读者的视角,而是着眼于文本自身言语的"分延",在能指的滑动、意义的区分与推迟中辨认意义的交叉、模糊、流动与内在矛盾。也就是说,这种阅读实际上是一种解构,是求异而不是求同。

德里达还提出,解读文本就是对于痕迹的追随。这里,首先要解释一下"痕迹"这个解构理论中的范畴。在德里达看来,所谓"痕迹"既非自然的东西,也非文化的东西;既非物理的东西,也非心理的东西;既非生物的东西,也非具有灵性的东西。他说,"痕迹"是"无目的的符号生成过程得以可能的起点"①。也就是说,"痕迹"是意义解构后作为能指的符号得以自由滑动的起点,它既是起源的消失又是起源的并未消失,因此"痕迹成了起源的起源"②。由此可见,"痕迹"相当于现象学"悬搁"之后对被悬搁物的作用和影响。因此,德里达说,"关于痕迹的思想不可能与现象学决裂"③。但总体上说,"痕迹"是玄虚的,因此对"痕迹"的追随也就是意义的消解。可见,德里达的阅读理论,无论是"分延"还是"痕迹"都是一种解构。当然,"痕迹"毕竟还是"起源的起源""现象学中的悬搁物",因而还并非是完全的摧毁与颠覆。

四、作为解构论批评方法的"替补"

"替补"是德里达解构论的批评方法。我们还是先来解释一

---

① [法]雅克·德里达:《论文字学》,汪堂家译,上海译文出版社 2005 年版,第 65 页。
② [法]雅克·德里达:《论文字学》,汪堂家译,上海译文出版社 2005 年版,第 87 页。
③ [法]雅克·德里达:《论文字学》,汪堂家译,上海译文出版社 2005 年版,第 88 页。

下"替补"概念。"替补"（supplementarite）是德里达的一种解构策略，具体地体现于他的文字学理论之中。他认为，在传统的语言学理论中，言语与文字处于二元对立结构，以言语为主，文字是言语的替补。这就说明，在言语主导的排他逻辑的背后还存在着一种借助于文字的增补逻辑。这种增补逻辑就是一种不安定因素，从而构成传统语音中心主义的解构力量。在《论文字学》一书中，增补逻辑借用了卢梭的以文字替补言语的观点，但他却将其发展为一种解构言语中心主义的解构批评模式，从而成为德里达批评理论的示范。德里达的这种批评实际上就是一种解构式的批评。

五、"延异""互文性"与概念、学科边界的新阐释

德里达解构理论的基本特点就是交融性与模糊性，这一点恰恰成为当代消解概念与学科边界的理论根据。他的"延异"理论消解了概念的边界。因为，在语言学之中，所指与能指、语音与文字、意义与符号等主次关系在"延异"理论中统统是相对的，可以颠倒的。他说："严格说来，这等于摧毁了'符号'概念以及它的全部逻辑。这种取消边界的做法突然出现在语言概念的扩张抹去其全部界限之时，这无疑不是偶然的。"①

他的"互文性"理论则进一步消解了文本与类别之间的界限。所谓"互文性"（intertextuality），是指任何文本都是对其他文本的吸收和转化。它说明文本的互用、符号的关联、语言在自由活动中留下的轨迹，及其在差异中显出的价值。由此说明，尽管这种

---

①［法］雅克·德里达：《论文字学》，汪堂家译，上海译文出版社 2005 年版，第 8 页。

留下的"轨迹"与"价值"仍有其意义,但毕竟"作者已死",文本绝对意义消失。这既打破了文本的边界,又打破了学科的边界。

这种对于概念与学科边界的新阐释,在德里达本人是打破了哲学与文学的界限,因而引起学术界的非难,以致在1992年英国剑桥大学授予德里达荣誉博士学位时引起分析哲学家们对其跨越学科边界的批评。在当前,还有"耶鲁学派"重要代表之一美国希利斯·米勒教授等有关当代文学与文艺学边界的挑战与讨论。这些讨论都与德里达的解构理论密切相关,也在相当程度上反映了当前美学与文学的现实,值得我们思考。

无疑,德里达的解构理论是存在着诸多弊端的,如,理论内在的矛盾性、概念的不稳定性、用语的艰涩难懂,以及最后必将走向自身的解构等。但德里达的解构理论还是有着十分重要的意义的。它首先是时代的产物,充分反映了当下在后现代信息社会背景下文艺与商品、审美与生活,以及哲学与文学诸多概念范畴边界交融扩张的特点,也充分反映了当代理论家进一步冲决主客二分思维模式的努力。更重要的是,德里达的解构理论代表了新一次的思想解放,是对束缚人性的工具理性的又一次有力的冲决。诚如美国当代新实用主义理论家R·罗蒂所说:"人们将记住德里达,但不是因为他发明了一种被称之为解构的方法——乃是因为他们使他们的读者的想象力获得了解放。"①的确,德里达的解构理论不仅是想象力的又一次解放,而且也是人性的又一次解放。正是从这个角度,它给美学与美育理论提供了诸多启示。

---

①［美］R.罗蒂:《这个时代最有想象力的哲学家——德里达》,《世界哲学》,
　2005年第2期。

第十一节　对当代美育建设的
几点启示

以上，我们十分简要地从当代人生美学转向的角度论述了当代西方九位美学家的有关美学理论。现在我们要简单地归纳一下这些理论对于我们当代美育理论建设的启示。

一、充分反映了当代人生美学转向的趋势

西方古代美学从柏拉图开始的对于美的理念的探讨历程，总体上来说是一种本质主义美学的趋势。发展到近代美学，特别是以黑格尔美学为其代表的德国古典美学，更是一种脱离生活实际的思辨哲学美学。从 1830 年黑格尔逝世之后，思辨哲学与美学的时代走向终结。美学开始突破思辨哲学与美学的旧轨，走向人生美学。以叔本华的"艺术是人生花朵"论为代表，成为突破思辨哲学与美学的先声。这也成为整个 20 世纪美学发展的总趋势。从尼采开始直至当代，人生美学基本成为整个西方美学的主潮。正是从这个角度，我们认为，整个西方当代美学大都是立足于人的自由解放和生存质量的提升，因而从广义上来说就是审美教育。特别是西方当代人文主义美学，更以人的深度关怀为主旨，彰显其美育教化的基本特点。

二、当代西方美学与人的美育教化有关的三大主题

这些美学理论充分体现了与美育教化密切相关的三大主题。

其一是不断地突破主客二分的思维模式。近代以来，由于工业革命的影响，工具理性及其主客二分思维模式占据统治地位，

极大地影响了人的思想解放、人的全面发展与人文学科的建设，也成为对于人的一种无形的精神压抑。因此，突破主客二分思维模式就具有人的解放的意义，也成为当代西方哲学—美学的主题。从叔本华开始的生命美学、尼采的唯意志美学、克罗齐的表现论美学、杜威的实用主义美学、弗洛伊德的精神分析美学、海德格尔的存在论美学、杜夫海纳的现象学美学、伽达默尔的阐释学美学，以及德里达的解构论美学等，都是以突破主客二分思维模式为其目标的。其中，特别是当代西方现象学哲学与美学方法，在突破主客二分思维模式方面更是取得了划时代的重大进展。德里达的解构论哲学与美学是对主客二分思维模式的最彻底的突破。这种对于主客二分思维模式的突破，不仅具有突破工具理性的重要意义，而且对于实现感性与理性、科技与人文、人与自然的统一，以及人的全面完整发展，都具有极为重要的指导作用。

其二是对于人性的深度探索。从 18 世纪席勒在《美育书简》中提出美育对于人性分裂的统一的目标，对于人性统一的深度探索就成为西方美学家共同的目标。西方当代哲学与美学着重探索了人性中的非理性内涵及其在审美实践中的意义。无论是叔本华的对于生命意志的探索、尼采对酒神精神的张扬、克罗齐对直觉即表现的研究、杜威在经验论中对其生物机能的阐发、弗洛伊德的潜意识理论、海德格尔的"此在"在世状态的论说，还是现象学中的"意向性"直观、阐释学美学对于人的"同戏"本性的重视、解构论对于思想"延异"的论述等，都着眼于对人性的挖掘，对人性的提升，并且进一步成为当代美学与美育的基本论题。

其三是对当代性的诉求。事实证明，美育的提出起源于席勒对资本主义现代性的反思，是一种试图解决资本主义分裂人性的努力。因而，从美育的诞生就能看出，它是一个极具时代性与实践性的学科。这也许便是美育不同于美学之处。正因此,美育始终贯穿着一种当代性的诉求,20世纪以来的西方当代美学与古典美学不同之处就在于此。从叔本华美学对于黑格尔的有力批判,到尼采对于一切传统理论的批判并宣布"上帝已死",再到弗洛伊德由对于当代精神疾患的关注而提出人的"潜意识"问题,以致杜威建立在当代美国现实工商社会基础之上的实用主义美学的产生等等,都说明西方当代美学的当代性诉求的特质。特别要强调的是,20世纪60年代以来,西方社会逐步进入后工业时代,出现了明显的后现代问题。后现代作为对于现代性的反思与超越,在西方当代美学中有着充分的反映。从席勒以来,美育的提出就是为了解决资本主义扭曲人性的弊端,超越资本主义"异化"与工具理性束缚,成为贯彻20世纪之后的西方当代哲学—美学的思想脉络。其中,存在论美学对于资本主义技术统治的批判显现出浓郁的时代色彩。德里达的解构论哲学与美学虽然有明显的弊端,但其所贯穿的对于现代性"逻各斯中心主义"的有力批判与超越,却是反映了某种时代的要求。

三、当代西方美学的最终目标都归结为对"自由"与"人的诗意地栖居"的追求

席勒在著名的《美育书简》中将美育的宗旨归结为"自由",也就是人的解放与全面发展。当代西方美学继承了这一精神,并始终将"自由"作为美学研究的最终目标。无论是叔本华的"补偿论"、尼采的"形而上慰藉论"、杜威的"平衡论",还是弗洛伊德的"升华论"等,都是旨在探寻人性的自由发展,特别是以海德格尔为代表的当代存在论美学,更是将人性的自由、真理的显现与美的创造视为同格,最终将理论落脚点归结为"人的诗意地栖居"。

这正是当代哲学与美学共同需要解决的课题，更是时代的需求。由此可见，当代西方美学所灌注的强烈人文精神，正是其成为广义美育的真谛所在。

四、唯心主义是当代西方美学的共同弊病

西方当代美学所面对的超越现代性、实现人性解放的课题具有极高的现实性，但其所借助的理论武器却是唯心主义的，几无例外。当然，这些理论家大都已意识到症结所在并试图超越。因此，他们提出了"回归生活世界"的命题。但这种"回归"，仍是以唯心主义为基础的，从而不免使其理论出现许多内在的矛盾，甚至最后将会走上自我解构之路。这恰是当代西方美学共同的弊病之所在。

第三章 当代美国艺术教育的发展

当代美国教育界注意到了时代对艺术教育,尤其是对视觉艺术教育的迫切要求。作为一种信息传播方式,语言曾在前几个世纪占据了绝对优势。现在,语言却又重新回到了它的起源——绘画与象征性的视觉形式。今天的大众传媒已发展出一种形象化的语言,人们面临的是一个影像时代。另外,电信传媒的蓬勃兴起,预示着利用视觉形象推动大众信息传播的潜力会进一步增强。在这样一个时代里,对形象的直接感知开始影响我们的思考。不仅摄影报刊成为大众传媒的标准,而且电视与电影媒介也着重于观众对事物和地点的直接体验。每天,全世界范围内的观众都在接受大量的原始视觉信息。不能领悟形象表现与传播力量的视觉文盲将很难适应这个社会,要完全理解或批判性地理解传播中的形象信息,不能仅仅依赖声音识别能力。因此,视觉艺术教育将成为所有学生的基本需要。

1988 年,美国艺术资助机构公布了美国艺术教育状况的调查研究结果——《走向文明:艺术教育报告》(*Toward Civilization:A Report on Arts Education*)。报告认为,艺术教育的目的是"赋予青年人以文明感,培养创造力,传授有效的沟通能力,提供所读、所观和所闻对象的工具"。报告对未来的艺术教育提出了与之相应的四点建议:"艺术教育理应引导所有学生培养一种文明世界的艺术感,一种艺术过程中的创造力,一种从事艺术交流的语言表达能力和一种对鉴别艺术产品必不可少的评判能力。"①全美艺术教育方针研究委员会前秘书长史密斯(R.A.Smith)教授认为:"审美教育的总的目的,就是要培养人们的艺术欣赏能力,以便使他们在观赏艺术品时,获得艺术品所能提供的珍贵经验。……审美教育的总体目的,还应包括一种社会性需要,即恢复和重建人们的判断能力的需要。"②

1992年,美国全国艺术教育协会联盟在美国教育部、全国艺术基金会和全国人文科学基金会的资助下,出台了面向全美国学生的《美国艺术教育国家标准》,以确定学生在艺术这门学科中应该知道什么和能够做什么。

《2000年目标:美国教育法》(1993)通过立法程序,将艺术教育写进美国联邦法律。这一法令承认,艺术是一门核心课程,在教育中具有与英语、数学、历史、公民与政治、地理、科学和外语同样的重要地位。根据该法令的要求,国家教育标准和改进理事会成立。该会的职责之一是与相应学科的国家级组织合作,编制各学科教育标准,以鼓励美国的青少年儿童取得较高的学习成绩,并为他们的学习及成绩的评判确定标准。

可以说,今天的美国艺术教育迎来了它的"黄金时代"。学者、专家以及政府都在为艺术教育助威,有关艺术教育的具体评

①　[美]列维·史密斯:《艺术教育:批评的必要性》,王柯平译,四川人民出版社1998年版,第1—2页。
②　[美]R.A.史密斯:《艺术感觉与美育》,滕守尧译,四川人民出版社2000年版,第39页。

估标准、课程也纷纷出台，艺术在教育中不可取代的地位甚至被以法律的形式确定下来。然而，当代美国艺术教育的发展并非一帆风顺。

20世纪50年代，为了在科学技术方面迎头赶上苏联，美国教育界将重心放到科学与数学教育上，各级学校中的艺术教育科目受到了严重的挑战。战后美国最著名的艺术教育家之一罗恩菲尔德继承杜威等人的进步教育理念，以有益于创造力与心智的成长这一理由为艺术教育辩护。进入20世纪60年代，对科学教育的重视，以及布鲁纳教育理论的影响，使学科成为美国教育改革的焦点，只有学科知识才有资格进入学校课程。在这一形势下，艺术只有成为一门独立的学科才能确保在学校教育中的合法地位。艺术若是一门学科，艺术教育就不仅仅涉及艺术创作，还应包括艺术史、艺术批评与美学等学科。经过几十年的努力，艺术教育界终于从艺术学科的观点出发发展出了以学科为基础的艺术教育构想。

俄亥俄大学的帕森斯教授经过十年的调查研究，揭示了人的审美理解能力的发展过程。帕森斯希望他的审美发展理论能有助于更简明地论述艺术教育的目的、方针与策略。从20世纪60年代末起，哈佛大学"零点项目"的教育家与心理学家为解决艺术教育中的问题进行了大量的研究工作，并为艺术教育的具体实施做出了富有成效的设计规划。

第一节　创造力与心智的成长
——罗恩菲尔德的艺术教育理论

维克多·罗恩菲尔德（1903—1960），生前一直是美国美育界的权威人士。从 20 世纪 40 年代到 80 年代间,他的著作《创造力与心智的成长》连续再版 7 次(后 4 次包含了他的学生 W.L.布里顿的辛勤工作),成为"二战"后最有影响的艺术教育领域的教科书。①

受杜威"从做中学"等教育思想的影响,罗恩菲尔德所提倡的艺术教育主要侧重于艺术创造和实践的视觉艺术教育。他认为,艺术教育的任务并不在于培养审美体验,也不是为了培养未来的艺术家,而是要使儿童获得其他课程所不能提供的成长机会,使儿童富有创造力,心智获得健康发展,从而能够创造并适应未知的未来社会。也就是说,罗恩菲尔德为捍卫艺术教育找到了一个充分的理由:艺术"可以先于其他任何科目或学科早早地使创造性解决问题的能力得以发展"②。

罗恩菲尔德的艺术教育理论以儿童的成长为重心。他对儿童在艺术各个成长阶段的划分与瑞士心理学家皮亚杰的儿童认知发展理论相映成趣。罗恩菲尔德尤其赞同皮亚杰的如下观点:儿童与成人有着不同的思考方式,那种认为儿童是因为缺少理性或缺乏教育才称其为儿童的观点是错误的。皮亚杰认为,儿童的各认知发展阶段显示了儿童处理外来信息的不同方式,罗恩菲尔德则认为儿童在艺术上的发展过程具有同样的显示功能。

一、艺术对教育的重要性

当今社会,人人都要接受正规的学校教育。孩子们必须在学

_____

① [美]阿瑟·艾夫兰:《西方艺术教育史》,邢莉、常宁生译,四川人民出版社2000 年版,第 305 页。
② [美]阿瑟·艾夫兰:《西方艺术教育史》,邢莉、常宁生译,四川人民出版社2000 年版,第 308 页。

校里度过十多年甚至二十多年,否则,将无法在社会上立足。从某种意义上说,当代的教育制度出色地完成了任务,人类的物质成就就是明证。然而,正如罗恩菲尔德指出的那样,当代教育体制只是培养人不断地制造与消费,并没有真正重视人自身的价值。当代教育最重视的是对信息的汲取、学生的考试成绩、升留级,甚至是否有资格继续接受教育都要看学生能否记忆、掌握某些信息。只要学生在某一特定时刻将记忆中的信息正确地默写到试卷上,那么他就可以毕业走向社会了。教育的目的是为了培养适应社会,为社会作贡献的人才,当代教育体制与这个目标之间距离太远。仅仅发展学生记忆信息的能力不足以培养人类生存所需的全部思维能力,而且还不利于培养学生的创新能力。

不可否认,在当代的教育体制下,人类在某些领域(如科学领域)取得了巨大进步,然而却在情感与精神价值领域出现了偏差。个人真正需要的价值体系被忽视,取而代之的是一套虚假的价值。马尔库塞也同样指出过,当代社会将虚假的物质需求强加于人,使人忽视了自己真正的需求。与马尔库塞将批判的矛头指向整个社会制度不同,罗恩菲尔德认为应受批判的是当今的教育体制。他认定,艺术教育是治疗时病的良药,大力提倡将艺术教育当作整个教育体系的一个基本组成部分。当然,他也认识到:"仅靠在公立学校里开展创造性艺术教育并不能拯救全人类,但是这样做的价值在于能树立一种新形象,一种新哲学,进而发展一个全新的教育体系。"①罗恩菲尔德希望艺术教育能使当代的教育体系更平衡些,能培养出完整意义上的人,将人潜在的创造力完

---

① V. Lowenfeld & W. L. Brittain(1982). *Creative and Mental Growth*. New York: Macmillan Publishing Co. Inc. p. 4.

全释放出来。

二、艺术是理解儿童成长与发展的手段

（一）艺术能反映孩子的发展过程

儿童在其艺术创作（主要是视觉艺术创作）中，会无所顾忌地表现自己。艺术是儿童同自己交流的一种方式，是他对周围环境中某些事物的认同，是他将所认同的事物重新组织成有意义的整体的过程。从儿童对周围环境的描绘方式中，我们能理解儿童的行为及他的成长与发展的历程。

皮亚杰将个人智慧的发展过程分为四个阶段：感知—运动阶段、前运算阶段、具体运算阶段、形式运算阶段。罗恩菲尔德提出，儿童艺术也经历了同样的发展过程。他将这一过程分为五个阶段：涂鸦期、前图解期、图解期、现实主义萌芽阶段、伪自然主义阶段。[①] 儿童因个人差异，不可能同时从一个阶段发展到下一个阶段，因此这五个阶段并不能和固定的年龄相对应，但它们的前后相续关系是不变的。涂鸦期一般始于 2 岁，幼儿开始喜欢随意在纸上涂抹。到了 4 岁，孩子往往就能画出可辨认的图形了。这时的父母不要急于让孩子学画某些实物。涂鸦本身对孩子就是乐趣，他还不能也不想理解自己所画的与现实中的实物有什么关系。前图解期一般从 4 岁持续到 7 岁，这时候的儿童开始画有头有脚的人像，画一些他所接触的事物。图解期一般从 7 岁持续到 9 岁，这个阶段的儿童已经有了明确的形式概念。他用记叙的手法描绘他周围环境具有象征性的部分，另外，他还喜欢经常用固

---

① V. Lowenfeld ＆ W. L. Brittain(1982). *Creative and Mental Growth*. New York：Macmillan Publishing Co. Inc. pp. 36 - 39.

定的手法画人像。现实主义萌芽阶段大约从 9 岁持续到 12 岁,这时候的儿童在画中开始强调细节。他已经觉察到自己是社会的一员,并在画中有所体现。在 11—12 岁的时候,儿童逐渐注意起他所处的自然环境。他开始担心他画中的比例、颜色深浅等问题,这就到了伪自然主义阶段,也叫理性阶段。从这时的画中能看出人物的性别,细微的颜色变化等,儿童的自我评价也多了起来。一般来说,这个阶段标志着儿童艺术的自然发展的结束期。大约到 14 岁,儿童对视觉艺术的真正兴趣才会开始,才会自觉地去学习艺术技法方面的东西。

了解儿童艺术的五个发展阶段,对整个教育过程有重大意义。绘画对儿童来说是标记与再现周围环境的一个过程,而不仅仅是视觉再现手段。儿童对每张画都是全心全意地投入,既是观察者又是参与者。可以说,从儿童的艺术作品中能见出他的成长——一个思考与组织再现环境的历程,成人也借此理解了儿童思维的发展过程。儿童艺术的五个发展阶段实际上也是他整个成长过程中的五个阶段,儿童的艺术作品恰恰是他整个成长过程的表现迹象。既然如此,那么,家长与教师就没有必要去干涉儿童的艺术创作。毕竟,教育过程所重视的是孩子们的头脑在想什么,而不是老师与家长所预期的艺术成就。

(二)艺术是学习的基本手段之一

人们往往会把读、写、算术当作学习的根本之所在。罗恩菲尔德认为,读、写、算术仅仅是学习的工具。当今的教育体系看重读、写、算术的能力,实际上是将手段与目标给混淆了。罗恩菲尔德指出,如果我们想培养出头脑灵活、思维敏捷、能有所创新的孩子,就必须认识到艺术在学习过程中的巨大作用。比起学校里读、写、算术等主要课程,艺术才是思维过程中更为基础性的东西。不管是儿童的信手涂鸦，还是中学生的精心绘画，都需要他们心智的巨大投入。孩子在试图再现他们的见识与经历时，创造出的形象更忠实于他的思维。他记取这种形象并能把它作为周围众多符号中的一种来复制，这正是孩子对周围事物的独特反应，也是他把自己感觉重要的事物进行分类、归纳与组织的过程。孩子一旦能自觉地复制符号，他就能了解其他人也能制造符号。对那些更复杂的符号的理解能力也是阅读理解能力的一部分，这种能力只有在孩子有了自己的符号探索之后才能有所发展。①

儿童早期创作的符号是孤立地、散乱地排列在画纸上的。慢慢地，儿童画的事物会在画的底端排成一队。大约到了11—12岁时，儿童就能在画纸上显示出事物的重叠、远近了。实际上，在画纸上对符号的自由安置是一种接近于代数推理的思维方式。这种思维方式是不能由外强加于内的，而是孩子通过对头脑中形象的安排而发展来的。

另外，在艺术创作中，儿童对各种形式与形状的安置是利用文字与数字的必要前提。由此看来，艺术并不是如常人所想的只是教育的装饰品，而是儿童思维与认知能力发展的主要催化剂。

（三）艺术是理解儿童成长的手段

既然儿童的艺术创作是一种自我表现，那么，从其艺术作品（如图画）中就能看出儿童在情感、智力、生理、感受力、社会性、创造力及审美意识等各方面的成长。②

———————

① V. Lowenfeld & W. L. Brittain(1982). *Creative and Mental Growth*. New York：Macmillan Publishing Co.Inc.p. 52.

② V. Lowenfeld & W. L. Brittain(1982). *Creative and Mental Growth*. New York：Macmillan Publishing Co.Inc.p. 54.

第一，情感的成长。艺术为情感宣泄提供了最好的机会。罗恩菲尔德经研究发现，在情感上表现木讷的儿童创作时很少表现个人性的东西。他只画物品，没有动作与变化；他很少画人物，即使画，也是没有任何动作与表情的人，你很难看出他所画的与他自身有什么联系。大多数儿童倾向于直接参与到自己的作品中，他或者画他所认同的人，或者干脆画自己。他所画的任何事物都是特指的，都与他有重要的关系。在创作时，他全身心投入，既不怕犯错，也不考虑奖励与惩罚。儿童的这种投入越深，越有利于他情感的成长。

第二，智力的成长。儿童的作品能反映出他们智力的发展状况。儿童对周围环境的观察能力，运用知识的能力，以及对自己与环境之间的关系的描绘能力都能显现出他智力的发展。一个孩子如果观察理解环境的能力太差，那么就意味着他在智力成长方面有了缺失。比方说，如果一个7岁的孩子所画的画看起来像是5岁孩子的画，那么他的智力也就停留在5岁的水平，达不到7岁的水平。罗恩菲尔德也承认，这样说有些太绝对。但他强调，儿童如果在艺术作品中将他观察环境所得来的细节描绘得越充分，他的智力也就越高。从另一方面来说，儿童的艺术创作需要儿童仔细观察与记取周围环境的细节，这也促进了儿童智力的开发。

第三，生理的成长。儿童在艺术创作时，眼与手的合作、身体控制、线条描绘与技巧完成等能力都能显现出他身体的成长状况。尤其在儿童的涂鸦期，这种身体的成长是最容易看出来的。儿童还经常有意无意在作品中表现自己身体的成长。一般而言，爱动的孩子喜欢描绘一些积极的体育动作，而且对自己身体的变化成长很敏感。那些身体受过损伤的孩子也会将这种损伤表现在作品中。由此可见,在作品中过分重视或忽视身体的某一部位,与个人身体的实际状况很有关系。

第四,感受力的成长。感觉能力的培育与发展是艺术体验的重要部分。生活中的享受与学习能力都要依靠感觉经验的质量。在创造性活动中,儿童对种种感觉经验的运用显现出他感受力的成长。而且,儿童的感受力也会刺激他的艺术表现力,那些受感觉经验影响少的孩子往往缺少观察能力,辨不清事物间的差异。教师的重要职责之一是引导孩子去看、去感觉、去接触他们周围的环境,提供各种场合以发挥儿童的感官作用。

第五,社会性的成长。儿童的作品往往反映出他对自我和他人经验的认同程度。儿童对他所认同的那部分社会现象的描绘就反映了其社会意识的发展。随着儿童年龄的增长,他在作品中表现出的关于社会环境的意识也在不断增长。而且,艺术创作过程本身就是孩子社会性成长的一种手段。艺术通常就被认为有交流的功能,它不仅仅是一种个人的表现,更是社会性的表现。于是,当一件作品引起众人的注意时,它就成了自我向现实世界的延伸。儿童在纸上表现自己也意味着对这种表现做出评论,而对自己作品与思想的评论、观看是与他人交流思想的第一步。对大一点的儿童来说,观看不同文化中的艺术不失为一种感受、了解不同社会和人群的好方法。

第六,审美意识的成长。审美意识的发展是艺术教育的基本组成部分。成长是个不断变化的连续过程,在审美领域尤其如此。思考能力的组织,感觉能力的发展,以及与情感能力的亲密关系,都被视为审美意识的成长,没有固定的格式。审美教育并非指老师对个人的艺术作品加以评价、指导,它的任务更宽泛一些,它与学生是否知晓艺术品的构成原则与规则也没有多大关系。发展审美意识意味着培养一个人对知觉、智能与情感体验的敏锐性，并加深这些体验，将其整合成和谐的一体。

　　审美意识的发展与创造力的发展密不可分。两者都受制于成长的整个过程中，也受到个人生长环境的影响。从广义上说，美育"涉及包括各种艺术形式的生产在内的范围甚广的艺术体验"，有的定义还包括对"自然至少是那部分美丽的自然的观察与理解"。狭义上的审美只是"涉及对艺术的感悟与欣赏"。① 我们通常把审美意识的发展看作对各部分的和谐组织，这种组织将随着年龄的增长而变化。审美与知识的积累无关，它是一个积极的知觉过程，是个人与提供和谐体验的客体间的相互作用。相应地，创造性活动源于个人，也利用多种认知和感性观念。因此，很容易就能看出创造性表现与审美意识是紧密联系在一起的。

　　审美教育是不能从外部强行灌输的。发展理解力与欣赏周围事物的需求必须来自个人，没有证据表明，审美是能轻易量度的。换言之，熟悉了美学上的词汇并不能提高人的品位，或使人变得更优秀。罗恩菲尔德最看重艺术创作在审美教育中的作用。

　　在儿童的艺术作品中，审美意识的成长体现为儿童能利用线条、颜色等将各种经验、思想、情感组织结合为和谐一致的整体。幼小的孩子凭直觉来整合，中学里的孩子就能在绘画中对一些空间关系进行自觉的排列与组织，并从中发现乐趣。

　　第七，创造力的成长。无论是对个人还是对社会，创造性思维都是很重要的。它能使已有的东西发生变化，或者带来新的发现。通常情况下，创造力是指在行动或操作过程中的那些建构性

---

① V. Lowenfeld & W. L. Brittain (1982). *Creative and Mental Growth*. New York: Macmillan Publishing Co. Inc. p. 97.

的、生产性的行为。创造力往往被视为一致性的对立面,其实不然,为了个人与他人的利益,人们必须一致遵守社会的某些规则。成人要鼓励儿童在遵守一定规则的基础上去利用他们的创造能力。发展创造性思维最关键的时期首先是儿童开始接受正式教育的时候,其次是他们青春期的早期。最好的创造力培养方式即是创造本身,给儿童机会用已有的知识进行创造,就是对未来创造性思维和行为的最好培养。①

每个儿童生来就富有创造力。因此,我们无须为促进儿童的创造力而烦恼,我们所要做的就是不要人为地阻碍儿童天生的好奇心与探索行为。教育的目标就是培养爱提问、好奇和富有创造力的个体。很多人将创造力与智力混淆在一起,其实二者并非是一回事。智力测试重视会聚性思维,有一个早已确定的正确反应;创造力测试则强调发散性思维,并非只有一个标准答案。发展儿童的创造力与智力具有同等的重要性。学校教育的很多领域都力图激发儿童智力的发展,但艺术教育的首要目标是发展儿童的创造力。

儿童一旦开始涂鸦,他的创造力的成长也就开始了。在涂鸦过程中,儿童用自己独有的形式与方式记录下与他有关的事物。正是从这种简单的记录开始,经过许多中间环节,形式复杂的富有创造力的作品才会出现。儿童的创造力并不依赖于他的绘画技巧,但任何的创造力都需要程度不同的情感自由——自由地去探索去实践,自由地去投入。儿童的创造力如果受到外来的干涉或规则的束缚,他们会退却并下意识地求助于复制与模仿。不用

①V. Lowenfeld & W. L. Brittain(1982).*Creative and Mental Growth*.New York：Macmillan Publishing Co.Inc.p. 72.

说,单纯命令孩子停止复制并开始富有创造性的活动是不起任何作用的,创造力必须源于孩子的内心深处。

总之,每一幅儿童的画都反映了他的情感、智能、生理成长、知觉敏锐性、创造力的投入、社会性成长及审美意识。尽管儿童间会有很大差异,但他们在每个年龄段都有普遍性的成长特点。儿童的艺术作品也会随年龄的增长而发生变化。老师是艺术教育中的关键人物,有了老师的鼓励和影响,儿童才会对环境有越来越敏锐的反应。自我的发展与艺术的发展并不是自动产生的,儿童的创造性精神需要老师来予以加强。

第二节　以学科为基础的艺术教育

1957 年后,对科学教育的重视使学科成为美国教育改革的焦点,只有学科知识才有资格进入学校课程。在这一形势下,艺术只有成为一门独立的学科才能保住在学校教育中的合法地位。

20 世纪 60 年代初,美国教育学家布鲁纳提出,只有鼓励学生按照各学科之研究者和实践者的方法去探索所学课程的基本概念和结构,学习才最有效率。很快,布鲁纳的这一学科思想对艺术教育界产生了巨大影响。艺术逐渐被系统性地当成一门独立学科,它的根本目的和内容也被重新定义。艺术教育的范围由原来的学校艺术创作扩展到理解和欣赏艺术品所需的感受技巧、历史知识与批评判断等等。艺术教育界也认识到,要发展对艺术的理解力,就需要掌握多种相关学科的知识。

1966 年是美国审美教育发展至关重要的一年。这一年,拉尔夫·史密斯教授创办了《审美教育杂志》,并出版了一部重要的审美教育选集《艺术教育中的美学与批评》。史密斯反对以儿童艺术制作为中心的艺术教育理论,反对把自我表现和创造力培养作为捍卫艺术教育的理由。史密斯重新审视了"审美教育"这一术语的含义。他认为"审美教育"至少包含两层含义:

> 首先,它是指艺术教育领域内出现的一种趋势,即企图通过在原有的艺术创作活动的基础上增加艺术欣赏、艺术批评和艺术史,以扩大艺术教学的内容。其次,它"还被用以表示超越这类视觉艺术的教育活动,它包括音乐、文学、戏剧和舞蹈等更多艺术种类"。①

1967 年,一群关心艺术教育的专家学者在宾夕法尼亚举行了一个研讨会,这次会议的主题之一就是论证艺术是一门独立的学科,会议的目的是阐明"艺术是凭借自身的力量帮助学生进行独立地艺术学科的探索"②。经过艺术教育界的努力,学校艺术教育中终于不再以艺术创作为主,艺术史与艺术批评这两门艺术学科知识在学校艺术教育课程中获得了与艺术创作同等重要的位置。

进入 20 世纪 70 年代,美国联邦政府和一些私人基金会共同赞助发起了艺术教育运动(The Arts in Education Movement)。艺术教育运动的倡导者反对将艺术看作是一门学科。他们认为艺术只是一种经验,这种经验可以通过自己的艺术创作来获得,也可以通过观察艺术家的创作活动来获得。

进入 20 世纪 80 年代,美国盖蒂艺术中心在 20 世纪 60 年代

---

① [美]阿瑟·艾夫兰:《西方艺术教育史》,邢莉、常宁生译,四川人民出版社 2000 年版,第 312 页。
② [美]阿瑟·艾夫兰:《西方艺术教育史》,邢莉、常宁生译,四川人民出版社 2000 年版,第 314 页。

以学科为中心的诸理论的基础上,提倡以学科为基础的艺术教育(Discipline-Based Art Education,简称 DBAE),并得到了艺术教育界一大批专家学者的响应。在艺术教育领域,那种强调艺术课上的自发性创作而排斥艺术理解与欣赏的倾向最终结束了。

一、以学科为基础的艺术教育的前提

(一)理论前提

DBAE 有三个主要的理论前提:美学前提、教育理论前提、艺术教育理论前提。

1. 美学前提

20 世纪哲学美学与科学美学两种美学流派以及它们的流变形式预示了以学科为基础的艺术教育的概念,成为 DBAE 的理论前提之一。

在 20 世纪 50 年代末与 60 年代初,美国学术界的一些反思性论著中已初步涉及了哲学美学与艺术教育理论的关系。当时的艺术教育正处于转型期,人们对这一领域进行了基本的假定与重新审视。[1] 艺术教育家 M.巴肯认为,20 世纪 60 年代的教育改革应包括将"审美的生活"这一理想转变为现实的内容。要达到这一目标,就需把美学当作可以利用的资源。E.W.艾斯拿宣称艺术教育的新纪元已经来临,认为艺术教育是在艺术中以及通过艺术来完成的一种人文主义教育。这就意味着艺术教育要从行为科学、艺术史与哲学(包括美学)诸学科中吸取理论观点。V.兰尼尔认为,艺术教育应重视视觉艺术在提供视觉审美经验方面所起的

---

①R.A.Smith(Ed.)(1989).*Discipline-based Art Education*.Urbana and Chicago:University of Illinois Press.pp. 9 – 11.

独特作用，以及个人与艺术对象之间互动所产生的审美经验。K·莫兰兹强调，在学校艺术教育中，艺术欣赏比艺术创造更为重要。很显然，这些论著者受到了杜威与布鲁纳教育与哲学理论的影响。从1965年始，拉尔夫·史密斯就力图以新的主题内容补充传统的艺术教育概念。次年，史密斯在编辑的《艺术教育中的美学与批评》一书中，汇集了哲学美学、艺术史、艺术批评与教育各方面的理论观点，预示了以学科为基础的艺术教育的萌芽。史密斯指出，新型的艺术教育要将学校课程中以儿童为中心与以学科为中心的概念有效地结合起来，并阐述了艺术教育所涉及的各学科与教授艺术是如何相关联的，尤其强调了哲学美学在对艺术的描述、解释与评价中所起的作用。实际上，早在20世纪50年代，E.B.弗莱德曼就坚信所有教授艺术的计划、动机与目标都能从美学中找到其源头。另外，有的学者认定，审美教育的重心是对艺术品的审美体验。他们试图在经验交流世界的共通性基础上，建构起审美知识的结构图。这种审美知识的结构是多层次的；它力求掌握对艺术品直接性审美体验的质量；十分重视艺术批评；对艺术与批评的本质进行理论性与哲学性讨论；以及反思艺术在整个哲学体系中的地位。到了20世纪80年代，V.兰尼尔继续强调发展视觉审美教育，并将哲学美学作为学校艺术教育的重要理论来源。美学家们通常认为，艺术理论会或多或少地教给人们在艺术与审美层面上什么是有价值的东西。兰尼尔以此为基础，认为只要运用得当，模仿论、直觉论、情感论及评估性艺术理论，都能够帮助人们分清审美对象的本质、意义与价值。

　　以艺术的经验性研究为基础的科学美学起源于18世纪，但一直影响不大。到了20世纪中期，托马斯·门罗积极推动美学的科学性研究。他认为，这种经验性与实践性的研究应从艺术批评与哲学中找寻理论前提,从艺术分析与艺术形式的历史发展以及艺术的创造、欣赏与教授的心理学研究中获取客观数据。① 可以说,门罗是艺术的经验性研究的重要倡导者。心理学家鲁道夫·阿恩海姆通过他的视知觉与视觉思维理论极大地推动了侧重于心理学方向的艺术教育研究。门罗已经注意到格式塔心理学能够促进对艺术的理解,阿恩海姆则进一步全面推动了这方面的理论研究。他解释了儿童表现在图画形式演变过程中的知觉理解力,分析了成人艺术品中的形式、空间与表现性。他着重指出,知觉与思维、情感交织在一起,并具有认知特征,人们的思考与感觉是并存的。② 他雄辩地论证了"形象"在艺术与审美活动乃至一切思维活动中所扮演的重要角色。由此,艺术教育者从阿恩海姆的美学思想中认识到了视知觉的动态特性,以及儿童作品中的艺术再现从简单到复杂的发展过程。另外,阿恩海姆特别重视艺术创作的作用,认为画室中的创作能进一步促进对艺术的理解与欣赏。有些学者则从另一方面平衡了对艺术的心理学研究。③ 他们强调艺术在引导个人面对自己与文化时具有认知功能,从而侧重于对艺术观赏者的心理学研究。他们认为,艺术品的价值、评判、保存等都取决于它在观赏者心中所引起的体验。

　　科学美学并不仅仅限于心理学方向的研究,还包括从社会学与人类学领域对艺术的探讨。社会学美学与人类学美学涉及的

---

① [美]托马斯·门罗:《走向科学的美学》,石天曙、滕守尧译,中国文联出版公司1985年版,第132页。

② [美]鲁道夫·阿恩海姆:《视觉思维》,滕守尧译,四川人民出版社1998年版,第18页。

③ R.A.Smith(Ed.)(1989).*Discipline-based Art Education*.Urbana and Chicago:University of Illinois Press.p. 13.

艺术教育主题是多元文化教育与社会性联系。社会学美学倾向于对艺术表现出一种深切关怀;艺术是相互关联的各社会体系的组成部分;艺术与社会的关系要么是和谐的,要么是分裂性的。20 世纪 70 年代初,J.墨菲提出文化包括某一社会的生活模式、共同的价值、信仰,以及对所能接受行为的同一看法。艺术教育的主要目的之一是给教师一个更广阔的基础以理解艺术如何作用于社会,以及艺术功能的风格与意义在有着统一文化模式的特定社会中又会如何多变。有的学者对教育改革和社会变革有浓厚兴趣,强调艺术与社会之间是互相依赖的和谐关系,艺术教育需要有一个社会性基础,与其所涉及的历史学、哲学、心理学层面互为补充。①

2.教育理论前提

DBAE 的教育理论前提包括教育哲学与教育心理学。教育哲学家们大多认为,艺术是所有学生必须要学习的基础学科。人的理解力有多种形式,解决科学问题的理解力只是其中的一种。艺术组成了人文关怀的一个独特领域,有必要对其进行独立研究。教育哲学家们还反思了美国 20 世纪 60 年代占主导地位的教育思想:学习内容当从各学科中来——无论是人类知识与价值的分析,还是认知与评估模式、各意义领域及理解方式,都不会从教与学中自动发生。因此,他们认为,独立的课程表应当保证各学科的学习内容依照教育的目的来阐述。一句话,教育哲学理论因认同各类艺术都有明确的目的、概念、步骤与评估标准而成为了以学科为基础的艺术教育的前提。

---

①R.A.Smith(Ed.)(1989).*Discipline-based Art Education*.Urbana and Chicago:University of Illinois Press.p. 14.

当代美国艺术教育的早期形式，如，罗恩菲尔德的理论，就与发展心理学有着直接或间接的关系，它现在与将来的发展也受到了发展心理学的潜在影响。皮亚杰与弗洛伊德的理论一直居20世纪心理学的主流地位。20世纪后期，在认知发展领域又出现了新皮亚杰主义或后皮亚杰主义，它们都以皮亚杰的理论框架为基础，并力图从各个方面进行超越。

认知心理学对教育理论产生了极大的影响。新的认知学说显示了一种智能的形象，它重视信息的处理与存储过程，这个过程比早些时期所设想的智能模式要复杂得多。原先，人们只是研究简单刺激所引起的简单反应，最近的研究者正努力探索神经系统如何分析新信息并将它与早已储存的信息联系起来。因为知觉以及同时引起的内在体验的特征正是艺术教育的根本所在，因此，认知研究对艺术教育有着极重要的意义。如前所说，布鲁纳的《教育的过程》一书在推广与发展这种新的认知研究中起到了关键的作用。随着这本书的发行，几乎人人都在谈论教授基础概念，以及学习基础概念的最有效方法——探索性学习。在20世纪60年代末到70年代，在社会与政治环境的影响下，布鲁纳将基础概念的教授限定于学校教育范围之内。因为他看到自己所提出的教育目标并不能解决紧迫的社会性问题。奥苏贝尔等人提出了与布鲁纳截然不同的观点。他们提倡有意义的接受性学习，首先要确定的是学习者在学习新知识前已知的东西，并将其视为根本。他们将死记硬背与有意义的学习、将探索性学习与接受性学习区分开来。[1] 对新材料的学习实践，涉及认知发展的变

---

[1] R.A.Smith(Ed.)(1989).*Discipline-based Art Education*.Urbana and Chicago：University of Illinois Press.p. 17.

体、认知结构、智能、实践、教学材料和教师等。已有的概念框架
在获取新信息的过程中起着重要的作用,学习的过程实际上是个
吸收的过程。吸收性学习的理论对艺术教育领域有极大的启发
意义。艺术教育的理论家们力图形成审美教育的基本理论与基
本概念,使之系统化,并研究教授审美概念与原则的有效途径。

　　D.H.弗尔德曼认为,发展心理学和艺术教育理论之间的关系
是互动的。发展心理学在其应用领域的影响下,也有了很大的变
化与发展。最重要的变化是对普遍发展与非普遍发展之间的区
分,前者是指在所有人身上都会发生的、不可避免的变化与转换
的各个方面,后者是指那些需要系统运用文化资源以及通过个人
努力才会发生变化的各个方面。①

　　直到20世纪80年代,发展心理学主要涉及的依然是普遍性
发展,其结果是,只适用于普遍性发展领域的原则和假设被不恰
当地运用到了非普遍性发展领域中。普遍性与非普遍性变化都
需要以环境为条件,前者所需的条件具有非特殊性、自然与自发
的特点;后者所需的条件具有特殊性、文化性与计划性的特点。
特殊的文化资源在两个领域中起着不同的作用。对普遍性发展
来说,如学习说话,文化性资源可能会有利于发展但并不能起主
要作用;对非普遍性发展来说,如学下棋,持续、系统、适当的努力
是绝对必要的。

　　普遍性发展理论所发现的人类成长过程中在社会、情感、个
性与智力上的普遍变化为教育界提供了丰富宝贵的背景资料,但
它忽视了一点:不同年龄的孩子有着不同的心智,他们以不同的

----

① R.A.Smith(Ed.)(1989).*Discipline-based Art Education*.Urbana and Chi-
　cago:University of Illinois Press.p. 247.

方式处理事情,专注于不同的事物,并以完全不同的方式领会这个世界。因此,普遍性发展的理论只能作为教育计划中的一般性指导。相对而言,非普遍性发展理论对教育乃至艺术教育的贡献更为直接。非普遍性发展领域涵盖了艺术、数学以及学校课程中的其他学科,它重视技巧和技能、态度和情感上的变化过程,为艺术教育的改革提供了一个更均衡的框架。这样以学科为基础的艺术教育就不再以艺术创作为重心,而是同时教授美学、艺术批评、艺术史与艺术创作四门课程。

3. 艺术教育理论中的前提

任何新理论都要以过去的理论为基础,艺术教育理论也不例外。前文中已经谈到,战后,创造性自我表现理论一直在艺术教育中占据主宰地位。艺术教育的变革始于20世纪60年代的普通课程改革运动。这次改革重视各学科的结构以提高国家的科学、技术与军事能力,它改变了艺术教育的理论根本。在创造性自我表现式艺术教育中,艺术是发展设想中儿童天生的创造力与表现力的工具。变革后的艺术教育将艺术视为普通教育中的基本课程之一,教育的目的是培养学生理解、欣赏艺术的能力。

在20世纪70年代,艺术家与美学家们对艺术教育本质的系统性反思导致了整个艺术教育形象的改变。E.B.弗尔德曼的兴趣是审美教育与审美体验。他认为,当时艺术教育领域过分重视艺术表演的发展,忽视了学生其他的创造性潜能,如对艺术的欣赏、批评与阐释。弗尔德曼的主旨是通过对视觉艺术品的审美体验增进视觉知识与学问。艾斯拿同样批评了以艺术创作为重心的艺术教育,他认为,艺术教育包括三个学习领域,即创作、批评与历史领域,它们并不与诸学科一一对应。比如,批评领域并非只是指艺术批评,还包括审美概念等等。L.谢普曼强调艺术必须成为学校课程表上的一门基础课程。艺术教育的对象不只是那些有艺术前途的学生,而是全体学生。她认为,对艺术品的审美反应与艺术创造同等重要;这里的审美反应不仅针对"学校艺术",也针对传统艺术杰作乃至现代的各种艺术形式。① 可以说,20世纪70年代的这些艺术教育理论已经体现出了以学科为基础的艺术教育(DBAE)思想。尽管人们一再强调艺术教育中欣赏、批评与历史的领域,但艺术创作在新的艺术教育理论中仍占据显著位置。学者们是在尽力补充艺术创造活动,而不是取代它。

(二)教育部门的课程文件前提

在美国教育部或其他相关部门发布的文件中,也能找到有关以学科为基础的艺术教育的前提,从而能更好地了解DBAE的历史发展。从这些文件中,我们可以看到,自19世纪70年代开始,艺术创作就在学校教育中受到重视。20世纪60年代以前,艺术创作一直是教育部门文件的重心。以学科为基础的艺术教育的概念是20世纪80年代以后才提出来的。即使是同样注重艺术创作的这些早期文件,其目的也不仅是为了理解艺术的本质或关心艺术在人类社会中所扮演的角色,而且是为了培养道德意识、公民意识、生活趣味等等。

1874年,美国教育部发布文件,要求学校教授绘画课程,这是美国公共学校艺术教育的开始。当时,艺术学习的目的是为了增加美国产品的艺术性因素。美国已经觉察到本国的产品在这方面缺乏国际竞争力。1895年,缅因州教育部发布《缅因州小学学习课程》,文件中涉及绘画课的教授。文件中有一简短的注解:

---

① R.A.Smith (Ed.)(1989).*Discipline-based Art Education*.Urbana and Chicago:University of Illinois Press.p. 20.

"若可能,在教室四壁挂上艺术杰作,鼓励孩子们学习优秀绘画,去发现画所再现的东西,并表明自己喜欢它们的原因。"①这与DBAE中艺术批评的三步骤——描述、解释、评估大体相一致。1900年到1909年期间,艺术批评这一学科在教育部门的文件中开始受到重视。1910年到1919年期间,课程文件逐渐涉及以后几十年里艺术教育的主要方向,如教授艺术史、艺术欣赏,艺术是自我表现、艺术是个人的发展、艺术作为职业等等。20世纪20年代,学校课程与世纪初时的状况差别不大,各州教育部门依然推行图画学习、素描、普通画室艺术。1925年,宾夕法尼亚州公立教育部门提议开设艺术欣赏课,这可以算是以学科为基础的艺术教育的第一个真正前提。

20世纪30年代的艺术教育以创造力与自我表现为主题。第二次世界大战期间,进步教育、创造力、培养民主社会的全才、图画学习、艺术欣赏、素描等仍旧是艺术教授中的主要内容。这一期间的课程文件中很少涉及DBAE的前提。20世纪50年代,美国教育部门发布的课程文件有100多份,大多是以画室艺术为主题,只有两处提及了与DBAE相关的学科——艺术史。1963年,佛罗里达州教育部颁布了《佛罗里达州学校资格标准》,对以学科为基础的艺术教育的四门学科都有所提及。1965年颁布的《佛罗里达中学艺术指南》指出中学生在绘画课上也应学习艺术史、艺术批评、艺术创作与美学诸学科的术语、概念与技巧②。相比而

---

① R.A.Smith (Ed.)(1989).*Discipline-based Art Education*.Urbana and Chicago:University of Illinois Press.p.39.

② R.A.Smith(Ed.)(1989).*Discipline-based Art Education*.Urbana and Chicago:University of Illinois Press.p.44.

言,艺术批评没有受到与其他三门学科同样的重视。另外,艺术
也并未被规定为中学的必修课。

20世纪70年代是DBAE的黎明期。这一阶段教育部门的
文件普遍要求将艺术的教学延伸到画室艺术以外的学科。1970
年,宾夕法尼亚州为艺术教师制订资格标准,要求艺术教师具备
艺术史、艺术批评、美学与画室艺术诸方面的知识与能力。1977
年,俄亥俄州教育部颁布《俄亥俄中学艺术教育计划》,这份计划
重视艺术教育中各学科间的平衡,将DBAE的四门学科都包括进
课程内容当中。进入20世纪80年代,课程文件继承了20世纪
70年代末的特点,并愈来愈重视艺术史与艺术批评这两门学科。

在美国教育部门颁布的文件中寻找DBAE的前提,得出如下
结论。(1)在四门学科中,只有画室艺术在过去的100多年里始
终占有一席之地。而且,对画室艺术的学习主要集中在技巧学习
与形式概念上。(2)在其余三门学科中,艺术史在时间上占先。
艺术史的学习主要集中于概念与事实,艺术家的名字、风格、出生
年月等。(3)艺术批评到了20世纪70年代才作为课程引起注
意。当然,作为艺术批评组成部分的艺术欣赏很早就出现在课程
文件中。艺术批评的学习主要集中于批评的过程:描述、分析、解
释与评价。(4)美学学科几乎没有在教育层面上引起过注意①。
质言之,任何东西的出现都是有前提的,美国艺术教育中的主要
课程概念遵循了自然、演变性的发展过程。关于DBAE的观点看
法好多至今尚无定论,但可以肯定两个方面。一方面,创造力与
自我表现的思想在艺术教育中已经落伍;另一方面,除画室艺术

---

① R.A.Smith(Ed.)(1989).*Discipline-based Art Education*.Urbana and Chi-
cago:University of Illinois Press.p. 53.

外,将艺术史、艺术批评与美学融入艺术教育的呼声在课程文件中渐成强势。

二、以学科为基础的艺术教育的目的

如前所述,艺术教育的历史中曾充斥着各种目的。19世纪西方艺术教育的主要目的是提高工业产品的国际竞争力。最近,艺术又被用来发展人的右脑功能。艺术曾被用来培养学生欣赏宣扬道德的艺术杰作的能力;或促进日常生活的审美品位;或发展人的个性特征与创造力;或结合音乐、戏剧、舞蹈与诗歌教授审美概念。它们都把艺术当作获得某种目的的手段,与艺术学习关联不大。以学科为基础的艺术教育是普通教育的一部分,目的是培养各方面都成熟的学生,他们能熟知各艺术学科的主要方面,能用艺术媒介来表达思想,能看懂艺术、评论艺术,能了解艺术史,以及美学中的基本概念。这种对艺术的认识同教育者所期望的对其他学科的认识是相似的。一种全面的教育能培养个人全面思考的能力,使个人通过不同的视角来看这个世界。这些不同的视角来自于对各门课程的学习。"教育并非是自然成熟的结果,而是一种文化的发明。"①因此,若没有正式的视觉艺术教育,学生将无法培养组成审美视角的思维、理解与表达途径。

普通教育应当是均衡全面的,必须涉及人类经验的所有主要领域,其中也包括审美领域。审美领域关注人类情感的特殊体验与所表达的形象意义。审美领域的教育体验培育人的知觉力与想象力,使我们了解人为环境中的对象与自然对象。人造对象中

---

① R.A.Smith(Ed.)(1989).*Discipline-based Art Education*.Urbana and Chicago:University of Illinois Press.p. 138.

包括我们称为艺术的东西。艺术形象是为它们的审美属性直接创造出来的,给人以愉悦感。它们也能提供很多形象,留存在我们的记忆中的,对语言、思想与情感的发展起着根本性的作用。苏珊·朗格指出,语言陈述并不足以形成、表达人类所有的情感,艺术是情感的客体化①。它在发展我们的直觉中,教会耳朵与眼睛去知觉表现形式。艺术表现是洞察力在情感中唯一充分的符号性投影。艺术的首要功能之一是使所感受到的生活张力静止不动以供人观赏。审美领域中的艺术形象在人类文化中为两个目的服务:(1)它们说出了我们自己的感情生活,使我们觉察到生活的要素及细微复杂的结构;(2)它们重述了这一事实,即情感的基本形式对大多数人而言是普遍性的。正如布隆迪所说,艺术形象独自将情感和知识连接起来;艺术中的形象要么是情感性知识,要么是知识性情感。②

　　审美体验能通过感知自然界与创造对象的世界来获得。但当人们想获取审美体验时,首先会转向艺术:听音乐,看电影、戏剧等。创造艺术对象的直接目的就是提供生动、深厚的体验,我们只有通过艺术才能获取这样的体验,而不受日常偶然性因素的干扰。视觉艺术是审美领域的一部分,在以学科为基础的艺术教育中,它们代表了学校课程中审美领域的视觉方面。艺术品是以特殊的形式展示深远涵义的集合体,这些形式常被称为视觉暗喻。理解艺术品中所象征的意义需要发展学生理解这种意义的

---

① [美]苏珊·朗格:《情感与形式》,刘大基等译,中国社会科学出版社 1986年版,第 13 页。

② R.A.Smith(Ed.)(1989).*Discipline-based Art Education*.Urbana and Chicago:University of Illinois Press.pp. 139 - 140.

能力。没有学会理解形象的学生会很容易地成为大众媒介通过形象随意操纵的牺牲品。艺术品可以从表面和暗喻两种层面上来理解。如果只从表面上来领会艺术品,就无法领会视觉艺术形式所传达的思想、情感与理念。

在语言和思维过程中,形象依然是意义的基础。布隆迪曾论证过语言中的很多词汇都以视觉形象作为意义的源泉;若没有这种形象的附注,人们就很难传达、理解各种含义。个人通过体验与教育存储形象,并依赖这个形象库解释语言的含义。想象力的缺乏实际上是缺乏形象。若没有丰富的形象储备,人的理解能力就低。

总之,艺术学习对学生的好处是长远的。第一,学生受到艺术品的感染时,他们对艺术品含义的感悟与分辨能力就会得到提高。只有那些学会感悟艺术品的所有层面的学生才能越来越接近艺术品的具有震撼性的内涵。艺术专家能领会艺术品中最细微的差异,区分什么是最好的艺术杰作。在教育环境内,DBAE的目标之一就是使学习者在时间与能力允许的情况下尽可能接近这种高度的理解力与敏感性。第二,学生接触大量的艺术品并察觉其细微之处,由此发展起组成想象力的形象存储库。学生们通过观赏艺术家描绘不同的世界而挖掘出想象性思维的潜能。学生越领会艺术的复杂性,他们越能利用自己的形象库对艺术品和世界做出反应并进行创造。第三,艺术学习会促进学生对视觉暗喻的理解力不断增长①。研究艺术品使学习者有机会接近人类最高成就的再现物,人类的崇高理想、信念都在艺术品中得到

---

① R.A.Smith(Ed.)(1989).*Discipline-based Art Education*.Urbana and Chicago:University of Illinois Press.pp. 143－144.

了体现。视觉暗喻理解力的增长使人抛开世俗问题并转而思考艺术品的审美意义,从 DBAE 的四门学科中学到的知识、技巧与价值观念恰恰能保证这种理解力的增长。

三、DBAE 中的四门学科

以学科为基础的艺术教育理论与统治美国艺术教育界 40 年之久的创造性自我表现理论大不相同。创造性自我表现理论把艺术当作发展儿童天生的创造力和表现能力的工具,特别重视艺术创造活动;DBAE 则要求一种均衡的艺术课程,对来自艺术史、艺术批评、艺术创作与美学这四门学科的内容给予同等重视。

美国当代的艺术教育理论界逐步认识到艺术教育是一门学科。艺术被看作是可教可学的一门课程,其教学的方式与其他学校课程一样。艺术教师要用书面的、系统的课程来教学生,学生的进步能得到准确的评估。课程的目标、进程与评估都专门针对艺术的内容,但又与普通教育的各方面协调一致。这便是以学科为基础的艺术教育所研究的内容。

DBAE 的目标是领悟艺术,因此,它并不是要对四门艺术学科进行单独的研究学习。它只是一种学习艺术课程的方法。这种学习以四门学科为基础,有着坚实的内容。艺术教育者的任务就是在学生的艺术学习中把四门学科中的知识整合,实现互补。

（一）DBAE 中的艺术创作

DBAE 强调内在于艺术本质的教育目标,而不是那些诸如心理治疗、人格发展等的外在目标。作为 DBAE 的学科之一,艺术创作益于对艺术的理解。创作艺术的直接体验能培养人对艺术品所传达意义的洞察力。学生通过解决创作过程中存在的歧义性来了解材料,获得技法和知觉技巧,发展想象力;同时,这一过程也培养了学生对自己作品和世界的洞察力。另外,艺术创作的体验还能促进移情的产生,促进人对环境的感受力,影响人的反应质量。可以说,艺术是人类为表达自己的情感所选中的语言。

创作艺术的过程中要涉及人的思想、知觉、情感、想象与行动。艺术创作实践有助于人类诸行为的发展,并培养人的批评敏感性。人们要适当处理当今社会复杂的视觉刺激物,而多种媒体陈述恰恰需要这种敏感性。[①]

在艺术创作过程中,艺术家必须不断地在众多的选择中做决定。这时,他的理性思考过程引导着批评判断。在对艺术品的评估中,批评性分析也起到重要作用,它使人更全面地理解艺术。

艺术家利用高度的知觉力以及对颜色、形式、动作与环境的敏锐把握,寻找适合他们作品的原材料。艺术创作中所需要的那种注意力会提高人的感受力,有助于人分清不同的品质,确定各种具有重大意义的关系。

整个艺术创作过程中,个人的情感与理解力起着关键的作用,它们诱发行动,指导思维与制作过程。在培养情感的高度敏感性时,艺术家能够同观众一起分享各种情感体验。我们甚至可以把对情感的直接体验看成是一种知识,艺术家可用它来将生命感灌注到形式与形象中。

艺术家创造与操纵形象,并将材料整理为想象中的形式,这才使所有的过程转化为可见的东西。在直接的创造体验中,学生亲自参与了整个的艺术制作过程。学生的艺术创作体验与艺术史、艺术批评与美学的学习结合起来,一方面会普遍地提高他们

---

① R.A.Smith(Ed.)(1989).*Discipline-based Art Education*.Urbana and Chicago:University of Illinois Press.p. 199.

的艺术鉴赏力,另一方面会增加他们的自信心,激发进一步的学习与努力。

将体验、观察与思想一同表述出来的综合能力是真正的创造性努力,也是教育的最高目标之一。DBAE重视直接的创造参与,因为在艺术创作过程中,人必然会培育那种综合能力。在综合的过程中,人们才能把握不断增长的复杂体验和创造艺术的内在动机。

(二)DBAE中的艺术史

艺术史是一门有自身教育价值的学科,是儿童人文训练不可缺少的一部分。艺术史帮助学生解开溯至远古时代独特的人类活动的复杂性,如视觉艺术领域的创造性活动。古老的艺术与现代艺术表明,人类一直需要从视觉上表达他们无法用言语、音乐和戏剧表达的东西。同文学、音乐、戏剧以及数学、自然科学一样,视觉艺术也来自于人类智慧与创造力的运用,来自于作为意识过程一部分的灵感与直觉。因此,学校课程中若只有语言艺术——文学,而不包括视觉艺术,就显得过于狭隘了。近年来,艺术史也注重研究世界多种文化社会中的艺术。"由于全世界的艺术作品都可作为理解的手段,对艺术史的学习就可以帮助学生把自己培养成为世界公民。"①

进行艺术史教育的另一个原因是"视觉智识"的概念。当今世界由视觉形象与语言声音共同组成。视觉形象随处可见,无处不在。但谁又敢说自己能够理解自己的全部所见呢?"视觉智识"使我们能够探索环境,表达对身外世界的所思与所感。它涉及艺术制作、观察、感觉、听觉和读、谈、写,甚至应用艺术。比起

①[美]S.艾迪斯、M.埃里克森:《艺术史与艺术教育》,宋献春、伍桂红译,四川人民出版社1998年版,第191页。

其他学科,艺术史更适合教学生如何知晓视觉世界。艺术史集中审视视觉艺术中的个人作品,培养学生感受并理解视觉陈述以及各组成部分间的关系。这些关系包括线条的质量、线条如何勾勒形状、形式与运动、二维或三维中的形态与形式、光、色彩等。这些因素组合成各种样式的形式,最后经选择,连接某些或全部因素以创造构图。① 学生们一旦掌握怎样感受与分析艺术品中的这些因素,他们就学会了去比较两件作品中的相同因素。通过向视觉艺术以外的领域延伸,他们就学会了理解外部世界中的其他各种形象。线条、形态、光等诸要素要通过指涉到特定的艺术品来描述,它们要有视觉上的证明。艺术教师与学生的作品,不论多么杰出,也无法穷尽所有艺术品的各种因素。因此,人们需要以过去的艺术品为教材,历史地把握这些艺术品,艺术史恰能满足人们的这种需要。

艺术史是探索与解释艺术品的一门学问。它的原始数据材料包括各类视觉艺术:建筑、绘画、版画制作、摄影;手工艺,诸如制陶、编织、珠宝、制币、家具;以及文学、音乐剧、舞蹈与电影。艺术史学家研究所有种类的艺术,他们想通过确定其材料、创作方式、创作者、创作时代与地点,以及功能与意义来描述、分析和解释个人的艺术品。

艺术史学家力图发现一件艺术品所占的历史地位,并基于作品独特的位置来评估它。他们确定艺术品的物理属性、作者、创作时间,并从历史角度把它与同一作者、学派、时期以及文化中的其他作品相联系。当然,艺术史学家也会保持对单个艺术品的审

---

① R.A.Smith(Ed.)(1989).*Discipline-based Art Education*.Urbana and Chicago:University of Illinois Press.p. 207.

美个性的敏感性。

艺术史有利于人们的创造性体验。不管艺术大师们的视野如何新奇、有独创性,他们也不能完全割断与时代的联系。艺术大师们总是将他们对以往文化遗产的继承加以拓展与变形。从艺术大师的杰作中,学生认识到伟大的艺术家是如何利用另一大师的作品,甚至修改照片、广告牌等以创造出新的、自身有着深远意义的杰作。

另外,通过学习艺术史,学生们在创作自己的作品时就能够选择、排斥或修改古今艺术中的某些要素,并知晓这样做的原因。艺术史帮助学生选择要追求的理想。艺术史提供给学生基本的概念工具,并推动创造力,加强学生创造艺术的目的性与能力。由此,"艺术史通过揭示过去未知的艺术价值来拓展加深年轻人对世界的情感反应,并使他们的生活充满活力"①。

(三)DBAE 中的艺术批评

艺术理论家 H.里萨蒂认为,艺术批评作为一门学科,与其他的人文学科一样,都有一个总的目标——理解人类自身与人类环境。它与艺术史、美学与艺术创作各学科的共同之处是主要涉及视觉艺术。然而,它比这三门学科更容易将我们带到艺术世界的"前沿",这主要归因于其确认新艺术,并使之得到公众的理解与公正的评价的主要功能。它教给人们关于艺术的知识,通过培养人们洞察艺术意义的能力以加深其对艺术的理解与欣赏,并说明从艺术中反映出来的文化与社会价值。② 美国当代艺术批评家

---

①R.A.Smith(Ed.)(1989).*Discipline-based Art Education*.Urbana and Chicago:University of Illinois Press.p. 208.

②R.A.Smith(Ed.)(1989).*Discipline-based Art Education*.Urbana and Chicago:University of Illinois Press.p. 219.

T.F.沃尔夫也坚信:"艺术批评既用来判定艺术作品的优劣,区别它们的不同和找出它们产生的原因,又可启迪人们,帮助他们认识自身的潜能。"①

艺术批评侧重于现当代艺术,这与涉及主要历史环境中的艺术的艺术史不同。有时,艺术批评也会涉及一些年代久远的艺术,前提是对理解现代艺术有特殊的意义和关系。在过去的一个世纪里,现当代艺术与现代世界中的文化演进息息相关,并对这个世界中新的意义与价值的创立起着关键的作用。

既然现当代艺术与当今社会的价值与目标联系密切,理解了它们就能更好地理解那些价值与目标,理解与未来社会相应的种种价值。基于此,艺术批评逐渐为学生展示他们将生活于其中的那个社会的价值与目标。与此同时,它也促使学生去思考、判断处于社会秩序背景中的那些价值。

(四)DBAE 中的美学

当今的美学不再仅聚焦于美的概念上,作为一门哲学学科,美学力图理解人们的审美体验与谈论这种体验的概念。传统上,美学家一直探寻人类对自然美与艺术美体验的本质,以及被体验对象尤其是艺术作品的本质。近来,美学研究作为一门哲学学科基本上已转变为艺术哲学,它首先涉及的是艺术品的本质。

美学是文科教育的一部分,目的是拓展学生的视野与发展学生的批评技巧。美学家们大都赞同如下观点:哲学不是一种历史性调查,也不是一连串以获取新事实为目标的科学实验,而是一种反思性或沉思性研究。哲学的反思是批判性反思,它洞察人类

①[美]T.F.沃尔夫、G.吉伊根:《艺术批评与艺术教育》,滑明达译,四川人民出版社 1998 年版,第 14 页。

的信仰与价值。它的目标是理解、明辨我们的思想意识。因此，有的美学家认为，对艺术的哲学研究与反思就是辨清我们用来思考和谈论审美体验对象的那些基本概念。

美学是哲学活动的分支，它以艺术为主题，涉及对艺术体验与艺术评价的批评性反思。批评性反思存在于概念分析、解释原则的形成过程以及批评性推论与评价中。艺术史中的概念提供分析材料，艺术批评提供解释与评价的例证，因此，美学研究的主题不仅来自于艺术创作与艺术欣赏，还来自于艺术史与艺术批评两门学科。

美学研究的一个侧重点是审美价值与人们用以解释、评论某艺术品的标准；另一个侧重点是艺术品获取意义与内涵的途径。很多视觉艺术品通过直接再现真实的世界获取意义。但再现性绘画作品的意义不仅限于它所描绘的世界，它是通过再现世界中的对象来象征其他的思想、意识。如，梵高的名作《鞋》所画的只是一双普通的农妇的鞋子，但这双鞋的深远意义又远在它的物理与形式特征之外。透过它，人们看到了农妇的世界。艺术品也可通过反映内心世界与情感领域获取意义。这类作品被称为"表现性"作品。

人们的行为和态度是由各人的信仰、原则与价值观决定的，对所有这些因素进行批判性审查是人之所以为人的重要因素之一。苏格拉底相信关于自我的知识是知识的最高类型，人类若没有这种知识将得不到真正的幸福。也就是说，哲学研究中的批判性反思帮助人们认清事实，分析各种选择，做出更明智的决定，因此，它与个人的发展与幸福息息相关。将上述哲学的普遍前提应用于美学，就能得出三个结论。(1)艺术的本质、艺术体验以及人们用来谈论艺术的基本概念有利于人们思考、理解"我们是谁"，

"我们有什么样的价值观"等问题。(2)对艺术信仰的审查增强了人们对单件艺术品的敏感性,使人更具辨别力,在欣赏、保留与创造艺术的过程中有了更自由的选择权。(3)美学分析艺术本质,形成适用于视觉、造型及触觉艺术的阐释与评价原则,可以说是对哲学学习的介绍。这些都是艺术教育的普遍价值。①

　　DBAE 中的四门学科分别有各自不同的目的、方法论与术语。不同学科的人对这四门学科的异同有不同的看法。如,从美学家的角度来看,艺术批评与艺术史探讨的是具体艺术品的知识,因此,在理论性上比不上美学。而美学只用例证的方式涉及某艺术品以验证理论或分析概念。他们认为,艺术史学家描述、分析、比较和解释个人的艺术品、艺术集与艺术风格,自己却研究用于这种描述与比较的范畴;艺术批评家负责揭示个人艺术品中的具体意义,并评判这些艺术品,自己却力图发现用于这种解释与评判的标准。

　　这四门学科也有共同之处。美学的根本前提是确信人类创造、欣赏与评论艺术涉及人类的基本价值,并要求对其进行批判性反思。同样,艺术史的学科基础是确信艺术是人类文化遗产的重要部分。当代艺术象征了各种意义,因此,人类价值是艺术批评学科的首要关注点。这三门学科都把"文化环境中的艺术过程与艺术产品"作为它们研究的重心,并且,它们通过对艺术过程与价值的共同假设而相互关联起来。艺术创作是艺术史存在的根本,为艺术史提供了原始资料——个人的艺术作品。如果没有过去的艺术创作,就没有今天的艺术史。反过来,学习艺术史可帮

---

① R.A.Smith(Ed.)(1989).*Discipline-based Art Education*.Urbana and Chicago:University of Illinois Press.p. 230.

助学生理解自己创作的艺术品。学生若以历史的态度来审视艺术品，就能学会感悟、描述、分析甚至评价古今艺术品以及自己的创作。当然，对艺术品的批评性讨论还要从艺术史、艺术创作与美学等学科中汲取理论内容，并与它们互相关联。此外，美学学科是对艺术本质与审美体验的哲学研究，它提出并扩大艺术的本质问题，通过解决艺术的基本问题来描述并加深一件艺术品的意义。

第三节　　帕森斯关于人的审美理解发展理论

　　从 20 世纪 70 年代末到 80 年代间，美国艺术教育家 M.J.帕森斯与助手花费十年时间，潜心研究从少年儿童到大学教授等不同人群对八幅名画的反应。这八件作品分别是：J·雷诺阿的《礼拜天游船上的午餐》(部分)，I.奥尔布莱特的《伊达的灵魂来到这个世界》，P.毕加索的《格尔尼卡》与《以手掩面的泣妇》，P.克利的《人头》，戈雅的《战争灾难》，G.柏鲁斯的《德普赛与弗尔普奥》，M.沙高的《马戏团》。帕森斯与受试者每一次会见时谈论的题目都是一样的。有些题目是涉及绘画题材的，有的是关于绘画的表现性，有的是关于素材和形式，有的是关于风格。另外，他要求受试者评价每一件作品，并说明评价的理由。

　　没有厚实的哲学基础，对人的艺术反应的研究将没有意义。帕森斯从一般哲学与美学中寻求支持自己的研究假设的理论营养。当代德国哲学家哈贝马斯发展了自康德以来的传统理论，认为与经验、道德、审美三个领域相对应的是三个不同的世界：外部现象界、社会准则的世界与自我的内心世界。帕森斯从这种三分法中推导出,人的认识能力的发展也从这三个层面上进行。皮亚杰解释了人们理解外部现象界的发展过程,库尔堡解释了人们理解社会准则世界的发展过程,他所要做的是解释第三个领域即人的审美能力的发展过程。①

帕森斯从十年的研究中得出结论:人们对艺术的理解是按阶段循序发展的。儿童对绘画内容有着基本相同的理解。随着年龄的增长,他们会以基本相同的方式重新理解绘画,以更好地洞察艺术品的意义,结果就形成了一种普遍的审美能力发展顺序。顺序中的每一阶段都是前一阶段的发展进步。每前进一步,人们对艺术就有了更充分更完善的理解。② 至于个人在这个顺序中的哪一阶段停止发展,取决于他所接触的艺术以及他受到多少激励去思考艺术。

帕森斯注意到,当今社会中,艺术比科学与道德所受的关注要少,对美学问题的讨论少于对科学问题与道德问题的讨论。这种状况也表现在教育体制中,艺术在学校课程设置中几乎是空白。帕森斯希望他的审美发展理论能有助于更简明地论述艺术教育的目的、方针与策略。

审美能力的发展并不是帕森斯理论的最终目的。他的论证恰好符合美学中的传统理论——艺术是一种自我表现。帕森斯继承了这种传统观点,认为艺术教育的目的是通过优化人的审美体验以增强对人的自我与本质的认识。

---

① 参见［美］拉尔夫·史密斯:《艺术感觉与美育》,滕守尧译,四川人民出版社 2000 年版,第 177 页。

② M.J.Parsons(1987).*How We Understand Art*.Cambridge:Cambridge University Press.p. 5.

　　帕森斯将审美理解发展分为五个阶段,但他理论的主线是四组概念:主题,情感表现,媒介、形式与风格,判断。这四个标题符合两个标准:一是它们抓住了人们谈论艺术时最为关注的东西,二是它们与各发展阶段相对应。人在每个阶段都要领悟与前阶段不同的标题下的概念群,同一个概念在每一阶段上也都会有不同的"版本"。大体而言,第二阶段以主题概念为主,第三阶段以表现概念为主,第四阶段以媒介、形式与风格为主,第五阶段以判断为主。

一、帕森斯理论的基础

(一)认知发展理论

　　认知发展理论是现代思想的重要组成部分。人们一直用它来分析人类心智各方面的成长。它极大地提高了人类的自我认识与自我理解,对教育的影响也很大。皮亚杰与库尔堡是认知发展理论运动中最著名的人物。前者主要分析了我们对科学与逻辑的理解发展过程,后者则分析了我们对道德的理解发展过程。另外,还有其他一些关于宗教、认识论、社会配给收入与自我发展等的发展理论。这些理论拥有共同的观点和原则。帕森斯力图用这些观点与原则来分析审美经验。

　　认知发展理论最基本的观念是:人们经历过一系列的发展阶段才能拥有成人期的复杂理解力。谁也不能天生就具备复杂的理解力,而是一步一步获得这些能力的。每一步都会获取一种新的洞察力。这些发展阶段有特定的顺序,某些能力必须在其他能力之前形成。各发展阶段上的洞察力一般是以某种典型图式集结在一起的,它们相互之间有内在的联系。以艺术为例,如果我们把一幅画理解成是艺术家思想状态的表现,那么,我们就会倾向于认为审美反应即是重历那种思想状态,并认为审美判断是主观性、内省式的。我们几乎是在同时获取了这些在逻辑上相互关联的概念,这样的概念群被帕森斯称为"阶段"。

在帕森斯的理论中,"阶段"是概念群,并不是个人的素质。描述一个阶段并非是描述一个人,而是描述一个概念群。人们正是利用这些概念来理解绘画。如果人们对绘画的思考是前后连贯的,那么他们就会用连贯的概念解释绘画。也就是说,他们处在认知发展的某一特定阶段。但这只是理想的状态。在帕森斯看来,大多数人对艺术的思考不会前后连贯,因此无法确定他们处于哪一阶段①。

由上述可知,帕森斯的审美发展理论的描述对象并不是人,而是群集的概念,或者说是阶段。不能给人贴上阶段的标签,人只是利用一个或多个阶段理解绘画。阶段是帮助人们理解自己与他人的手段。

帕森斯的各个发展阶段并不与年龄相对应。但他又强调,从普遍意义上说,第一阶段适用于学龄前儿童,大多数小学生应用第二阶段。许多青少年能利用第三阶段的某些概念。此后,各种条件就会比年龄更重要了。

(二)关于艺术的假设

帕森斯将认知理论拓展到审美经验的领域,这意味着必须要认真看待艺术的各种概念,了解各种审美经验与发展理论的关系。艺术是人类精神世界的一部分,它同科学、道德与宗教的不同之处在于它有自己独特的概念与内容。这也是它有自己的发

---

① M.J.Parsons(1987). *How We Understand Art*. Cambridge: Cambridge University Press. p. 11.

展史的原因。帕森斯吸取了艺术、哲学与心理学的知识。但他进行分析的重点是人们谈论艺术时所用的概念,而不是心理学中的概念。

总的来说,帮助人们思考审美主题与艺术本质的主要是哲学,而不是心理学。因此,帕森斯的理论必然要以某些艺术哲学观点作基础,其中最重要也最有普遍性的有如下三种观点①。

第一,艺术并不只是一连串美的对象,它更是人类特有的表达内心世界的一种方法。人们对于外部世界都会有持续、复杂的内在反应,包括各种需要、情感与思想。对人类而言,自己的内心世界并非是透明的,也不能自我解释。如果我们想了解内在世界就必须赋予它以可见的形式,并审视这些形式。艺术恰能帮助我们做到这一点。

第二,艺术所表现的要多于在同一时间内呈现于个人意识中的东西。我们从艺术中领会的并不必然是艺术家自觉地要表现的东西。艺术更像是一件公共财产。它允许有不同层次的解释,它能揭示出创作者本人都未能意识到的方面。这一点体现在人的各种活动中,但在艺术中尤为明显,因为艺术受到的实际欲望的限定最少。可以说,尽管艺术必须由个人来领悟,但对艺术表现的理解却是一种社会与历史的建构,是一种共同创造的产品。一幅画的意义并不是艺术家与观众的个人视野,也不是独立于社会的永恒本质。它是属于公众的,我们对它的感受有多有少,人只有努力用心才能把握艺术。审美发展的各个阶段也就是艺术表现的解释能力不断增长的各个层次。

---

① M.J.Parsons(1987).*How We Understand Art*.Cambridge:Cambridge University Press.p. 13.

第三,艺术评价是客观的。艺术表现了人们的欲望和情感,但对艺术的解释是理性的。这类解释可能无法以对错来论,但一定有其充分的理由根据。各发展阶段即是理性解释与判断能力的各个层次。

二、审美理解发展过程中的五个阶段

传统的认知发展理论认为,我们都是从相同的认知状态开始起步的。人刚来到这个世界上是个弱小的生命,不会说话,听从于大量杂乱无章的感觉刺激,觉察不到自己的本性与能力,有社会性倾向,却不能将自我与外部事物区分开,但又只能注意到眼前的事物。从这时起,我们就开始按照自己对社会的理解构建思想。这样做的同时,我们就在意识里融入了所处的社会。因此可以说,人的意识发展过程也就是人的社会化发展过程。人需要学习社会中的语言,接受社会中的观念与价值,参与社会活动,由此建构起自己的意识思想,成为社会的一员。接下来,如果一切顺利,人就能够自由思考,有独到的见解,有创造性,或许还能独立评判自己所在的文化。

此外发展的基本方向是从依赖走向意志自由。各种发展理论的共同主旨是人类自由与人的社会性这两方面的成长:我们在成为社会中优秀一员的过程中,从生理反应的统治下获得了自由;当我们有了独立于社会的观念时,就从社会的统治下获得了自由。这两方面其实都是人的社会性成长。人即使有了意志自由,也依然是社会的一员,而且,意志自由的人不仅仅会适应社会,也会更加关心社会进步。人的社会性成长是审美理解发展和其他认知发展的基础。

帕森斯以上述理论为基础,把审美理解发展的第一阶段当作一种理论上的起点。在此起点上,我们更像是生理性动物而非社会性动物。尽管此时我们有巨大的社会性潜力,但仍然未成为社会的一员。我们无法觉察自己与他人的区别所在,也不清楚他人的观察与感受与我们的差异。从某种意义上说,这种状态只是理论上的构建,用来明确发展的方向。即使这一状态在实际中存在,它也只出现在生命的早期——大约是前语言期。为了不增加更多的阶段,帕森斯又略微对这一阶段进行了扩展,他把许多幼童的反应也包括进这一阶段。

帕森斯把审美发展的每个阶段看成是松散的结构,主要的艺术洞察力组成这个结构中的概念群。每个阶段上的洞察力都有独特的形式。每一发展阶段在审美与心理方面要比前一阶段更丰富详尽。①

第一阶段的首要特点是儿童对多数绘画都产生本能的快乐。他们被色彩吸引,对主题产生随心所欲的联想反应。不管画的主题与风格怎样,幼童很少发现绘画有不妥之处。他们喜欢色彩,色彩越多越喜欢;经常会注意到画的主题,但又在对画的反应中掺入联想与记忆。这一阶段儿童的普遍特点是愉快地接受进入头脑中的所有事物,却并不分析哪些与眼前的绘画有关,哪些无关。

从心理学角度看,这个阶段的儿童很少在意他人的观点,呈现在他们意识中的都是他们曾经经历过的事情。从审美角度上说,绘画是针对儿童愉快经历的一种刺激。不管画的是再现性的还是非再现性的,他们都喜欢,不涉及各种关系与客观性的问题。

---

① M.J.Parsons(1987). *How We Understand Art*.Cambridge:Cambridge University Press.p. 20.

　　第二阶段的突出概念是主题,主要围绕再现的概念展开。这一阶段上的儿童认为,绘画的基本目的是再现,且要那些非再现性的绘画没有什么真正的意义。在他们眼里,优秀的绘画要有吸引人的主题,并用现实主义的再现手法——他们只欣赏现实主义风格。美、现实性与技巧性是他们判断艺术品的客观基础。

　　从心理学角度看,第二阶段之所以比第一阶段进步,是因为儿童开始容纳别人的观点。他们明白,自己对画的联想并不一定是他人也能看出的东西。从审美上说,第二阶段的进步在于它使观赏者分辨出自己的哪些体验与画、与审美相关。

　　第三阶段的艺术洞察力主要是审视表现性。人们为了绘画产生的体验来观画。这种体验越深刻,绘画就越优秀。绘画所表现的情感与思想可能是艺术家本人的,也可能是观众的,或者是双方共有的,但它只能由个人内在地掌握。这一阶段的洞察力影响着个人对艺术的概念。艺术的目的变成了表现某人的体验。相对于所表现的情感来说,主题的美与不美成了次要的。同样,风格上的现实主义与技巧也不再是目的,而转为表现手段。创造力、原创性与情感的深度成为新的欣赏点。

　　从心理学角度看,人在审美能力发展的第三阶段能觉察到他人体验的内在性,把握他人的思想感情,同时也相应地觉察到自己内在的独特体验。从审美上说,这一阶段使人看到主题的美、风格的现实性以及艺术家的技巧是无关紧要的。它向人展现了一个更广阔的艺术创作天地,使人更好地把握表现性品质。

　　第四阶段新的艺术洞察力是认识到画的意义在于它是一种社会的成就,而不是个人的。绘画是存在于一种由观赏作品与谈论作品的人组成的传统中。人们谈论绘画,从各个角度观赏绘画,发现有些颇具意义,有些则不然。艺术品存在于公共场所中,观赏主体相互间能指出它的媒介、形式与风格,并通过这一方法不断修正、提高对艺术的解释。不同的作品与解释它们的历史过程有千丝万缕的关系。艺术品的各个方面都具公共性,这也影响着它的意义。作品的意义是由许多人对它的谈论形成的,比个人在某一时刻对它内在的掌握要多。

这一阶段重视对媒介的处理以及质地、色彩、形式、空间等等,原因是它们是人人可视的东西;同时也重视风格与文体关系,因为这些表明了作品如何与传统相联系。艺术中所要表现的内容在风格与形式上得到重新解释。

从心理学角度上说,这一阶段的进步在于将传统视角看作一个整体,这比掌握个人的思想状态更为复杂。从审美上说,这一阶段发现了媒介、形式与风格中的意义,并能区分主题及情感的感染力和作品本身所获得的东西。它开始从文体与历史关系中发现作品的意义,扩展了可表现意义的种类。这一阶段的人会发现:艺术批评推动了人对艺术品的感悟;审美判断是理性的,并能达到客观。

第五阶段的洞察力表现在个人必须评判传统中用来解释艺术品的那些概念和价值。这些价值随历史的演变而演变,不断调整以适应当前状况。这一阶段的评判更具个性,却又更社会化。一方面,个人体验是评判惟一的实验地。只有在最了解个人反应的基础上,个人才能肯定或修正已广为接受的概念。同样,价值作为评判的基础也属于个人的责任。尽管这些价值来自于传统,但我们却在感悟中肯定或修正它们。肯定的是那些适合于我们的价值,修正的是那些不适合的。另一方面,个人既对自己负责,也对他人有责任。重新审视已有的概念是为了形成更具普遍性也更准确的判断。在通常情况下,这种判断对每个人都是有效的。因此,与他人的对话很重要。没有对话,不考虑他人对同一艺术品的反应,个人很难做到质询自己的体验。一旦将判断视为自己的职责,个人就会意识到讨论以及主体间相互理解的必要性。

这一阶段的洞察力影响到对其他审美概念的理解。比如,风格不再是已有的范畴,而是为着某一目标的分类;某些媒介处理方式与形式安排不再被视为传统真理,而必须要个人的肯定;艺术所表现的东西不再是传统中已确立的观点,而是个人代表他人所做的选择。艺术之所以受珍视是因为"它是提出问题,而不是传达真理的手段"①。评判既可以进行理性的争论,也依赖个人的肯定。

从心理学角度来看,这一阶段需要超越文化中的已有观点,引起对已有观点的争论,并理解能解答这一争论的自我。从审美上说,这一阶段使个人有更敏锐的反应,并意识到传统中的错误。个人也更充分地领会了如下观点:艺术实践(包括艺术创作与艺术欣赏)是在普遍情况下对自我的不断重新审视与调整,是对处于历史演变过程中的价值的探索。

第四节　哈佛大学"零点项目"中的艺术教育

1967 年,美国著名的哲学家纳尔逊·古德曼(Nelso Goodman,1906—1998)教授在哈佛大学教育研究生院创建了"零

---

① M.J.Parsons(1987).*How We Understand Art*.Cambridge:Cambridge University Press.p. 26.

点项目"研究。古德曼教授此举并不是一时心血来潮,而是有两个主要方面的原因。

首先,在 20 世纪 60 年代,古德曼开始"重新思考认识","重新确立美学的研究方向"①。他强调艺术的认识功能,并认为艺术与科学一样,是人在理解过程中发现、创造与增长知识的手段。古德曼所说的"认识",实际上是一种较宽泛的概念。他指出:"在复杂的审美理解过程中,认识不仅限于语言或语词思维,还要运用想象感觉、知觉、情感。"②他也反对将审美经验的认识等同于概念的、推论的和语言性的东西。古德曼看重审美经验的认识性,是因为他将艺术视为指涉世界的多种符号系统中的一种。他看到,世人多重视语言逻辑符号系统在人类表达与交流沟通过程中的作用,却忽视了艺术符号的认识功能,忽视了艺术教育。正是为了挑战传统观点,改善科学教育与艺术教育之间的不平衡状况,古德曼教授才立志从零开始,将艺术学习当作一种认知行为来研究,并由此创建了"零点项目"。

其次,美国 20 世纪 60 年代的教育改革也促进了"零点项目"的创立。自从 1957 年苏联发射了第一颗人造卫星,美国政府就为改进科学、数学与技术教育投入了前所未有的大笔资金,尤其是针对中小学教育。但艺术教育与人文教育却少有人问津。到了 20 世纪 60 年代中期,美国的一些私人与公共机构开始注意到这种不平衡状况并决心改变这种状况。它们为"零点项目"提供

---

① Catherine Z. Elgin, *Reorienting Aesthetics*, *Reconceiving Cognition*. The Journal of Aesthetics and Art Eedcation. Vol. 58, Num. 3. 2000. p. 219.

② [美]拉尔夫·史密斯:《艺术感觉与美育》,滕守尧译,四川人民出版社 2000 年版,第 53 页。

了第一批研究基金。

在已经过去的几十年里,"零点项目"研究了儿童、成人与各种组织的学习过程的发展。现在,该项目在以往研究的基础上,帮助培养独立并具反思性的学习者,推进对各学科的深层理解,提倡批判性与创造性思维。该项目详细了解人类认识的发展过程与艺术和其他学科的学习过程,并以此作为各项研究的基础。它们把学习者置于教育过程的中心地位,尊重个人在不同发展阶段上的不同学习方式,以及知觉这个世界,表达自己的思想的不同方法。

几十年来,先后有一百多位研究人员参与了"零点项目"的工作。以古德曼为代表的"零点项目"课题组已成为研究艺术教育的权威机构,并逐渐通过各学科的研究向教育领域的各个方面拓展。最近,这里的研究人员甚至开始探索怎样将自己的研究运用到商业活动中去。然而,"零点项目"的总体目标只有一个:不断发展新的研究以帮助个人、团体与机构发现自己的最大潜能。①

"零点项目"承认艺术的认知属性,因此,反对在艺术教育中只强调艺术创作的重要性。其研究人员主张要"向学生介绍在艺术作品中表现出来的艺术家个体的思维方式,包括实践艺术家、艺术评论家和艺术作品文化背景研究专家的思维方式"②。加德纳认为,他们所主张的艺术教育与以学科为基础的艺术教育并不相同。这主要表现在以下几个方面。

第一,儿童在早期应以艺术创作为主。儿童越是积极地介入到艺术创作中去,艺术学习的效果越好。而且,年龄尚小的儿童

①http://www.pz.harvard.edu/Research/Research.htm. 2002 年 1 月 21 日。
②[美]H.加德纳:《多元智能》,沈致隆译,新华出版社 1999 年版,第 149 页。

在艺术作品的构图上很有艺术家的天赋。第二,关于艺术感受、艺术史及其他外在于艺术的活动要与儿童的创作联系起来。第三,艺术教师要精通艺术思维。音乐老师要能运用音乐思维,视觉艺术老师要善于运用视觉空间思维。第四,艺术学习要尽可能围绕有意义的专题进行。第五,反对制订从幼儿园到高中的连续性艺术教育计划。"艺术修养的培育,要靠在不同的发展阶段持续接触艺术风格、艺术创作、艺术流派等核心概念……艺术教育的课程必须以螺旋式发展的特点为基础。"[1]第六,重视艺术教育中的评估作用。第七,艺术是个极度个人化的领域,学生在艺术中要进入到自己与他人的情感世界。因此,艺术学习并不仅仅是掌握某些技巧和概念。第八,反对向学生讲授如何判断艺术。但要让学生知道,艺术品的传播与流行的艺术品位和价值有关。第九,艺术教育并不仅仅是艺术教师的任务,它还需要艺术家、管理人员、研究人员与学生自己的密切协作。第十,艺术教育要坚持"宁精勿滥"的原则。每个学生不可能学习所有的艺术形式。学生只精通一种艺术形式,比对多种艺术形式都一知半解要好。

　　在洛克菲勒基金会的资助下,"零点项目"与教育测试中心与匹兹堡公立学校的教师与研究人员经过五年的合作,为高级中学程度的学生设计了一种新的艺术课程和评估方法,被称为"艺术推进"项目。此项目的目标是以学生为导向进行艺术学习。它把艺术教学与艺术评估结合起来,为中学生确定了三种艺术形式:音乐、视觉艺术与富有想象力的写作。在"艺术推进"项目的教室里,学生们通过三种途径来接触艺术形式。[2]（1）创作——学生

---

①[美]H.加德纳:《多元智能》,沈致隆译,新华出版社1999年版,第150页。
②http://www.pz.harvard.edu/Research/Research.htm. 2002年1月21日。

们通过将自己的思想融入到音乐、文字与视觉形式中来学习各艺术形式的基本技巧与原则;(2)知觉——学生们研究艺术品,理解艺术家做出的选择,并领会自己的作品与他人作品之间的联系;(3)反思——学生按照个人标准与本领域中的优秀标准评估自己的作品。

"艺术推进"项目的研究人员还发展了两种教育模式,以运用评估与自我评估来加强艺术教学。第一种模式是"领域专题"。研究人员开发出一套称之为"领域专题"的实践练习,涵盖了感知、创作与思考这三方面的能力。领域专题本身并不组成课程体系,但要适合某一标准的艺术课程体系。它主要是鼓励学生要像实践中的艺术家那样去解决各种艺术活动中的问题。第二种模式是"代表作品辑"。主要是收集起学生在艺术学习过程中的所有作品,包括艺术成品、原始素描、草稿、与他人的讨论稿,以及与学生自己的专题相关的艺术品。这样做的目的是为了追溯学生在创造性过程中每一阶段上的发展,评估学生的能力,并鼓励他们发展自己的潜在能力。

"艺术推进"项目是艺术教育的一种实践。它在美国的教育界已经引起巨大反响,并被许多学校采用。

第四章　加德纳的"多元智能"理论中的美育思想

第一节　"多元智能"理论的提出及其背景

即将跨入 21 世纪之际,世界范围内教育理论领域是非常活跃的,而且有许多新的突破。结合我国实际,借鉴这些理论,无疑有助于我国教育的现代化,特别是有助于我国正在深入开展的素质教育。

最近,美国霍华德·加德纳(Howard Gardner)1993 年所著《多元智能》一书出版。这本著作在教育理论的创新上的确具有相当的前沿性,对我国的教育事业将有重要借鉴作用,对正在成为学术研究热点的美育学科也有重要的启发意义。霍华德·加德纳是世界著名的发展心理学家,现任美国哈佛大学教育研究生院认知和教育学教授、心理学教授,哈佛大学"零点项目"研究所两位所长之一。他在 1983 年出版的《智能结构》一书中针对传统的智商测试的弊端提出"多元智能"的观点。这本书在教育界产生了强烈反响并引起争论。1993 年,加德纳教授又根据 10 年来学术界研究的进展,出版了《多元智能》一书,并对"多元智能"理论即"MI(Multipie Intelligences)理论"进行比较全面的阐述。他说："如我将智能定义为：在一个或多个文化背景中被认为是有价值的、解决问题或制造产品的能力。在多元智能理论中，我提出所有正常人拥有至少七种相对独立的智能形式。"①这七种智能为语言智能、数学逻辑智能、音乐智能、身体运动智能、定向智能、人际关系智能和自我认识智能。他认为，每种智能最初以生理潜能为基础，是遗传基因和环境因素相互作用的结果，应将其看作生理心理产物，是认知的来源。每种智能都必须具有可辨别的基本能力的特征或一组特征。例如音乐智能的基本能力特征就是对于音高的敏感性，语言智能的基本能力特征则是对于发音和声韵的敏感性。他说："每个正常的人都在一定程度上拥有其中的多项技能，人类个体的不同在于所拥有的技能的程度和组合不同。"②加德纳还将这种"多元智能"理论运用于教育实践，提出了新的教育理论和新的学校的概念，并从学校、专家、学生、社会的纵向角度和课程、评估以及活动的横向角度将"多元智能"理论付诸实践，取得相当多的实践的例证。加德纳的"多元智能"理论在美国引起了强烈反响。从独立学校全国联合会、教育立法者、教育记者、大学教授到学生家长和学生本人，各界人士都十分关心这一理论，并参加到"多元智能"理论的讨论和实践之中，有关著作和刊物也纷纷出现。可见，"多元智能"理论是一个在世纪之交引起全美国特别是美国教育界普遍关注的问题。"多元智能"理论之所以引起如此强烈的反响，重要的原因是它适应时代的要

①［美］霍华德·加德纳：《多元智能》，沈致隆译，新华出版社 1999 年版，第90 页。

②［美］霍华德·加德纳：《多元智能》，沈致隆译，新华出版社 1999 年版，第16 页。

求,摒弃单一的应试教育,倡导多元的素质教育。正因此,它同美育也就有了密切的关系。因为,对美育的突出强调也是素质教育的题中应有之义。正是从这个角度,我们认为,"多元智能"理论的研究不仅有助于新时期美育理论的发展,而且会为美育研究提供新的方法和理论武器。当然不可否认的,"多元智能"理论本身在教育实践中所包含的艺术教育内容对美育也有其借鉴意义。

"多元智能"理论是 20 世纪后半期经济、社会和学科发展的产物。从这个角度看,美育在这一时期由冷到热,进而跨入社会与学科的前沿,也是适应 20 世纪后半期时代需要的结果。我们由"多元智能"理论产生的社会必然性,也可窥见美育作为素质教育组成部分进一步发展的社会必然性。加德纳指出:"大约一个世纪以来,西方工业化社会及其学校只能开发出人口中一小部分人的智能。然而随着后工业时代经济的发展,仅仅依靠非情景化的学习来开发智力已经不恰当了。我们必须根据个体的特点和文化要素来考虑拓宽智能的概念。伴随着智能的新观念,需要新的教育和评估体制,以培养多数人的能力。"①加德纳在这里指出了"多元智能"理论产生的社会经济背景——后工业社会。而所谓后工业社会,也就是我们通常所说的以信息产业为标志的知识经济时代。正是这样一个时代要求摒弃工业时代传统的教育理论,呼唤一种新的教育观念和体制。他说:"据我看来,美国的教育正处在转折关头。目前的形势是:一方面存在着相当的压力,使教育迅速向统一规划的学校教育方向发展。另一方面,同时又存在着教育内容包容'以个人为中心的学校教育'的可能性。学

①[美]霍华德·加德纳:《多元智能》,沈致隆译,新华出版社 1999 年版,第245—246 页。

校教育究竟应该向何处去？双方争论激烈。根据对科学证据的分析，我认为应该向'以个人为中心的学校教育'体制发展。"①这里讲到了两种对立的教育观和教育体制："统一规划的学校教育"和"以个人为中心的学校教育"。所谓"统一规划的学校教育"，就是工业时代的应试教育，其代表性的理论与实践就是所谓智商(IQ)测定，以 IQ 为根据评估学生、选拔学生。正是在这种情况下，在美国出现了一种十分独特的测试行业，而且每年为此花费数十亿美元。这正是工业社会崇尚高效、简单、容易操作的方法及其对所谓经济效益的追求的结果。由此派生出"一元化的教育"，即根据这种统一测试的要求，学生必须尽可能地学习相同的课程，教师必须尽可能以相同的方式将这些知识传授给所有的学生。而学生在校期间必须通过频繁的考试评估，这些考试应在一致的条件下进行，学生、教师和家长都应收到表明学生进步或退步的量化的成绩单。这些考试又必须是全国统一的规范化测验，以便具有最大范围的可比性。因此，最重要的学科就是适合采用这种考试方式的学科，如数学、科学、语法、历史等，而那些正规考试难以控制的学科如艺术等则最不受重视。加德纳认为这种"统一规划的学校教育"及与其适应的智商测试方法，实际上承受着三种偏见的危害。这三种偏见就是"西方主义""测试主义"和"精英主义"。所谓"西方主义"是指由古希腊苏格拉底开始的一味推崇"逻辑思维"和理性的传统，由此而一味排斥其他。所谓"测试主义"是指只重视人类可以测试出来的能力，如果某种能力无法测出，就认为这种能力不重要。所谓"精英主义"则指迷信按确定

---

① ［美］霍华德·加德纳：《多元智能》，沈致隆译，新华出版社 1999 年版，第 74—75 页。

的数学逻辑思维方法解答所有问题的"精英分子",而正是这些"精英分子"误导了美国的政策。加德纳与这种"统一规划的学校教育"及其"智商式思维"的测试体系相对立,提出了"多元智能"理论及与之相应的"以个人为中心的学校教育"。这种"以个人为中心的学校教育"的理论根据是"人的心理和智能由多层面、多要素组成,无法以任何正统的方式,仅仅用单一的纸笔工具合理地测量出来"①。正是基于此,才得出了人与人的智能是不同的观点,由此要求教育理论和方法反映这种差异,这无疑有助于受教育者最大限度地发挥其智能潜力。同时,多元智能理论及与之相应的"以个人为中心的学校教育"认为没有一个人能精通所有的知识,拥有所有的能力,因此便存在一个发展适合自己智能和选择适合自己的发展道路的问题,"多元智能"理论应在这一方面给予学生与家长以建议和帮助。最后就是创建一种能"使教育在每个人身上得到最大的成功"的"以个人为中心的学校"。加德纳的"多元智能"理论就是在这种知识经济的背景条件下,在"统一规划的学校教育"与"以个人为中心的学校教育"两种教育观的尖锐对立中产生的,它旨在适应后工业社会的知识经济,并为"以个人为中心的学校教育"提供理论根据。

由此,我们可知,所谓"统一规划的学校教育"就是一种适合工业社会培养工业劳动后备军的"应试教育",而"以个人为中心的学校教育"是知识经济时代强调充分发挥个人潜能特别是创造能力的素质教育。这种强调个人自由发展的素质教育呼唤人的多种潜能包括审美潜能的开发。尽管加德纳并不承认审美力的

①[美]霍华德·加德纳:《多元智能》,沈致隆译,新华出版社1999年版,第76页。

独立存在。他说:"谈到智能的多元化,立刻会出现一个问题,即是否存在单独的艺术智能。按照我的分析,没有。这些形式中的每一种智能,都能导向艺术思维的结果,也即表现智能的每一种形式的符号,都能(但不一定必须)按照美学的方式排列。"①但他毕竟认为七种智能的每一种都能导向艺术思维。而且在他对"统一规划的学校教育"的批判中,我们也可看到这种教育模式及其遵循的智商测试方式,只导向对适合这种测试方式的学科的重视,而难以运用这种方式测试的学科则在不被重视之列。这样的学科加德纳认为首先就是艺术。因此,在他的"以个人为中心的学校教育"中从来都是将艺术教育(美育)放在十分突出的位置。而且,加德纳也反对将美育仅仅看作是对一种技巧和概念的掌握,而将其看作是一种特殊的对待世界的方式与态度,也就是"个人化"的"感情"的方式和态度。他说:"艺术的学习仅仅掌握一套技巧和要领是不够的。艺术是一种深度个人化的领域,学生在这个领域中将进入自己和他人的感情世界。"当然,对于审美力是否具有独立意义的问题,如果将其单纯看作智力因素,的确难以独立存在。但加德纳将素质教育的多元结构仅仅归结为"智能",这也是极不全面的,这也不过是将阿尔弗莱德·比奈的局限于数学与语文的"智商"扩大到智力领域的其他方面而已,同样极大地忽视了应试教育中被排除在外的品德、意志、情感等极为重要的非智力因素。由此可知,加德纳对美育与审美力的独立意义的否定,恰恰说明他还没有完全摆脱工业社会传统的"智力第一"理论的影响。

---

① [美]霍华德·加德纳:《多元智能》,沈致隆译,新华出版社1999年版,第146页。

我们从上述的介绍中已经看到加德纳"多元智能"理论的强烈的现实性。从他对"统一规划的学校教育"及与之相应的考试方法的描述中,我们已看不到任何"异国情调",所有这些仿佛都发生在我们周遭并正在发展。由此说明,这种"一元化"的教育理论、模式与方法在全世界都具有极大的普遍性,也可说明倡导一种与之相反的"多元的"包含着美育的素质教育理论仍然有着极大的难度。但这种跨国度的世界性的"共识"与探讨的确给我们倡导美育、推进素质教育提供了更多的可供借鉴的理论与实践经验。

第二节　"多元智能"理论
与艺术教育

加德纳的"多元智能"理论尽管没有把审美力作为其七种智能之一,但因其对传统的"一元化"教育观点和"智商式思维"方式的批判,就必然将传统教育中长期被忽视的艺术教育放到突出位置。实际上"多元智能"理论及其教育实践就是加德纳任所长的哈佛大学"零点项目"研究所的重要课题之一。"零点项目"研究所建立于1967年,其创始人为哲学家纳尔逊·古德曼。他认为,艺术作品不仅仅是灵感的产物,艺术也不仅仅是情感和直觉的领域,与认知无关;艺术过程是思维活动,艺术思维与科学思维是同等重要的一种认知方式。他还认为,人们过去花费了大量的精力和金钱以改进逻辑思维和科学教育,对形象思维和艺术教育的认识却微乎其微。他立志从零开始,弥补科学教育研究和艺术教育研究之间的不平衡,因而将其项目命名为"零点项目"。30多年来,"零点项目"成为美国和世界教育界持续时间最长、规模最大的课题组，最多时有上百名科学家参与研究，设立了专门的研究基金，至今已投入数亿美元，在心理学、教育学、艺术教育等多方面取得令人瞩目的成果。1994 年哈佛大学教育研究生院院长莫非（Marphy）教授撰文指出："这个项目的研究对人类的智能理论发起了挑战，使我们对创造性和认知的理解更进一步。它还使我们不得不再一次思考教育的内涵，思考未来教育的模式。"确定这个项目的目的是向传统的认为逻辑和语言在各项智能中占统治地位的、更加重要的理论挑战。其基本理论内涵是将西方当代流行的符号理论应用于心理学和教育学，认为无论何种艺术活动都是大脑活动的一部分，一个艺术工作者必须能"读""写"出艺术作品中特有的"符号系统"。因此，"零点项目"要求确认"艺术的认知属性"并"采用认知的方式于艺术教育"①。为此，加德纳通过"零点项目"的实践归纳出以下 10 个基本观点：(1)在 10 岁以下的童年的早期，创作活动应该是任何形式艺术的学习过程的中心；(2)有关艺术的感知、史论以及其他"艺术外围"的活动，都应该尽可能来源于儿童的创作并与之紧密相联；(3)艺术课程教学，需要由精通运用艺术思维的教师或其他人士担任；(4)可能的话，艺术学习应尽可能围绕有意义的专题来进行；(5)在大多数艺术领域里，制订从幼儿园起到高中 12 年级的连续教学计划，没有任何益处；(6)评估艺术教育中的学习很重要；(7)艺术的学习仅仅掌握一套技巧和概念是不够的；(8)一般来说，在任何情况下直接向学生讲授如何判断艺术的品位和价值是危险的，也没有这个必要；(9)艺术教育非常重要，以至于无法将这项工作交给单一团体

---

① ［美］霍华德·加德纳：《多元智能》，沈致隆译，新华出版社 1999 年版，第 148 页。

来做;(10)让每个学生都学习所有的艺术形式,仅是一种理想,这种意见很难实现。加德纳对"零点项目"有一段总结性的话语:"可能会造成一种误解,那就是我们现在对于艺术思维发展的了解,已经达到研究人员对科学思维或语言能力发展的认识水平。就像我们用'零点项目'的名称提醒自己一样,这方面的研究仍然处于婴儿阶段。我们的工作表明,艺术思维的发展是复杂的,具有多种意义,想加以概括是困难的,弄不好常常半途而废。不过对于我们来说,力图将自己关于艺术思维的主要发现综合起来,仍然是很重要的,我们已对此做过不少尝试。"①

"零点项目"包含许多艺术教育的计划,而"艺术推进"就是其中之一。"艺术推进"项目是 1985 年在洛克菲勒基金会艺术与人文学科部的鼓励和支持下,哈佛大学"零点项目"和教育测试服务社,还有匹兹堡公立学校,一起进行的为期数年的研究。其目的是设计一套评估方法,记录小学高年级学生和中学学生的艺术学习状况。该项目确定了三种艺术形式:音乐、视觉艺术和富有想象力的写作。同时,确定了评估三个方面的能力:创作、感知和反思。并为了实现这一目的采取了两种方式,其一是领域专题,即针对某一种能力,开发出一套练习方式。其本身并不组成课程体系,但必须与课程相容,即必须是适合某一标准的艺术课程体系。其二是过程作品集,即学生在学习进展过程中所有的作品,除收集其最后的作品外,还收集原始素描、中间草稿、自己和别人的评论稿。与此同时,还收集与他们进行的专题有关的、他们自己欣赏或不喜欢的艺术作品。通过作品集,学生反思他们曾经做过的

①[美]霍华德·加德纳:《多元智能》,沈致隆译,新华出版社 1999 年版,第 145—146 页。

修改、修改的原因和动机、最初的草稿和最后的定型稿的关系。对于学生的草稿和最终作品，与他们的反思一起，都将进行定性的评估。这些定性评估包括投入程度、技术技巧、想象力、评论能力等方面。其目的不仅仅是在各种可能互相独立的方面评估学生的能力，而且鼓励他们发展这些方面的能力。同时，"艺术推进"项目还采用让·皮亚杰发生心理学的调查方法，从横向、纵向与脑损伤后状况三个层面对儿童的艺术思维能力进行分析研究，得出了一些重要的甚至是意想不到的发现。(1)幼儿在几个艺术领域内具有惊人的高水平，但到了童年的中期却可能出现明显的退步，呈现锯齿形或 U 形的发展曲线;(2)虽然学龄前儿童在艺术的表现上还有缺陷，但已经具备了相当的艺术知识和能力;(3)儿童在某些艺术领域内理解能力要落后于表演能力和创造能力，因而可以让儿童通过表现、制作或"行动"来学习;(4)儿童在各领域认知能力的发展速度不一;(5)大脑皮层的特定部位各有其认知重心，尤其幼儿期以后，神经系统所表现出来的认知能力已经不具有可改变性。由上述"零点项目"及与其相关的"艺术推进"项目，我们可以知道在加德纳的"多元智能"理论中，艺术教育或者说美育占据着十分重要的位置，甚至他的"多元智能"理论就是从传统的"统一观的学校教育"模式只重视逻辑与语文而极度忽视其他能力尤其是艺术思维能力而引发的。而在他的"多元智能理论"的实践中，艺术教育又占据了十分重要的位置，成为其"零点项目"和"艺术推进"项目的主要内容。同时加德纳不仅是教育理论家，更重要的是教育实践家，他的"多元智能"教育实践主要是艺术教育实践，特别是儿童(主要是幼儿)的艺术教育实践。应该说，在这一方面，加德纳为我们提供了极其珍贵的同时也是丰富的理论与实践资料，值得我们借鉴。

第三节 情景化个人评价
体系与艺术教育

加德纳作为教育家十分重视教育实践。他说:"从长远的观点看,没有比好的理论更实用的东西了,但没有机会实践的理论很快就会被人遗忘。"①因此,他特别重视将自己的"多元智能"理论付诸实践。从某种意义上说,"多元智能"理论主要是一种教育实践体系,是在这种理论的指导下对于"以个人为中心的学校教育"模式进行实践的过程。教育实践中最重要的是教育评价,就是成绩的测试方式与手段。"统一"的和"以个人为中心"的两种教育模式的对立,集中地表现在测试方式与手段之上。前者非情景化的测试体系不同于后者的这种情景化的个人评价体系,这两种完全不同的评价体系代表了两种完全不同的教育理论、教育模式和教育方式。加德纳在《多元智能》一书中对非情景化的智商测试体系进行了富有说服力的批判,而对情景化的个人的评估体系做了比较充分的阐述。这对美育的实施具有十分重要的意义。当今,我们已将美育正式列入教育方针,并争取到课程、课时和学分,但对到底如何实施美育却仍感茫然。加德纳在"多元智能"理论中对情景化的个人的评估体系的阐述与实践对我们今后美育的实施具有重要借鉴意义,甚至可以说找到了一条新的途径。让我们具体研究一下加德纳的情景化的个人的评估体系的具体内涵。

①[美]霍华德·加德纳:《多元智能》,沈致隆译,新华出版社1999年版,第87页。

加德纳对传统的智力测验给予了有力的批判，认为是受达尔文主义影响的结果，将白种人、基督徒、北欧人说成拥有最高智能、基因最优秀的种群，迷信先天的遗传，认为后天才能无法培养。再就是由于工业化和市场经济的发展，商业的价值观影响到学校，使之更多地崇尚效率，追求更加有效的运作，尽量减少留级人数，为社会提供更多的遵守纪律、训练有素的劳动力。加德纳指出："过分依赖心理学测试方法，不仅会使学生、教师和在社会背景下评估他们的人分离，也会使他们脱离受到社会珍视的知识领域。"①

加德纳的情景化的个人的评估则是同其有关智能的理论密切相关的，他说："智能是取决于个体所存在文化背景中已被认识或尚未被认识的潜能或倾向。"②他认为，人类是生物的一种，但却是有文化的生命体，人的习惯、行为方式和活动都反映出其文化和亚文化的环境特点。这个道理看起来简单，但对于智能的评估却有很深刻的启示，如果承认这个道理，再认为用简单的智商方法评估一种或多种智能就显得毫无意义了。由此，加德纳积极参与了"多彩光谱"项目。"多彩光谱"项目是哈佛大学"零点项目"的多位研究者和塔夫茨（Tafts）大学的费德曼教授共同进行的一项长期的专门研究。它是一种全方位的儿童早期教育方法，方法本于对幼儿个体差异的探索，最后产生出一套高度个体化的评估与教育方法。它的前提是假设每个儿童都在一个或几个领域

①［美］霍华德·加德纳：《多元智能》，沈致隆译，新华出版社1999年版，第250页。

②［美］霍华德·加德纳：《多元智能》，沈致隆译，新华出版社1999年版，第230页。

具有发展强项的能力,而其对象则是学龄前儿童,测试重点在于观察智能差异最早何时出现以及这种早期鉴别的价值如何。从实用的角度说,如果能在早期发现儿童的特长,对家长和老师都有很大的帮助。所使用的方法不再是传统的考试,而是采用能体现有意义的社会角色或最终状态的教材来激发种种智能的组合,具体说就是教室内布置了"自然学家之角""故事角"与"建筑角"等十几个不同的活动"角"和不同种类的活动,通过鼓励儿童积极参与,通过仔细地观察记录,确定其智能状况。经过一年左右的时间,教师就能观察到每个儿童的兴趣和才能,不需再做特点的评估。在此基础上进一步延伸,建立了"学校实用智能模式"。主要目的在于找出最佳方案,以帮助那些被称为"面临学业失败者"的学生,在学校学习以及毕业后的职业生涯中走向成功。加德纳指出:"此模式认为最重要的,就是如何将学术智能与实用的人际关系智能和自我认识智能结合起来,以实现学业和事业的成功。"①这种"学校实用智能模式"采取的就是情景化的评估方式。这种方式充分反映了现实的复杂性,即掌握教学内容是手段而不是目的,要求学生提出问题、解答问题,而不是仅仅给出答案。关于两种测评方式的优劣,加德纳列举了一个个案。一个叫雅各的四岁男孩,学年一开始就被叫去参加两种形式的评估,一种是斯比智力量表,另一种是"多彩光谱"项目评估方法。雅各不愿意参加斯比智力量表的测验,只部分地回答了3类测试题后就跑出了测试室,离开房屋爬树去了。但他却参加了有15项内容的"多彩光谱"测试,并参与了绝大多数活动,而且显示了在视觉艺术和数

---

① [美]霍华德·加德纳:《多元智能》,沈致隆译,新华出版社1999年版,第129页。

学方面有着惊人的天赋。由此说明,"多彩光谱"情景化的个人的评估方式具有四个明显的优点:(1)通过有趣的、场景化的鲜明的活动吸引儿童参加;(2)有意识地模糊了课程和评估的界线,使评估更有效地融入日常教学之中;(3)通过儿童的"智能展示"直接观察到他们的智能状况;(4)系列评估能提出建议,使儿童通过其擅长的领域来表现智能相对弱的领域。

加德纳在《多元智能》一书中关于情景化的个人的评估方式的论述,对于美育的实施具有重大意义。因为,美育主要是一种非智力的情感领域,其根本目的不在于使受教育者掌握某种技能知识,而在于确定一种审美的态度和人生观。因此,只有确定一种同其内涵与目的相适应的评估方式才能有利于它的发展。在此意义上,我们可以说只有情景化的个人的评估方式才真正有利于美育学科的发展,采取非情景化的智商式测试方式,势必导致美育走向歧途。

第四节　"多元智能"理论的
意义与发展

"多元智能"理论从方法论的角度讲给予美育以很多启发。"多元智能"理论本身具有很强的现实性,甚至可以说很强的实践性。它的产生就是一种现实的需要。也就是说,这一理论是在当代美国已经提出教育改革的现实迫切性的情况下应运而生的。对于这一点,加德纳认为,首先,美国人已经感觉到来自日本和其他环太平洋国家的挑战,它已不再具有举世无双的工业和科技霸主地位。其次,美国国民的读写能力和文化知识水平明显下降。第三,几乎每一位美国人都要求对美国学校教育的质量和教育的目的进行重新检查。正是在这样的情况下,人们才开始对"一元智能"理论及其相关的教育模式和方法产生怀疑,这是"多元智能"理论及其相关的教育模式和方法产生的土壤。加德纳"多元智能"理论研究的目的十分清楚,就是为了现实的需要,一是人的多种才能有待于开发,二是社会中存在的许多问题必须最大限度地运用人的智能去加以解决。他说:"说不定认识人类智能的多元性和展示智能的多种方式,就是我们应该迈出的一步。"①"多元智能"理论本身就包含着主体与对象、遗传因素与环境因素、先天生理与后天文化的紧密相联和互促互动,具有强烈的社会现实性。他说:"单一智能或多种智能,一直都是一定文化背景中学习机会和生理特征相互作用的结果。"②同时,加德纳又与一般的形而上哲学家不同,作为心理学家、教育家,他极为重视"多元智能"的实践成效。对此,他将所提出的"以个人为中心的学校教育模式"付诸实践,通过多类教育推进项目,进行了大量的实际操作,取得第一手资料和数据。他的"情景化的评估方法",从学习者个人的特点出发,通过在具体而生动的环境中的实践活动发掘其智能。他说:"虽然学校学到的知识与真实世界常常是脱离的,但智能的有效运用,却需要在丰富的、具体的环境里实现。工作中和个人生活中所必需的知识,往往需要通过一定的场景及与人合作或思考来获得。"③这种极强的现实性说明了"多元智能"理论具

①［美］霍华德·加德纳:《多元智能》,沈致隆译,新华出版社1999年版,第37页。

②［美］霍华德·加德纳:《多元智能》,沈致隆译,新华出版社1999年版,第230页。

③［美］霍华德·加德纳:《多元智能》,沈致隆译,新华出版社1999年版,第127页。

有很强的生命力、浓烈的时代性。同时也告诉我们,美育的发展必须同时代紧密结合,努力地适应时代的要求,回答时代的问题,才能获得更加广阔的空间。

"多元智能"理论还具有多学科的综合性。它介于教育学、心理学、认知科学、生物遗传科学、比较文化学等多种学科之间,吸收了多种学科的新鲜营养而发展起来。加德纳指出,这一理论"调查参考了不同研究领域,如神经学、特殊群体发展学、心理计量学、人类学、进化论等等。多元智能理论就是设想以上研究的结合成果"。① 从神经生物学的角度看,当代的进展表明,人类的神经系统高度分化,有较大差异。从心理学的角度看,该理论已经推翻了过去关于学习、知觉、记忆和注意力有通用法则,可适用于各个学科和领域的观点,而是认为不同领域的认知过程有异,大脑在这方面有很大限制。这一理论还借助了当代符号学、文化学的研究成果,具有极其丰富的内涵。这也给我们当代美育研究以极大启示,美育学科应同样具有交叉学科性质,它的发展有赖于多学科的共同攻关突破。当然,也要求美育工作者像加德纳那样不断拓宽自己的知识领域,从多学科综合的角度对美育进行整体的把握与研究。只有这样,美育研究才有可能尽快取得突破。

在该书的最后一部分,加德纳对"多元智能"理论在未来 20 年的发展中进行了展望。他说:"我希望在 2013 年时多元智能的思想将比 1993 年时的更加合理。"②他的这种期望是在对美国当

---

① [美]霍华德·加德纳:《多元智能》,沈致隆译,新华出版社 1999 年版,第 41 页。

② [美]霍华德·加德纳:《多元智能》,沈致隆译,新华出版社 1999 年版,第 259 页

代教育领域两种观念尖锐对立的形势做了充分的估量后做出的。他指出:"目前在这场争论中占优势的一方是主张统一学校教育的人。"①这种"统一学校教育"的"新保守主义""智商式思维",或者用我们通用的话来说是一种"应试教育"的观念,在美国仍然占据统治地位。就是在这样的形势下,加德纳及其"零点项目"研究所仍然坚持与之对立的"多元智能"理论,在实践中不断证明它。在此方面,他希望能够开发出对于不同智能组合的个体都有效的课程方案的设计,并使这一理论成为师资培训的一部分,运用于跨越国家和文化的宏观世界以及班级的微观单位。同时,还要研究"多元智能"在消费心理、大众媒介、大众文化中的渗透。他说:"现在学校参与多元智能理论的实践才刚刚起步,教育'菜谱'和教育'厨师'都不足。我希望在今后的 20 年里,大量的努力用在创办严肃认真地对待多元智能理论的教育。"②这样的估计与看法也十分符合我国素质教育,特别是美育的实际情况。我们同样需要像加德纳那样,努力而严肃认真地发展素质教育和美育,使其有丰富的"菜谱"和众多的高水平的"厨师"。

"多元智能"理论作为一种崭新而系统的教育理论与实践,以其独到而科学的体系,给予传统的"智商式思维"和"统一的学校教育"模式以有力的批判,并以其强烈的实践性提出并探索了"以个人为中心的学校教育"模式。尽管这一理论没有承认审美力与艺术教育的独立地位,但在实际上却将艺术教育提到十分突出的

---

① [美]霍华德·加德纳:《多元智能》,沈致隆译,新华出版社 1999 年版,第 75 页。

② [美]霍华德·加德纳:《多元智能》,沈致隆译,新华出版社 1999 年版,第 259 页。

位置。当然,正如加德纳自己所承认的,这个理论还处于研究探索的初期,本身尚有诸多不够完备成熟之处,实践中积累的材料也很有限,还有待于进一步的发展完善。但因其具有强烈的时代性、现实性和科学性,因而具有很强的生命力。同时,这种"多元智能"理论以"多元"代替"一元"的开放式的理论框架本身及其对人的真正素质的重视,同美育具有极大的相通性。美育不仅会从中吸取丰富的理论营养,在方法上也会有更多借鉴,而且两者的发展必然会产生一种互相促进的作用。由于我国已将素质教育提到极其重要的战略地位,因此,我们相信,在新的世纪里,美育一定会得到更好的发展。

第五章　戈尔曼的"情商"理论中的美育思想

第一节　"情商"理论的提出

丹尼尔·戈尔曼(Daniel Goleman),美国行为与脑科学专家,毕业于哈佛大学,曾任该校教授、《当代心理学》杂志高级编辑,后为《纽约时报》专栏作家。他于1995年出版专著《情感智商》,提出"情商"(EQ)与艺术教育理论,这对传统的以智商(IQ)作为评价手段的教育理论与模式具有重要的突破,同时,在突出情感教育方面又具有开创意义。

戈尔曼是在世纪之交,在面对美国社会的众多精神危机问题,基于一种对人类命运,特别是青年一代的深切关怀而写作本书的。他在1997年7月《致简体中文版读者》中开宗明义地写道:"写此书是深感美国社会危机四伏,暴力犯罪、自杀、抑郁以及其他情感问题急剧增多,尤以青少年为甚。依我看来,我们只有积极致力于培养和提高自身及下一代的情感智商与社会能力,才能措置这一严峻的局面。"①戈尔曼有针对性地调查了美国近年

---

① [美]丹尼尔·戈尔曼:《情感智商》"致简体中文版读者",耿文秀、查波译,上海科学出版社1997年版,第1页。

来青少年暴力犯罪的情况,并在书中加以列举。他指出,1990年与之前20年相比,美国的少年犯罪率达到最高峰,少年强奸案翻了一番,少年谋杀案增长了3倍(主要是枪杀案),少年自杀率与14岁以内儿童被害者增长了2倍。怀孕少女不但人数增长,而且年龄下降。至1993年,10—14岁少女怀孕率连续上升,人称"娃娃生娃娃"。少女非自愿妊娠以及迫于同龄群体压力而发生性行为的比率,同样也在稳步上升。少年性传染病感染率比前30年增长了2倍。截至1990年,美国的白人青年吸食海洛因及可卡因的比例20年来增长了2倍,而非洲裔青少年则增长了12倍之多。程度或轻或重的抑郁综合征影响着美国2/3的青少年。进入20世纪90年代,新婚夫妇预计将有2/3以离婚告终。面对如此触目惊心的事实,戈尔曼发出了"人类将何以生存"的警告。他十分沉重地写道:"总而言之,如果不作根本改变,以长远的眼光看,照此下去,我们今天的儿童将来极少有人能拥有美满的婚姻、稳定而富于成果的生活,而且将一代不如一代。"①正是基于以上情况,戈尔曼怀着对人类未来的关切之情和对青少年的满腔热爱致力于"情商"与情感教育的研究。他坚信,"国家的希望系于年青一代的教育",并认为只要坚持情感教育,就有可能培养健康健全的下一代,而这正是希望所在。

　　他还针对已到来的知识经济时代的劳动特点,认为情商与情感教育显得愈加重要。他指出,到20世纪末,美国的劳动者中将有1/3是"知识人",其生产力通过增强信息传播交流得以体现,而凭借现代通信手段的群体式工作方式更要求他们具有

①[美]丹尼尔·戈尔曼:《情感智商》,耿文秀、查波译,上海科学出版社1997年版,第252页。

很高的融洽协调的"情商"。他说："电脑网络、电子邮件、电信会议、工作群体，非正式的网络工作及其他的形式则是新的群体工作方式。如果说明晰的上下级关系是企业组织的骨架，那么，这种人与人的接触就构成了企业组织的中枢神经系统。"①戈尔曼还进一步针对新时期人才在企业发展中举足轻重的作用，指出"智商"的提高，特别是"集体的情感智商"的提高会进一步发挥"智力资本"的重大作用。他说："由于知识性的服务和智力资本对企业来讲更加重要了，对生死攸关的企业竞争力来讲也是极为重要的。"②

由此可知，戈尔曼的"情商"与情感教育理论的提出，一方面是从消极的方面干预和防范精神危机的蔓延发展，同时，也是从积极的方面适应以信息技术为特点的知识经济的要求，试图借此进一步发挥智力资本的作用，提高生产力。

戈尔曼的情商与情感教育理论是适应经济社会的需要产生的，它的产生有其必然性，而且具有很强的生命力。

第二节　"情商"的内涵与作用

"情商"的内涵是什么呢？戈尔曼告诉我们："情感智商包涵了自制、热忱、坚持，以及自我驱动、自我鞭策的能力。"③显然，在

①［美］丹尼尔·戈尔曼：《情感智商》，耿文秀、查波译，上海科学出版社1997年版，第175—176页。

②［美］丹尼尔·戈尔曼：《情感智商》，耿文秀、查波译，上海科学出版社1997年版，第179页。

③［美］丹尼尔·戈尔曼：《情感智商》，耿文秀、查波译，上海科学出版社1997年版，第179页。

戈尔曼看来,"情商"首先是人的一种情感力量,但又不是通常无控制的情感,而是一种受到理性制约的情感,是理性与感性的一种平衡。为此,他引证了耶鲁大学心理学家彼德·萨洛维的理论,将"情商"概括为五个方面。(1)了解自我——当某种情绪刚一出现时便能察觉,这是"情商"的核心。因为,没有能力认识自身的真实情绪就只好听凭这些情绪的摆布。对自我的情绪有更大的把握就能更好地指导自己的人生,更准确地决策婚姻和事业。(2)管理自我——调控自我的情绪,使之适时适地改变。这种能力建立在自我觉知的基础上。它通过自我安慰有效地摆脱焦虑、沮丧、激怒、烦恼等因失败而产生的消极情绪。这一能力的低下将使人总是陷于痛苦情绪的旋涡中。反之,这一能力的高超可使人从人生的挫折和失败中迅速跳出,重整旗鼓,迎头赶上。(3)自我激励——服从于某种目标而调动、指挥情绪的能力。要想集中注意力、自我激励、自我把握、发挥创造性,这一能力必不可少。任何方面的成功都必须有情绪的自我控制,即延迟满足,压制冲动。只有做到自我激励,积极热情地投入,才能保证取得杰出的成就。具备这种能力的人,无论从事什么行业都会更有效率。(4)识别他人情绪——也就是移情,是在情感自我觉知的基础上发展起来的又一种能力,是基本的人际关系能力。具有这种移情能力的人能通过细微的社会信号,敏锐地感受到他人的需求与欲望。这一能力更能满足如照料、教育、销售或管理类职业的要求。(5)处理人际关系——就是调控与他人的情绪反应的技巧。它可深化一个人的受社会欢迎程度、领导权威、人际互动的效能等。擅长处理人际关系者,凭借与他人的和谐关系即可事事顺利,他们就是所谓的社会明星。那么"情商(EQ)"与"智商(IQ)"之间是什么关系呢?戈尔曼认为,它们"各自独立,而非对立矛盾"①。也就是说,两者之间相对独立,不能互相取代,但又并不矛盾对立。在许多人身上可以做到两者的融合,而这恰恰是我们教育的目标。

"情商"在人的一生中具有十分重要的作用,甚至可以说是最重要的作用,这是戈尔曼最重要的发现之一。戈尔曼认为:"IQ至多只能解释成功因素的 20％,其余 80％则归于其他因素。"②这些"其他因素"中的关键因素就是"情感智商"。为此,戈尔曼列举了一个十分著名的"糖果试验"的例子。心理学家沃尔特·米切尔(Waltel Mischel)从 20 世纪 60 年代初,在斯坦福大学幼儿园进行了此项实验。他面对一组 4 岁的孩子,告诉他们,现有一些果汁软糖可以分给他们吃,但实验员要出去办事,20 分钟后才能回来,如果能坚持到实验员办完事回来,那就可以得到两块果汁软糖吃;如果等不到,那么就只能吃一块,而且马上就可以得到。这对一个 4 岁的小孩来说的确是一种考验,是一种冲动与克制、自我与本我、欲望与自我控制、即刻满足与延迟满足之间的斗争。一个孩子就此做出怎样的选择非常能说明问题,这不仅清楚地表明他的性格特征,而且还预示了他未来所走的人生道路。在实验中,有一部分孩子能够熬过那似乎没完没了的 20 分钟,一直等到实验员回来。为了抵制诱惑,他们或者闭上双眼,或是把头埋在胳膊里休息或是喃喃自语,或是哼哼唧唧地唱歌,或是动手做游戏,有的则干脆睡觉。最后,这些有勇气的孩子得到了两块果汁

---

① [美]丹尼尔·戈尔曼:《情感智商》,耿文秀、查波译,上海科学出版社 1997年版,第 49 页。
② [美]丹尼尔·戈尔曼:《情感智商》,耿文秀、查波译,上海科学出版社 1997年版,第 38 页。

软糖的回报。但那些抵制不了诱惑的孩子，几乎在实验员走出去的那一瞬间就立刻去抓取并享用那一块糖了。通过跟踪研究，大约在12—14年以后，也就是这些孩子进入青春期时，他们在情感和社交方面的差异便显露出来。那些在4岁即能抵制糖果诱惑的孩子长大后有较强的社会竞争性、较高的效率、较强的自信心，能更好地应对生活中的挫折，在压力下不轻易崩溃，没有手足无措和退缩，也没有惶恐不安。面对困难，能勇敢地迎接挑战。他们独立自主、充满自信、办事可靠、做事主动、积极参加各种活动、追求目标时能抵制住诱惑。而那些经不住诱惑的孩子中有1/3左右的人出现相对较多的心理问题，在社会中羞怯退缩，固执并优柔寡断。一遇挫折就心烦意乱，缺乏自信，疑心重而不知足，而且好妒忌，爱猜忌，脾气易烦，动辄与人争吵、斗殴，仍像过去一样，经不起诱惑，不愿推迟眼前的满足。戈尔曼指出："人们取得的种种成就都扎根于抑制冲动的能力，无论是减肥，还是获取，莫不如此。"①可见，情商在很大程度上是一种决定人生是否成功的能力。正如戈尔曼在《致简体中文版读者》中所说的："通向幸福与成功的捷径在哪里？我们如何才能帮助下一代过上幸福安定的生活？决定一个人成为社会栋梁或庸碌之辈的关键因素是什么？……显然，单凭学校那些'标准'课程是无法回答这些问题的。其实，所有这些问题的答案都与一个至关重要的因素有关，那就是人们自我管理和调节人际关系能力的大小，亦即情感智商的高低。"②而且，在

---

① ［美］丹尼尔·戈尔曼：《情感智商》，耿文秀、查波译，上海科学出版社1997年版，第90页。

② ［美］丹尼尔·戈尔曼：《情感智商》，耿文秀、查波译，上海科学出版社1997年版，"致简体中文版读者"第1页。

人们各项能力中,"情商"处于特定的"中介"地位,它决定了一个人能否圆满地发挥包括智商在内的其他能力。一个"情商"较高的人能更好地运用自己的智能取得丰硕成果,相反,一个"情商"较低的人由于不能驾驭自己的情感从而削弱了他的理论思考能力,束缚了智能作用的充分发挥。因此,戈尔曼认为:"情感潜能可说是一种'中介能力',决定了我们怎样才能充分而又完美地发挥我们所拥有的各种能力,包括我们的天赋智力。"①

而且,面对现实社会中大量的迫切需要解决的伦理道德问题,戈尔曼认为,"情商"也具有其特殊的作用。他指出:"越来越多的证据显示,人生的基本伦理观根植于潜藏的情感能力。"②他认为,伦理道德中两个最基本的能力——自制与同情都根植于"情商"。所谓"自制"就是控制冲动的能力,而所谓"同情"则是一种基于利他主义的觉察、辨认、理解和关怀他人情感的能力。正是从这个意义上讲,"情商"也就是人格,情感教育也就是一种人格教育。戈尔曼认为:"人们常用一个过时的词来表示情感智商的内涵,即'人格'。"③

戈尔曼还将"情商"与人的健康紧密相连。他说,通过大量实验,"结果表明中枢神经系统与免疫系统之间有着千丝万缕的联系。这些联系证明,精神、情感与肉体之间有着密切的联系,

---

①[美]丹尼尔·戈尔曼:《情感智商》,耿文秀、查波译,上海科学出版社1997年版,第40页。

②[美]丹尼尔·戈尔曼:《情感智商》,耿文秀、查波译,上海科学出版社1997年版,第4页。

③[美]丹尼尔·戈尔曼:《情感智商》,耿文秀、查波译,上海科学出版社1997年版,第310页。

是不能截然分开的"①。他在书中介绍了 1974 年美国心理学家罗伯特·阿德(Robert Ader)在罗彻斯特大学医学院实验室所进行的一次实验。在实验中,阿德给小白鼠吃一种药,为抑制小白鼠血液里抵抗疾病的 T 细胞。每次给它们吃药时,也给它们喝些糖水。阿德发现,后来即使只给小白鼠喝糖水,不给它们吃药,其 T 细胞数量仍在下降。直到后来,部分小白鼠病得奄奄一息。这表明小白鼠在喝糖水时,也抑制了 T 细胞。在阿德的上述发现之前,科学家们都认为,大脑与免疫系统是完全分开的两大系统,独立运作,不受影响。自阿德的发现开始,医学界不得不重新认识免疫系统与中枢神经之间的联系,并由此产生了精神神经免疫系(PNI),该学科成为医学界的热门学科。精神神经免疫系这个词本身就表明了精神、神经、免疫系统之间存在着联系。阿德的搭档戴维·费尔顿(David Felten)首先发现情绪直接影响到免疫系统的证据。费尔顿最初注意到,情绪对自主神经系统有很大影响。随后,费尔顿与其妻子苏珊娜(Suzanne)及同事一道,又发现自主神经系统直接与免疫系统的淋巴细胞和巨噬细胞发生联系的交会点。在电子显微镜下,他们发现自主神经系统的神经末梢直接连接到淋巴细胞免疫细胞上,二者之间有着类似神经感触的接触。这种接触使神经细胞释放出的神经传导特质,对免疫细胞进行调节。这种接触甚至使神经细胞和免疫细胞相互发出调节信号。这个发现使这一研究取得突破性进展。此后,不再有人对免疫细胞接受神经细胞的信息调节这一事实表示怀疑。为测验这些神经

①［美］丹尼尔·戈尔曼:《情感智商》,耿文秀、查波译,上海科学出版社 1997 年版,第 182 页。

末梢调节免疫功能的作用大小,费尔顿做了进一步实验。他去掉动物淋巴结和贮藏制造免疫细胞的重要器官脾脏的部分神经,然后注入病毒,以检测免疫系统的反应。结果,免疫系统对病毒的反应大为降低。由此,费尔顿认为,没有那些神经末梢,免疫系统简直无法对入侵的病毒或细菌做出正常反应。情绪与免疫系统之间还有一个非常重要的联系渠道,即紧张时激素分泌的变化影响免疫系统的功能。人在情绪紧张时,体内分泌儿茶酚胺(肾上腺素和去甲肾上腺素)、皮质醇、泌乳素以及天然镇静剂 β-内啡肽、脑啡肽等激素。这些激素都对免疫力有很大影响,一旦体内的这些激素急剧上升,免疫细胞的功能就受到妨碍。紧张抑制了免疫力,至少使免疫力暂时下降,这可能是为了积蓄能量,以应付眼前的危机。如果持续地高度紧张,免疫系统的抵抗力就有可能长期受损。另外,人们还对情绪同心脏病、癌症、病毒感冒、疱疹等疾病之间的关系进行了调查研究。这些研究都证明了"情绪与健康之间的互动关系"①这就说明"情商"同人的健康紧密相关,健康的情绪、健康的心理直接决定了健康的身体。

戈尔曼关于"情商"在人取得事业成功、人格的完善、智能的发挥,以及人的健康中的重要作用的论述,突出地阐明了"情商"的重要作用。这就将一个长期为人类忽视,同时又极其重要的问题尖锐地摆到人们面前,使得任何有科学头脑与社会良知的人们都无法回避。

---

① [美]丹尼尔·戈尔曼:《情感智商》,耿文秀、查波译,上海科学出版社 1997年版,第 202 页。

第三节　当代脑科学发展与
"情商"理论

　　戈尔曼的另一个重要贡献,就是从脑科学的角度对控制人情绪产生的大脑生理机制进行了充分的论证。这就从脑的生理机制论证了"情商"的科学性。我们认为,这应该是戈尔曼"情商"理论的最重要的贡献。他自己也一再声称,从脑科学的角度对"情商"进行论证是他探讨的"主题"、理论的"核心"。他说:"杏仁核的功能及其与新皮质的相互作用乃情感智商的核心。"①戈尔曼认为,每个人不仅有一个情感的大脑,还有一个理智的大脑。所谓情感的大脑,主要指杏仁核所发挥的应激反应作用。杏仁核是专司情绪事务的,所有的激情、狂怒等情感爆发都依赖于它。动物被切除或割裂了杏仁核就不会恐惧、发怒,没有了竞争或合作的驱动力,对在同类群体中的地位毫无感受,陷于情绪消失或迟钝。对于人来说,若将杏仁核与脑的联系割裂,其后果是完全不能评估事物的情感意义。这种情形被称为"情感盲目"(affective blindness)。纽约大学神经科中心神经学专家约瑟夫·勒杜(Joseph Ledoax)第一个发现了杏仁核在情绪中枢的关键作用。他发现的情绪中枢联结网络推翻了有关边缘系统的传统观念,突出了杏仁核在情绪反应中的关键作用,同时也对边缘系统其他部位的功能进行了重新定位。勒杜的研究揭示了当我们的新皮质思维中枢还没来得及对外界做出反应,进行权衡利弊时,作为边

---

① [美]丹尼尔·戈尔曼:《情感智商》,耿文秀、查波译,上海科学出版社1997年版,第21页。

缘系统的杏仁核却以更快的速度做出反应,控制了神经系统。勒
杜的研究证实,眼、耳等感觉通过传递的信息首先进入丘脑,经突
触到达杏仁核,另一条通道是经丘脑,信息沿主干道进入新皮质,
新皮质经若干不同水平的通路聚合信息,充分领悟以后发出情致
的特定反应。杏仁核借信息通过分支就能够在新皮质之前做出
反应,这就是所谓的"短路"。勒杜研究的革命意义在于,首先发
现了情绪的通路在新皮质之外。人类最原始最强烈的情绪取捷
径直达杏仁核,这条路径足以解释为什么情绪会战胜理智。这一
发现彻底推翻了认为杏仁核必须依赖新皮质的信息以形成情绪
反应的传统观念。即使在杏仁核和新皮质之间开通一个平行的
反射回路,杏仁核也能通过紧急通道激发情绪反应。为了说明杏
仁核越过大脑皮质做出应激反应的神经系统"短路"的情况,戈尔
曼举了一个例子:某日凌晨 1 点钟,14 岁的马蒂尔德想给爸爸开
一个玩笑,于是躲进壁橱里。她想在爸妈访友归来刚进家门时,
突然跳出,大叫一声,吓他们一大跳。但她的父母以为她当晚住
在同学家,回家时听到房里有响声,父亲马上摸出一枝手枪,先查
看女儿的房间,一见有人从壁橱跳出,立刻开枪。马蒂尔德腹部
中弹,应声倒下,12 小时后不治身亡。这就说明,马蒂尔德的父亲
深夜归家听见响声并见到有人从壁橱跳出,这突然的惊吓传入丘
脑后没有来得及进入大脑皮质做出准确的反应,而是通过另一条
捷径,由神经突触直达杏仁核做出更为迅速的应激反应,从而开
枪打死了自己的女儿。马蒂尔德的父亲基于恐惧本能所做的自
主性反应,恰恰是漫长而又危险的史前期人类进化过程中遗留下
的原始情绪,因为只有通过这样的反应和情绪,人类才能躲避灾
难保存自己,绵延种族。通过漫长的历史演变,这一反应已烙刻
在神经系统上并融入人的基因,一代一代传递下来。这种未经思

考的本能性的应激反应和情绪，正是当代出现大量社会悲剧的根源之一。因此，戈尔曼指出："当代人类在遭遇后工业化时代的困境时，都常常诉诸更新世灾变洪荒之时的原始情绪。这一困惑正是我欲探讨的核心主题。"①戈尔曼所关注的原始本能，即弗洛伊德所说的基于力必多的本能、本我、潜意识。但戈尔曼从神经科学的角度，从神经"短路"的崭新视角，对这种潜意识的本我进行了更为科学的解释。

但是，这种未经意识的从大脑杏仁核发出的应激反应或原始情绪冲动不能任其发展，而应置于理性与思维的控制之下。调节杏仁核直接作用和控制原始情绪冲动的缓冲装置位于大脑新皮质主干道的另一端，即前额后面的前额叶。当人发怒和恐慌时，前额叶开始工作，主要是镇压或控制这些感受，为的是有效对付眼前形势，或者是通过重新评估而做出与先前完全不同的反应。因为包括了许多通路，这种反应慢于短路，但也更审慎周全。戈尔曼指出："因此，还必须依靠前额叶皮质大力压制杏仁核命令，不使大脑其他部分对恐惧做出过分反应。"②

由上述可知，所谓"情商"就是通过大脑皮质中的前额叶这一缓冲装置镇压、控制、规范由杏仁核发出的原始情绪冲动的能力。这是从脑科学的角度对"情商"与"情感"教育的深刻阐述，是具有崭新时代特色的内容，是戈尔曼"情商"理论的特点所在。正如他在《致简体中文版读者》中所说："今天，情感智商之所以受到如此

---

① ［美］丹尼尔·戈尔曼：《情感智商》，耿文秀、查波译，上海科学出版社1997年版，第11页。
② ［美］丹尼尔·戈尔曼：《情感智商》，耿文秀、查波译，上海科学出版社1997年版，第226页。

重视,全靠神经科学的发展。"①

第四节　"情商"与情感教育

戈尔曼把情感教育看作是学校的主题之一。他说:"这一新的出发点把情感教育带入了学校,使情感与社会生活本身成为学校正规教育的主题之一。"②这就同只重智商的传统教育有了明显区别。但戈尔曼此处所讲的情感教育的含义是什么呢? 是不是我们曾经说过的作为审美教育的情感教育呢? 首先,他所说的情感教育不同于我们通常所说的作为审美教育的情感教育,而是一种旨在培养和提高情感智商的训练方法与技能。这种情感教育主要由美国的心理学家和教育家制订方案,加以实验研究。它可追溯到 20 世纪 60 年代的感情促进教育运动,是一种以感情辅助智育的方法,主要认为须动之以情才能晓之以理。概念性的理论如果从心理和动机激发的角度让儿童即刻亲身体验,就能更深刻地被掌握。20 世纪 90 年代的情感教育运动是对原有的感情教育从内部进行了彻底的改造,不仅是以情感促教育,而且更加强调教育要培养情感,并由此设计出一系列课程,"包括了核心的情感和社会技能,诸如冲动控制、愤怒调控、身处社会困境之时找出建设性的解决办法之类"。③ 情感教育所要解决的问题就是当代

①［美］丹尼尔・戈尔曼:《情感智商》,耿文秀、查波译,上海科学出版社 1997
年版,"致简体中文版读者"第 3 页。
②［美］丹尼尔・戈尔曼:《情感智商》,耿文秀、查波译,上海科学出版社 1997
年版,第 285 页。
③［美］丹尼尔・戈尔曼:《情感智商》,耿文秀、查波译,上海科学出版社 1997
年版,第 284 页。

青年所存在的主要问题:抑郁和冲动。抑郁可以说是一种时代病。戈尔曼指出:"20世纪是一个'焦虑'的世纪,就要进入的下一世纪则可能是'忧郁'的时代。各国的研究资料显示,抑郁似乎已成了现代流行病,随着现代生活方式的传播而扩散到世界各地。"①有资料显示,抑郁症的发病率越来越高。1955年以后出生的一代人,一生中罹患抑郁症的几率是其祖父辈的3倍或更多。1955年以后出生的一代人,到24岁时已有6％患上抑郁症,而美国10—13岁的男孩和女孩患严重抑郁症且病程一年以上的,高达8％—9％,而14—16岁的女孩患过一次抑郁症的达到16％。这种抑郁症实际上是一种无法正确辨识和处理自我内在情绪的能力。对病人的有效治疗首先是进行基本的情感技能训练,教会他们辨认和区分自己的情绪感受,学会自我抒解和更好地处理人际关系。易于冲动的重要原因之一就是无法正确识别别人的情绪,常常误将善意当恶意,以致诉诸拳脚。这也是情感智商的缺陷之一。情感教育的重要内容就是教育孩子识别情绪。戈尔曼认为:"这是一项关键的情绪技能。"②方式是让孩子们从杂志上找人物头像,说出其面部表情是喜是悲,并解释为什么这样认为。然后,在黑板上写出各种情绪的名称,让孩子们回答自己感受这种情绪的情况。再让孩子们模仿讲义上列举的每种情绪的肌肉动作。从更高层次解决冲动的途径则是移情。戈尔曼认为:"社会技能的核心是移情,理解他人的感受,设身处地为他人着想,尊

---

① [美]丹尼尔·戈尔曼:《情感智商》,耿文秀、查波译,上海科学出版社1997年版,第261页。

② [美]丹尼尔·戈尔曼:《情感智商》,耿文秀、查波译,上海科学出版社1997年版,第293页。

重他人的不同观点。"①在戈尔曼看来,这实际上是一种人际关系处
理的技能和技巧。比如,善于倾听,巧于提问,学会就事论事的处理
原则,敢于坚持自己的要求,对他人既不怒形于色,也不苟且屈从,
学会合作的艺术,学会巧妙调停冲突,诚恳谈判及必要时妥协等。

　　戈尔曼认为,情感教育有其不同于智商的特点。首先,情感
教育具有渐进性与隐蔽性。表面上看,情感教育平平淡淡,远不
能解决意欲解决的难题,但却润物细无声,无声无息,循序渐进,
日积月累。他说:"情感的学习也就是这样反复体验,耳濡目染,
渐渐渗透,习以成性。"②情感教育的另一个特点是具有相当的难
度。也就是说,它面对的是情感缺陷,甚至是比较严重的缺陷,所
以,就出现一种需要与可能的尖锐矛盾。这就是戈尔曼所说的情
感教育所面对的"悖论"。他说:"把握情感智商有一个特别困难
之处,即总是隐于悖论之中:最需要应用情感智商之时却又是人
们最闭目塞听、最无法吸收新信息、学习新反应模式之时——即
人们烦恼痛苦之时。在这样的时刻给予指导将使人受惠无
穷。"③至于情感教育的方式,戈尔曼列举了多种。其中之一是旧
金山努埃瓦学习中心的自我科学班。所谓自我科学,其主题就是
情感——自己的以及在人际关系中涌现出来的情绪。这一主题
就其实质而言,就是要求教师和学生都关注生活中的情绪变化,
而这正是美国其他学校不曾充分重视的问题。教学方法是以儿

①［美］丹尼尔·戈尔曼:《情感智商》,耿文秀、查波译,上海科学出版社 1997
　　年版,第 291 页。
②［美］丹尼尔·戈尔曼:《情感智商》,耿文秀、查波译,上海科学出版社 1997
　　年版,第 285 页。
③［美］丹尼尔·戈尔曼:《情感智商》,耿文秀、查波译,上海科学出版社 1997
　　年版,第 158 页。

童生活中的创伤和紧张作为学习和探讨的中心。老师讲的是孩子们自己感兴趣的问题,以及各个学校针对种种问题所制定的干预计划,如抑制儿童吸烟、滥用毒品、少女怀孕、辍学,乃至近年日益加剧的暴力的蔓延。目的在于培养儿童具有面对上述问题的处置能力,从而做到面对任何人生困惑都能无往而不胜。当然,戈尔曼认为:"最好的办法是将情感教育融入现有的课程中,而用不着单独开一门课。"①情感教育可自然地融入阅读写作、健康教育、自然科学、社会科学等规范课程之中,甚至彻底渗透到整个学校生活之中。戈尔曼还认为,情感教育的另一个方法是进行"艺术活动"②。其原因是,第一,艺术具有其他形式不可代替的潜移默化的作用;第二,艺术具有特殊的象征意义,原始神话思维的形式极易使情感为大脑所接受;第三,艺术教育可用来治疗儿童的精神创伤,通过艺术活动可使儿童敞开心扉,将憋在心里的可怕想法痛快地表达出来。在这里,戈尔曼已真正涉及与审美教育有关的艺术教育问题了,但他只是将艺术教育作为情感技能培训的一种特殊的方法。以上教育方式最后都归结到教师的素质与培训,因此,戈尔曼主张学校的情感教育项目要给有关教师提供几周的专门训练,以掌握情感教育的基本观点和方法。

　　情感教育还必须接受情感技能的训练,戈尔曼提供了一个六步"红绿灯"训练步骤和四步骤解决问题法。所谓六步"红绿灯"训练步骤即指:

---

① [美]丹尼尔·戈尔曼:《情感智商》,耿文秀、查波译,上海科学出版社 1997年版,第 29 页。

② [美]丹尼尔·戈尔曼:《情感智商》,耿文秀、查波译,上海科学出版社 1997年版,第 228 页。

红灯:1.停下,镇定,心平气和,想好再行动。

黄灯:2.说出问题所在,并表达你对此的感受。

3.确定一个建设性的目标。

4.想出多种处理方案。

5.考虑上述方案可能产生的后果。

绿灯:6.选择最佳方案,付诸行动。

他认为,这个方案给儿童提供了一套可具体操作的又有分寸的处理方式,不但控制了情绪,而且指出了有效行动的途径。所谓四步骤解决问题法,实际上是"红绿灯"训练步骤的翻版。具体为:首先认清形势;其次考虑可供选择的解决问题的种种方案;第三考虑方案可能产生的后果;第四决定方案并付诸实施。戈尔曼还根据皮亚杰发生心理学的方法,认为情感教育应与儿童成长的步调一致,在不同的年龄采取不同的方式。他说:"情感教育只有与儿童成长发展步调一致,不同年龄阶段以不同的方式反复灌输,使之既符合儿童的理解力又具有挑战性,才能保证产生最大的成效。"①他把孩子的成长分为三个大的阶段。第一个阶段,学前期。这一阶段至关重要,能奠定情绪技能的基础。如果教育得当,成年后更少吸毒、犯罪,婚姻幸福,经济收入丰厚。第二阶段,从 6 岁至 11 岁。这一阶段学校经验至关重要,而且是决定性的,将深刻地影响到青春期乃至以后。儿童的自我价值根本取决于儿童在校能否取得成功。第三阶段,青春期。升入中学标志着童年期的终结,进入青春发育的关键,此时,接受情感教育与否与他们的表现直接相关。借助于情感教育,少年具有更强大的力量,能更有效

---

① [美]丹尼尔·戈尔曼:《情感智商》,耿文秀、查波译,上海科学出版社 1997 年版,第 297 页。

地抵抗同龄群体的压力,更从容地面对学业上陡然增高的要求,更坚决地抵制抽烟或吸毒的诱惑。提高了情感智商的少年好像打了预防针,可成功抵御他们青春期面临的种种压力和骚乱。

关于情感教育课程的测试,戈尔曼在理论与实践上都认为不应像其他智育课那样运用纸笔考试,在生活实践及人生道路上能真正解决诸多情感危机与挑战才是真正的考试。他说:"自我科学课程不会给学生打分,今后的人生就是大考。但在八年级末,学生们将要离校时,有一次苏格拉底式的口试。最近一次口试的试题有:设想你的一个朋友因迫于压力吸毒,或有个朋友爱捉弄人,你将如何对他们提供帮助? 有哪些处理应激、愤怒或害怕的健康方式?"①这的确是一种符合情感教育的评价方式。因为,情感教育本身就有很强的实践性,如果按照戈尔曼的理论,实际上就是一门情感技能课。所以,如果采取传统的纸笔测验方式,即使得了满分,但实践中仍不能有效地解决各种情感危机与挑战,那也是没有意义的。我们认为,情感教育即使作为一门技能课,但其目的是"情商"的培养,因此,其效果应通过"情商"的测试来予以评价。但"情商"的测试也正在探讨当中,作为一种成熟的教育,相应地要求有比较完备的评价体系。这正是"情商"理论所要继续解决的课题之一。

第五节　"情商"理论的美育意义

"情商"理论的提出及情感教育的实践,对于整个教育领域具

---

① [美]丹尼尔·戈尔曼:《情感智商》,耿文秀、查波译,上海科学出版社1997年版,第291—292页。

有革命性的意义。它正在改变教育和学校的功能与内涵,使之适应时代并发挥愈来愈大的作用。众所周知,在传统的意义上,教育和学校的主要功能就是传授知识。不管在理论上有多少提法,从实际上看,传统教育的"智育第一"理念及其"应试教育"模式就决定了这一点。但"情商"与情感教育理论明确地把情感教育作为学校的主题之一,将其正式列入课程,并入整个教育体系。这就在智育之外,明确赋予了学校新的使命与任务——"让孩子学习做人的基本道理"。① 从表面上看,这是教育目的的一种古典回归。因为人类的早期教育,无论在东方还是西方,都是一种人生教育,但这里却有崭新的时代意义。因为,在教育的漫长历史发展中,它已从"学习做人"异化为"学习知识"。当代社会,要求青少年首先要"学习做人",已经成为十分紧迫的必须解决的问题。20世纪90年代,联合国教科文组织召开的世界教育大会,其口号已由20世纪60年代的"学会生存"变成了"学会关心"。当然,生存与关心都是当代的重要课题,也都在"做人"的范围之内,但"关心"比"生存"具有了更积极的意义。学校一旦具有了"让孩子学会做人的基本道理"的任务之后,其地位与作用也就有了新的拓展。首先,在当前家庭与社会对青少年情感缺陷的矫治已相当困难的情况下,学校成了矫治孩子情感与社会技能缺陷的重要场所。戈尔曼将学校说成是"唯一地方"。这种看法未免过于悲观与偏颇,这也许符合美国的情况,但却不符合中国的实际。从中国的情况看,全社会对孩子的情感缺陷问题都还是重视的,也采取了一些相应的措施与对策。此外,戈尔曼的另一个重要提

---

① [美]丹尼尔·戈尔曼:《情感智商》,耿文秀、查波译,上海科学出版社1997年版,第304页。

法，也是值得重视与借鉴的。那就是，他认为，情感教育的实施还要求一种"校园文化"，使学校成为"关心人的社区"。他说："在这个'社区'里，学生觉得他们受到了尊重，有人关心，与其他同学、老师及整个学校都融为一体。"①这种将学校作为一个"社区"的设想，无疑具有强烈的当代性。其建立关心人、尊重人的"校园文化"的观点，更具有强烈的针对性与现实意义。特别是，戈尔曼主张邀请社区的热心人士参加对情感有缺陷的学生的辅导，让某些成人志愿者担任学校辅导员等，都是值得倡导的。这样，就把学校、家庭与社会紧密结合，形成有效的教育网络。在该书的最后，戈尔曼对美国当前情感教育的现状做了实事求是的评价，认为它"还没有成为教育的主流"②。真正开设情感教育的学校还不多见，大多数教师、校长及家长对情感教育也一无所知。他自己也认为，面对如此严重的精神与情感危机，教育，包括情感教育，都不可能是解决所有问题的灵丹妙药。但既然我们已发现了问题，孩子们又面临着危机，情感教育课程又提供了希望，我们就应该努力地去实践。他说："时不我待，现在还不开始，又更待何时？"③作为一个有良知的教育家，戈尔曼对人类前途与青少年命运的关切之情跃然纸上。

戈尔曼的"情商"与情感教育理论的提出具有强烈的现实针对性。这一理论涉及后工业时代一个带有普遍性的问题——情

---

① [美]丹尼尔·戈尔曼：《情感智商》，耿文秀、查波译，上海科学出版社1997年版，第305页。
② [美]丹尼尔·戈尔曼：《情感智商》，耿文秀、查波译，上海科学出版社1997年版，第312页。
③ [美]丹尼尔·戈尔曼：《情感智商》，耿文秀、查波译，上海科学出版社1997年版，第312页。

感危机及与此有关的众多社会问题。人类创造了无比美妙的物质与精神文明,但是人类同时也可能将自己带到崩溃的边缘。除了环境问题之外,情感危机及由此引发的社会问题不也是一种巨大的破坏力量吗?人类必须拯救自己。运用教育的手段,包括情感教育的手段,疗治人的心理创伤,矫正精神与社会疾患,就是重要途径之一。"情商"与情感教育正是戈尔曼为疗治人类的情感疾患而开出的一剂药方,并在实践中已显示出某些效果。特别是,这一理论与实践试图突破传统的"智育第一"与"应试教育"的窠臼,突出强调了作为非智力因素的情感,这在全球性的倡导素质教育的热潮中更有其特殊的地位与作用。从理论本身来看,有两点十分重要的突破。一是与"智商"(IQ)相对,提出"情商"(EQ)概念,并将其作为人获得成功的主要因素。该理论不仅具有创新性,而且有重要指导意义。二是从脑科学的角度研究论证了"情商"的大脑皮质前额叶的思维反应控制,调节大脑杏仁核的情绪反应,克服"情绪短路"的生理机制,使"情商"理论具有了相当的科学依据。从方法上来看,戈尔曼继承了美国传统的科学新方法,并使之在"情商"理论中贯串始终,从而使理论本身具有了实践的意义与事实的根据。此外,戈尔曼从发展的理论出发,对儿童特别是幼儿"情商"的高度重视,也具有重要的科学与实践的意义。但是,戈尔曼的"情商"理论完全着眼于防范与矫治,带有消极被动的性质。同时,他将"情商"归于智能范围也未免太过狭窄,对科学实验也过分迷信,将情感教育完全归之于情感技巧的学习与掌握,又未免降低了情感教育的地位与作用,从而显得过于琐碎,势必会导致对艺术教育的忽视。当然,"情商"理论本身还很不成熟,国内学术界尚有疑义,但我们相信,这一理论一定会在进一步的研讨和探索中得到完善。

　　戈尔曼的"情商"与情感教育理论同审美教育的内涵有着明显的差异，但它们都属于"素质教育"，有其共同性。更重要的是，审美教育可以从前者吸收许多重要的理论与方法。首先，"情商"理论在脑科学的基础上对脑活动的生理机制研究的突破就对美育研究有重大启发。应该说，美育研究在这方面还存在相当差距，没有明显的进展。这也正是美育研究难以继续深入的重要原因。再就是，"情商"理论的科学的实验方法，也值得美育工作者加以学习，并以更加科学的态度，踏踏实实地从事美育的研究与探讨。

第 三 编

现代中国美育

第一章 中国现代美育建设的传统资源

第一节 先秦两汉美学与美育思想

从文明时期开始,中国美育就开始萌芽发育。最早的美育活动当然是不自觉的,与原始艺术活动和宗教活动紧密地结合在一起。也正因为如此,这种不自觉的美育活动具有极为重要的社会地位。它的基本形态就是上古的礼乐教化传统。先秦两汉文献对"三皇五帝"时代的礼乐传统有很多追述,其中当然有很多想象、附会成分,但近代以来的考古发现不断证明了这一传统曾经真实存在,《尚书·舜典》的记载也有其历史依据。这一礼乐教化传统到夏、商、周时期达到高度发达阶段,尤其在西周时已经发展到相当自觉的阶段。周公通过"制礼作乐",使上古礼乐教化传统发生质的转变,礼乐制度逐渐摆脱原始宗教开始理性化、伦理化,不仅成为西周治国平天下的统治制度,而且在教育上发挥了重要作用。西周的礼乐制度至少有三个层面的意义:第一,在政治层面上,它是制度,以此来区分尊卑贵贱的等级和社会地位。第二,在人伦关系层面上,它是道德规范的美感形式,以此来区分长幼亲疏的差等,使人养成文明守礼和道德自律的习惯。第三,在人际交往和庆典活动中,它是必不可少的优美仪式。实际上,这三种功能是不能截然分开的。无论作为制度,还是作为规范或仪式,其形式都是由美感形式或艺术形式构成的,并以美感愉悦为纽带,把不同的等级、不同的人群调和联系起来。西周礼乐文化的发展直接导致了美育思想的产生,其突出表现就是春秋时期在"礼坏乐崩"情况下诸国贤士大夫和王国乐官对西周礼乐观念的追述和阐发。现存《周礼》虽非西周原始文献,但其中对礼乐教化制度的追述及其所包含的自觉的美育思想仍具有可信性。

中国古代美育思想在进入自觉时代后的发展逐渐突出了"中和论"的内涵。《尚书·舜典》关于舜帝时代乐教的追述显然是春秋战国时期的产物,其中值得重视的是它对"中和"论美育观的提示,如关于乐教目的在于培养"直而温,宽而粟,刚而无虐,简而无傲"的"中和"人格,强调乐教之"乐"的"八音克谐,无相夺伦"的"中和"形态,至于乐教作用的"神人以和",则是尚处于原始宗教观念下的人与自然和谐的表述。《周礼》在论述礼乐教化的作用时也强调指出,"以五礼防万民之伪,而教之中;以六乐防万民之情,而教之和""以乐礼教和"(《地官·司徒》),并将"礼"称为"中礼","乐"称为"和乐"(《春官·宗伯》)。《左传》《国语》等文献中记载的春秋时人论"乐",如,周大夫单穆公、乐官伶州鸠论周景王铸"无射"之钟,提出了"乐从和"(《国语·周语》)的命题;周史伯论周之衰亡,提出了"和实生物,同则不继""和六律以聪耳"(《国语·郑语》)的著名观点;齐晏婴也依据其"和同"观论述了"先王之济五味、和五声也,以平其心,成其政也"(《左传·昭公二十年》)。此外,吴季札聘鲁,"观周乐",对《颂》乐的"直而不倨,曲而不屈,迩而不逼……五声和,八风平,节有度,守有序,盛德之所同也"(《左传·襄公二十九年》)的评价,也贯彻了"中和"的审美标准。这种"中和"论美育观至春秋战国时期为儒家继承并发扬光大。孔子以西周官学"六艺"教育弟子,他"以《诗》《书》、礼、乐教,弟子盖三千焉,身通六艺者七十有二人"(《史记·孔子世家》),将《诗》、礼、乐作为人格修养的重要手段,强调"兴于《诗》,立于礼,成于乐"(《论语·泰伯》)、"文之以礼乐,亦可以为成人矣"(《论语·宪问》)。为了充分发挥礼乐传统的教化人心的美育作用,孔子不仅"删《诗》《书》""正乐",而且对《诗》、礼、乐的美育意义进行了很多经典论述,他的一些论"乐""诗"的言论也都富于美育意义。孔子的思想以"仁"为主,强调"仁"与"礼"的中和。这一思想贯彻于他的美育思想之中,使其为儒家也为中国古代"中和"论美育观的确立奠定了坚实的基础。孔子以后,孟子继承了孔子的思想,也对礼乐的教化功能给予了充分重视,提出了"仁言不如仁声之入人也深"(《孟子·尽心上》)等著名观点。

先秦晚期,荀子吸取了道家、法家思想的积极成分,进一步发展了儒家思想。他在"天人相分"和"性恶"论思想基础上系统地整理和发展了儒家礼乐教化美育思想。在《荀子》的《礼论》《乐论》《天论》《性恶》等篇,荀子对礼乐的产生、性能、意义,对礼与乐的关系,以及礼乐教化的内容、措施等都有论述,使孔子以来的儒家礼乐思想具有了更为系统的理论形态。与孟子认为人性善相反,荀子提出"性恶"论,认为"人之性恶,其善者伪也"(《荀子·性恶》),因而提出"化性起伪"的观点,强调外在的后天的教化、改造对人性发展和人格培养的重要作用。天赋的人性(恶)必须经过人为的教化、改造才能成为善,而教化改造的内容就是大力发展人文教化和理性认识,即荀子所谓的"伪者,文理隆盛也"(《荀子·礼论》)。经过"化性起伪"的功夫,使性向善,强调外在力量对人性的限制与改造,这就是礼义的功用。"凡礼义者,是生于圣人之伪。""圣人化性而起伪而生礼义,礼义生而制法度。"(《荀子·性恶》)因此,荀子论礼论乐,特别重视其道德教化、人性培养作用,从而使其礼乐论极富美育意义。这种意义更集中地体现在他的"乐论"之中。他的《乐论》可以说是中国古代第一篇系统的美育文献。《乐论》对乐的产生,乐的本质、功能、意义做了系统的论述。荀子认为,乐与礼一样是圣人创建的,目的是养欲求,止争乱:"夫乐者,乐也,人情之所不免也,故人不能无乐。"审美愉悦是人的情感生活的必需和目标,而"乐"则是情感之必然表现,这种表现同样对人的心灵产生巨大影响。荀子在中国古代第一次充分意识到艺术的感染人心的美育作用。但也正因为如此,荀子特别强调对"乐"所表现的情感和情感所表现的"乐"予以"礼义"的调控,"君子乐得其道,小人乐得其欲。以道制欲,则乐而不乱;以欲忘道,则惑而不乐。故乐者,所以乐道也"(《荀子·乐论》)。因此,荀子所说的乐教之"乐"是符合礼义规范的"乐",乐教所培养的是高尚的精神之乐或超越官能欲望和利害关系的审美之乐。这才是乐的本质。荀子还对礼和乐的关系做了详细论述,认为礼乐相辅相成可以发挥更为积极的教化作用,礼乐相济,相辅相成,方能达到"美善相乐"的圆融境界。他由此提出了"礼之敬天也,乐之中和也"(《荀子·劝学》),"恭敬,礼也;调和,乐也"(《荀子·臣道》),"乐也者,和之不可变者也;礼也者,理之不可易者也"(《荀子·乐论》)。荀子的礼乐论所体现出的道德意义和理性精神,对礼乐教化的社会功能和心理宣泄作用的充分肯定,对中华民族审美教育和艺术教育传统的形成、发展,在思想理论上发生了重大影响。尤其是对"道"与"欲","乐"与"礼"及礼乐教化作用的论述,处处都贯穿着春秋以来乐教理论所表述的并为孔子所发挥的"中和"论美育观。这种观点在大体同时期出现的《礼记·中庸》篇中得到了具有本体论意义的发挥:"喜怒哀乐之未发,谓之中;发而皆中节,谓之和。中也者,天下之大本也;和也者,天下之达道也。致中和,天地位焉,万物育焉。"这一论述可以明显看出是春秋以来乐论的发展,其本身也具有美育意义,从而构成了中国古代"中和"论美育观的核心精神①。

　　春秋战国时期,百家争鸣,面对"礼坏乐崩"的历史剧变,诸子百家都将上古以来至西周发展成熟的礼乐制度作为思考对象,礼乐教化问题尤其是诸子纷争的焦点。除儒家对礼乐教化传统持维护、发展态度外,道、墨、法诸家都采取了批判的审视态度,也将儒家作为批判对象。他们的批判尽管立足点不同,对美育思想的发展也有其积极促进作用,表现出各自的美育观,但总的来说,对美育思想建树不大。只有以老子、庄子为代表的道家,建构了不同于礼乐教化的传统,也不同于儒家的思想体系。这一思想体系本身具有超越现实的社会政治伦理规范、追求精神解放和心灵自由的美学精神,从而在整个中国古代美学、美育的发展中构成了对儒家的批判和补充。后经魏晋玄学的发扬和隋唐佛学禅宗的吸纳,逐渐世俗化,并渗透到宋明儒学之中,同样对中国古代美育思想产生了重要影响。

　　西汉前期虽然崇尚黄老道家思想,但对先秦以来诸子学说也采取较开放、宽容态度,儒家地位由此潜滋暗长。至武帝时期,适应"大一统"的封建帝国统治需要,儒家思想逐渐成为官方正统思想,从此确立了在中国古代思想文化发展中的主体地位,儒家美育思想也由此成为中国古代美育思想的主体。大约在武帝时期成书的《乐记》是中国有史以来第一部系统论述美育思想的专著,

---

①关于中国美育思想的产生及其在先秦时期的发展,可参考祁海文:《礼乐教化:先秦美育思想研究》,齐鲁书社 2001 年版。

也是美育思想走向成熟的标志。《乐记》比较系统地整理和总结了先秦以来的乐教思想资料,同时也包含了汉代学者在此基础上的引申、发挥。其基本思想来自儒家,仍然以礼乐教化为中心,尤其是荀子的礼乐论构成了《乐记》思想的核心和主要理论构架。它对礼乐的性质、构成及其教化作用、礼乐关系等的丰富的论述,又是对孔子、孟子、荀子以来儒家思想的重大突破与发展。《乐记》思想的基础是"性"与"情"的关系,在这方面,它受到了《中庸》篇的"致中和"思想的明显影响。以"性情"论为基础,《乐记》具体论述了"乐"与政治的关系、"乐"与伦理的关系、"乐"与"礼"的关系、礼乐与天地的关系几个主题,全面展开了它的以礼乐教化为核心观念的"中和"论美育思想。《乐记》首先探讨了艺术的根源问题,指出"凡音之起,由人心生也,人心之动,物使之然也,感于物而动,故形于声",认为艺术的产生是心与物、主体与客体相互交融感应的结果,因此,"乐"是人之情感的必然表现。但《乐记》认为,人性本静,情由物感而生,有背离"性",导致"灭天理而穷人欲"的危险,因此必须予以礼乐的节制和陶冶,"先王之制礼乐,人为之节""故礼以道其志,乐以和其声,政以一其行,刑以防其奸。礼乐刑政,其极一也,所以同民心而出治道也"。这是《乐记》礼乐教化学说的基本出发点。《乐记》对"乐"感动人心的作用有着比荀子更为充分的认识和更为细致丰富的论述,但其着眼点与荀子一致,重视"乐"的道德教化功能和以道德、伦理为核心的人格培养目的,尤其突出地强调了礼乐相济的教化作用的实现。《乐记》对礼乐在教化中相辅相成的作用也比荀子认识的更为全面:一是认为"乐"激发、诱导、陶冶情感,使人有旺盛的生命活力,"礼"则节制情感,使之"发而皆中节",达到"情"与"性"相融洽。二是从"内""外"关系讲乐与礼的作用。乐是人的内在情感表现,而且这种表现不同于一般的情感表现,是通过美感形式表现出来,因此对情感有陶冶、净化的作用。而礼则是外在于人的反映形式,它是社会公理的表现,它的作用是从外部规范、引导人的行为,使之符合礼义。三是"乐统同,礼别异",即是通过"乐"的美感教育把人们的情感联系起来,使之亲和,目标一致,具有凝聚力;而"礼"则确立人伦关系,做到尊卑贵贱有序,长幼亲疏有差,从而各安其位,各得其所,促成社会关系的整体和谐。四是突出强调了礼乐相济可以达到"天人合一"的境界。《乐记》认为,"大乐与天地同和,大礼与天地同节",礼乐教化的终极性目的是人与自然的协调和谐。

在中国古代美育思想发展中,《乐记》可以说相当全面地论述了古代美育的基本问题,也相当系统地体现了"中和"论美育观的基本内容。作为儒家美育思想成熟的标志,《乐记》的出现具有划时代意义,尽管《乐记》所借以产生的诗、乐、舞三位一体的艺术传统自春秋以来已经逐渐解体,但由于它在儒学中的经典地位,使它的影响直贯此后的中国古代美育。此后,中国古代美育虽然不断有所发展,但总体上仍然是《乐记》所确立的美育观念的发展。

从先秦到两汉,中国美学、美育思想主要集中在礼乐教化论,尤其是乐论之中。随着诗、乐、舞三位一体的艺术形态的解体,美育思想的重心开始向审美观念和其他艺术理论尤其是"诗教"方向转移。其实,这一转移在汉代已有表现。汉代,儒家"五经"被列为官学,因而有"诗教""乐教"等美育概念的出现。《礼记·经解》提到的"孔子曰:入其国,其教可知也。其为人也,温柔敦厚,诗教也;疏通知远,书教也;广博易良,乐教也;絜静精微,易教也;恭俭庄,礼教也;属辞比事,春秋教也",虽然是对经学教育的论述,但显然已经是立足于诗、礼、乐分化发展之后的观念。这里的

"乐教"已不再是传统的诗、乐、舞一体的"乐"之教化,而是音乐(当然是雅乐)教育。所谓"诗教",主要是指《诗经》教育,但它仍然强调"为人"即人格修养的教育目的,因此具有一般性意义,并且有明显的传统"乐教"观念影响,"温柔敦厚"也由此成为古代"中和"论美育观的重要概念。因此,尽管《乐记》以后美育思想的理论重心有所转移,但《乐记》所确立的基本美育观念仍然起着主导作用。这一点在汉代儒家诗学的经典文献《毛诗·大序》就有明显表现。《毛诗·大序》论诗的"诗者,志之所之也,在心为志,发言为诗。情动于中而形于言,言之不足故嗟叹之,嗟叹之不足故永歌之,永歌之不足,不知手之舞之,足之蹈之也""治世之音安以乐,其政和;乱世之音怨以怒,其政乖;亡国之音哀以思,其民困"等论述就直接来自《乐记》。其关于诗歌性质的"吟咏情性",关于诗教作用的"故正得失,动天地,感鬼神,莫近于诗。先王以是经夫妇、成孝敬、厚人伦、美教化、移风俗""发乎情,止乎礼义"等论述,也与《乐记》相近。作为儒家诗学的经典文献,《毛诗·大序》在中国古代美学、文艺思想中的地位是非常重要的,它的基本诗学观念影响至深至远。从这个角度,可以说,在汉代以后,《乐记》通过《毛诗·大序》这个中介环节发挥它在中国古代美育思想中的影响。①

第二节 魏晋南北朝美学与美育思想

在中国古代美育思想发展中,魏晋南北朝是一个值得重视的

---

① 关于儒家乐教思想及《乐记》的地位,可参考祁海文:《儒家乐教论》,河南人民出版社 2004 年版。

历史时期。这一时期虽然在美育思想上理论建树并不很多,但却是一个新的美育观建构的时期。

东汉以降,儒学越来越走向谶纬化、神秘化,经学也愈来愈陷入烦琐、僵化的困境,既无法教化世道人心,也无力解决现实政治问题。随着政治腐败、战乱纷起,儒学衰落变得不可避免。汉末以后,老庄道家思想逐渐流行,为思想界吹来一股清新之风。至魏晋易代之际,以道家为主体并融合儒家思想的玄学清谈之风盛行。此后,佛学影响逐渐扩大,至南朝齐梁时期形成了以佛学为主,儒、道、佛三教并立的形势。儒学的衰落迎来了一个精神解放的时代,文学艺术从功利主义、伦理化的儒学束缚中解放出来,走上了独立发展的道路。但魏晋南北朝又是一个战乱频仍、社会动荡、精神痛苦的时代。这一切都在不断促进着审美意识、审美观念的巨大变革。宗白华曾指出:

> 汉末魏晋六朝是中国政治上最混乱、社会上最苦痛的时代,然而却是精神史上极自由、极解放,最富于智慧、最浓于热情的一个时代。因此也就是最富有艺术精神的一个时代。①

因此,魏晋六朝时期美育的发展主要不是表现为新学说的提出,而是表现为新的审美意识的觉醒和美育观念的建构。这一点突出表现在所谓"魏晋风度"之上。

魏晋玄学兴起首先是对汉代以来严重僵化的儒家思想的反拨,嵇康的"越名教而任自然"(《释私论》)、"非汤武而薄周孔"(《与山巨源绝交书》),阮籍的"礼岂为吾辈设邪"(《晋书·阮籍传》)等代表了魏晋士人蔑弃礼法、率性任情的审美追求。其次是

---

①宗白华:《美学散步》,上海人民出版社 1981 年版,第 208 页。

对当时动荡残酷的社会人生的逃避与超越。佛教思想刺激着人们超越现实的痛苦，去追求彼岸世界的幸福。现实的残酷，玄学和佛学的兴盛，使士大夫远离儒家关注现实的用世之心，唤起了人格独立的自觉意识和对精神自由的向往，从而走向超越和审美。所谓"魏晋风度"就是一种超越、审美的人生态度。魏晋士人喜清谈，善言辩，讲风度，品藻人物，优游山水，痴迷书画，充分发展了爱美天性；南北朝时人热爱美，追求美，把自然之美创造为山水画与山水诗，在名山大川中创造了丰富的宗教艺术。这些高尚的精神生活形式的创设，反过来又培养着人们的文化教养和聪明才智，尤其培养着人们的审美能力和艺术创造能力。魏晋时期的人们经常用一种审美的眼光看待生活，要求人的精神、风度、举止、衣饰、言语等，都要符合美的标准，并且形成品藻人物的社会风气。魏晋士人所欣赏和追求的人物之美主要表现在以下几个方面。一是重才藻，尊个性。魏晋时期，上流社会重才情，尚玄谈，精于辞令，喜欢辩论，已经形成一种社会风气。这种风气影响着人们的好尚，激发人们争强好胜，从而造成一种文化修养的竞进氛围。并且，魏晋时期，社会上尊重个性，立"自我"，对儒学的名教进行反抗与否定。二是讲容止，尚神韵。魏晋人物很重视穿着、仪表、举止之美。三是比智慧，竞言辩。魏晋人玄谈辩论成风，经常三五人集合在一起，比论学问见识，竞赛才情辞藻，理与情结合，逻辑论证与形象譬喻结合，因此具有审美性质，给人以美感愉悦。四是艺术人生，一往情深。魏晋人的放达，不仅表现在如"竹林七贤"式的超世脱俗、蔑视礼教上面，而且也表现在生活情趣的丰富多彩上。追求自由，所以他们酷爱艺术、山水，陶醉于审美境界；富于情趣，所以敢于表达真情实感，常常不顾习俗，不受礼节的约束。这种审美观念的新变与儒家传统的重教化、重德行和热衷于建功立业的审美追求有着明显区别，也极大影响了作为中国古代美育思想重心的审美人格修养的价值取向。

在理论层面，魏晋六朝时期，中国古代文艺美学开始有了独立的发展。因为，在汉代，严格来说并没有真正的"诗论""乐论"，诗论、乐论都只是儒家经学的话题，其对象是经学中的《诗》和《乐》。而魏晋以后，诗文论、乐论等的对象已经是一般意义上的文学艺术。这种变化既是中国文艺发展的必然，也给文艺美学观念以极大的影响。魏晋以后的文艺美学观念逐渐摆脱儒家经学的影响，曹丕提出了"诗赋欲丽"（《典论·论文》）的命题，不再纠缠于传统的文质关系。陆机、钟嵘论文论诗，虽然继承了传统的"物感"论，但前者倡言"诗缘情而绮靡"（《文赋》）而不再强调"发乎情，止乎礼义"，后者论述诗的审美作用，指出"动天地，感鬼神，莫近于诗"（《诗品序》），显然是借用了《毛诗·大序》的说法，但却故意删去了这段原话前面的"正得失"和后面的"经夫妇，成孝敬，厚人伦，美教化，移风俗"，显示审美观的巨大变化。至南齐萧纲，甚至明白地宣示"立身先须谨重，文章且须放荡"（《诫当阳公大心书》），被现代文学史家评为"真近代论文所称浪漫之极致也"①。这一时期新兴的书法、绘画理论也明显表现出时代新思潮的影响。比较复杂的是乐论，因为这一时代的乐论探讨的仍然是儒家传统的话题，以阮籍和嵇康为代表。阮籍的《乐论》基本思想仍是儒家，他提倡乐教，认为乐以平和为美，其社会功能在于政治教化，移风易俗，从而使君臣民等各安其位。同样，他也强调实施乐教必须以雅正为标准，摒弃淫声。在礼乐关系上，也认同礼主外、乐主内的传统观点。但阮籍论"乐"，将道家的自然本体论引入乐

---

① 朱东润：《中国文学批评史大纲》，上海古籍出版社1957年版，第63页。

论中,在探讨乐的本体存在及其超越性方面有了新的发展。《乐论》说:"夫乐者,天地之体,万物之性也。合其体,得其性,则和;离其体,失其性,则乖。昔者圣人之作乐也,将以顺天地之性,体万物之生也。故定天地八方之音,以迎阴阳八风之声;均黄钟中和之律,开群生万物之情气。"既然乐以天地为体,并与万物同性,那么乐也必然以自然为根本,受自然的规定。可以说,阮籍在传统的乐论领域表达了正始玄学的"名教与自然统一"观念。服从于政教的乐,如果违背自然的规定,那也不会起到积极的教育作用,也是要不得的。因此,既有益于社会政教,又是顺乎自然的乐,才能和,才能正。嵇康《声无哀乐论》对儒家传统的"乐教"有很大的突破,他提出了"声无哀乐"的命题,认为"乐"是客观存在的音响,而哀乐是人被触动所生的感情,两者并无必然的关系,即所谓"心之与声,明为二物"。"乐"以"和"为本体,所谓"和"即"乐"之"大小、单复、高卑、善恶",是"乐"之形式与美的统一。以"和"为本体的"乐"对人的作用只限于"躁静""专散"等,并不会直接唤起哀乐之类的情感,"声音自当以善恶为主,则无关于哀乐;哀乐自当以情感而后情,则无系于声音"。人欣赏音乐所以会有哀乐之不同,乃是"哀乐自以事会,先遘于心,但因和声以自显发",也就是说人心先有哀乐,"乐"只是起着诱导和媒介作用。嵇康的"声无哀乐"论可以说从根本上取消了儒家所提倡的以"乐"教化天下的可能性,所谓"八音会谐,人之所说,亦总谓之乐,然风俗移易,本不在此也"。他认为,儒家所言移风易俗,都是在社会衰敝之后,企图用礼乐教化来挽救颓败的世风,实际是不可能的。但嵇康的思想也存在着明显的矛盾,他以"和"为"乐"之本体,又将"乐"分为"至乐"即"无声之乐"与"音声"两种。这两种"乐"之区分仍然有社会政治的因素,"至乐"出现于古代理想社会,其本

性是"至和"或"太和"。由于政治本身是"和"的,人心亦"和","和
必足于内,和气见于外",因而"至和"之"乐"虽与人心无关,但能
"使心与理相顺,气与声相应"。这就是所谓"先王之至乐",其表
现是古史传说的所谓《咸池》《六茎》《大章》《韶》《夏》等。而后世
的"乐"只是"音声",由于政治不"和"、人心不"和",因而由"音声"
所唤起只能是或哀或乐等情感。因此,嵇康实际并没有割断"乐"
与政治的关系,他的主要思想来自于道家,但在"乐论"领域表述
的却是儒家所追求的乐教的最高境界——人与自然的和谐统一,
尽管嵇康的这种追求是立足于与儒家完全不同的道家的立场上。

　　这种儒道融合的倾向也表现在刘勰的美育观念之中。在《文
心雕龙》中,刘勰的基本思想属于儒家,主张"原道""宗经""征
圣",阐述和发展了儒家美学的"文""质"统一、"情""理"合一等命
题。《文心雕龙·原道》篇完全是运用道家的"自然"论来论证
"文"之存在的合理性、必然性。《文心雕龙》中很多重要理论范畴
来自道家或与道家有渊源关系,如"神思""虚静""养气"等。但在
礼乐教化观念方面,刘勰却是儒家思想的拥护者。这一点明显表
现在他的"诗教"说中。《文心雕龙·明诗》篇对"诗""释名以章
义"(《文心雕龙·序志》)时,就指出,"诗者,持也,持人性情;三百
之蔽,义归无邪。持之为训,有符焉尔"。"持人性情",就是通过
诗对人的"风以动之,教以化之"(《毛诗·大序》)的教化作用,使
"情"归于"性",使喜怒哀乐"发而皆中节",达到"无邪"的境地。

　　刘勰的这一思想是有代表性的。魏晋南北朝时期,儒家虽然
衰落,但只是不再有"独尊"的地位,在思想界仍然与道、佛并驾齐
驱、相互渗透,其美育观仍然有所表现。但是,也正是由于道家思
想影响的玄学和外来的佛学思想的渗透、融合,传统的艺术观、美
育观才表现出更大的超功利性,更加接近艺术和审美的自身本

性。这不仅是中国传统思想的巨大进步,也是中国传统艺术观、美育观的巨大进步。

第三节　隋唐五代美学与美育思想

隋代结束了汉末以来四百余年分崩离析的混乱局面,经过短期的战乱,终于迎来了"大唐盛世"。唐代历经近三百年,政治、经济、文化、艺术繁荣、昌盛,成为中国封建社会的高峰时代。思想上,儒学正统地位逐渐恢复,但仍不是一家"独尊",而是以儒为主,儒、道、释融和并存。华夏文化与西北少数民族文化以及印度、西域文化有了更为广泛的交流、融和,从而也促进了文学艺术的发展,特别是诗、书、绘画、音乐、舞蹈等部门取得了空前的成就,甚至达到了成熟的顶峰。这一时期的美育思想主要是结合艺术功能、艺术教育而发挥的,在其基本方面不过是重申了儒教的教化思想,缺乏独创性。

隋朝统一以后,重新看到儒家思想的重要作用。隋文帝、李谔、王通等极力复兴儒教,严厉批评六朝形式主义文风,强调文学的道德教化作用。如,王通就强调,国家在功成治定之后,礼乐教化仍然是兴旺发达之根本,不能只见刑政的强制力量而忽视礼乐的化感力量,因而提出了"学必贯道""文必济义"(《文中子》)等主张。唐代是中国封建社会政治、经济、文化、艺术高度发展繁荣时代。文学艺术辉煌灿烂,游艺活动多种多样,成为人们尤其士人知识分子生活的精神食粮和追求自由的美好天地。文学艺术不像古代那样,只是帝王歌功颂德、承担政治教化的形式,而是更多地和普通人的生活情趣、审美娱乐、陶冶性情等紧密联系在一起。艺术功能的扩大,使艺术教育的范围更广泛了,文人、市民也逐渐形成自己的审美价值观。政治的开明,经济的发达,文化的昌盛,艺术的繁荣,使有唐一代的风教也是"文质相炳焕""垂晖映千春"(李白《古风》)。

唐代的艺术,尤其是书法和绘画的繁荣,形成较为成熟系统的艺术理论思想,对后代中国的艺术精神的涵养起了重要作用,在审美教育中也起到了重要作用。传统的礼乐教化进一步分化,诗歌、音乐、书法、绘画等艺术各自独立,又相互渗透,共同在艺术审美教育中作出自己的贡献。唐代书法艺术繁荣,登上历史高峰。唐太宗善书,论书标举"骨力",提倡"劲健"而"圆润"的风格,认为书艺创作乃"意在笔先"。他反复强调创作主体要有一种清静平和的精神:"夫字以神为精魄,神若不和,则无态度也;以心毫为筋骨,心若不坚,则无劲健也;以副毛为皮肤,副若不圆,则无温润也。所资心副相参用,神气冲和为妙。""夫心合于气,气合于心。神,心之用也,必静而后已矣。"(《指法论》)

孙过庭是初唐重要的书论家。他的《书谱》是对王羲之以来书法艺术的理论总结,《书谱序》总论书法艺术,具有重要的美学意义。孙过庭综合运用儒、道两家的哲学对书法艺术的本质、规律、功能及审美特征等进行了深入系统的论述。首先,他指出书法艺术的本质特征是"达其情性,形其哀乐",书道的表现形式多种多样,技巧运用灵活多变,创造书艺之美各有自己的途径、方法,但用抽象的形式吟咏性情,表达哀乐,这又是它们的共同本质。其次,孙过庭论述了书艺技法的培养、教育的重要意义,认为书法创作必须"己出"即独创,不能循规蹈矩,但又不能完全不要规矩。掌握规矩,学习技法和已有的经验,乃是独创或创新的基础与前提。孙过庭承认艺术创作者的天赋各有不同,但尤其重视后天的习得的本领、才能,主张书者要有文化修养,掌握技巧、规则,学习已有的经验,发挥天赋。再次,孙过庭继承唐太宗等人的观点,追求中和之美。他认为,中和之美的实现,主体要有"志气和平",不激不砺的心态。最后,书艺与事功的关系。孙过庭认为,创造和研习书艺固然有重要意义,有益于涵养情性,能丰富人的精神生活情趣,但必须放在适当的位置上。立身行事有本末之分;家国事业、社会功利实践与艺术、审美活动也有主次之别,不能主次不分,本末倒置。他既承认艺术、审美有重要价值,又要求把艺术、审美活动与治国平天下的大业统一起来。这是儒家艺术观的明显表现。

盛唐时代,审美观念发生了明显的变化。表现在书法艺术上,初唐人所追求的中和之美逐渐被狂放无羁的自由境界所取代。这种变化的代表人物是张怀瓘。第一,他坚持儒家的教化思想观点,深受《易传》的思想影响,认为文字书法与文章一样,都承担着明道和教化的作用。第二,张怀瓘一反初唐人的观念,否定王羲之的书艺为尽善尽美。他认为,草书价值最高,能最充分地抒发主体的情感,表现一种自由无限的境界。第三,与其推崇草书有联系,张怀瓘所追求的最高境界不是恬淡和静之优美,而是暴风骤雨式的壮美。

唐代也是绘画艺术空前繁荣的时代,人物画、动物画、山水画竞相发展,名家辈出,争奇斗艳。唐代的画论和书论一样,对于它的前代魏晋南北朝既有继承,又有新的建树。其主要表现是,突出绘画创作的主体性和心的主导作用,张璪的"外师造化,中得心源"(张彦远《历代名画记》)是这一方面的精练概括;对南齐谢赫绘画"六法"进行了具体阐述和发挥,尤其对"气韵生动"及其与其他五法之间的关系作了具体阐释;对于绘画发展史进行探讨和批评,提出书画异名而同体的论点,并把绘画艺术提到与六经同功的地位，承担着重要的教化作用。张彦远是唐代最重要的绘画史论家，著有《历代名画记》，不仅保存很多可贵的思想资料，而且有重要的理论建树。《历代名画记》继承了《易传》和《说文解字序》的观点，探讨了书画的起源、流变，认为书以传意，画以见形，异名而同体，都起源于对物象的模仿和实用的需要。他认为，绘画有伦理教化作用，"夫画者，成教化，助人伦，穷神变，测幽微，与六籍同功，四时并运，发于天然，非由述作"。也就是说，绘画在社会功能上与《诗》《书》《礼》《乐》《易》《春秋》同样重要。而且，在张彦远看来，图画比记传、赋颂更优越一些，既可叙其事又可载其容，既可咏其美又可图其象。这样一种社会功能又是其他东西不可替代的。因此，图画自古以来就是不可或缺的，是教育中的重要科目。张彦远对谢赫的"六法"逐条进行发挥，尤其突出了"气韵生动"的美学意义。他把"形似"与"气韵"作为对立范畴，分析了它们既矛盾而又必须统一的辩证关系，使"气韵"这一概括性极高的根本范畴，有了较充实的内容和具体规定，并且还论述了"气韵生动"与其他几条的相互关系。他认为，"形似"在绘画中是必不可少的，在谢赫的"六法"中除"气韵生动"外，其余五法即"骨法用笔""应物象形""随类赋彩""经营位置""传模移写"等，每一"法"都有"形似"的要求在。因此，"形似"可以概括其他五法的内容而与"气韵生动"形成对立统一关系。只有"形似"与"气韵"兼备才是美的，而且"气韵"是主要的，是灵魂。

唐代是诗歌发展繁荣的黄金时代，诗歌的繁荣使"诗教"传统得以发扬光大。对于诗歌的教育作用，自先秦以来为儒家所重视、提倡，并形成一脉相传的历史传统。但是，从魏晋南北朝开始，在诗歌批评中受道家思想影响，反对把诗歌乃至整个艺术看成是政治道德的附庸，追求一种超政治伦理、超功利的自由精神境界，并形成与儒家思想不同的诗歌批评传统。儒道两种诗歌批评思想观点，在有唐一代有明显的表现，这就是以白居易为代表的儒家"诗教"倾向和以司空图为代表的道家审美自由倾向。这两种倾向既对立又互补，全面地反映了唐代诗歌批评和"诗教"的价值、意义。

白居易不仅是唐代的伟大诗人，而且也是重要的文艺理论家。他特别看重文艺的社会教育作用，其名言是"文章合为时而著，歌诗合为事而作"（《与元九书》）。他是美学上较为典型的功利主义者，尊奉儒家"诗教"传统，认为诗之"六义"——赋、比、兴、风、雅、颂，乃是千古不移的诗歌创作与批评的不二法门，也是诗教所必须遵循的原则与标准。然而，"洎周衰秦兴，采诗官废，上不以诗补察时政，下不以歌泄导人情，用至于谄成之风动，救失之道缺，于时六义始刓矣"。他认为，古诗的功用是：统治者用以"补察时政"，而广大的百姓民众以之"泄导人情"。白居易继承了儒家征圣、宗经的观点，把圣人看成是人类德行、智慧、才能的最高表现，是粹灵之气的最纯粹者，这是一般人（包括文人在内）所无法企及的。因此，圣人之"文"乃是一切文的最高典范，又是实施教化的最高准则。由此可以看出，"诗教"在白居易心目中占有何等重要的位置。但他的诗论明显有着儒家功利主义审美观固有的偏狭性。诗歌的教育作用，固然要表现在有益于道德教化和人伦秩序的和谐，并从而"补察时政"。但诗歌的吟咏情性，平和人心，给人以美感愉悦，满足精神自由的渴望更为重要。这种审美功能是诗歌发挥教化作用之根本。白居易在具体批评中，只强调"补察时政"的一面，而忽视"泄导人情"的一面，没有把两个方面很好地统一起来。

皎然与司空图论诗不言诗教，不谈诗的社会道德政治功能，而是另辟蹊径,大谈诗的意境之美。实际上,他们要求诗超越现实功利关系的束缚,追求精神的自由境界。他们把诗歌看成是一种"生活",一种不同于物质生活的精神生活。这一派的批评思想,主要来源不是儒家,而是道、释二家。在诗的美育功能方面,他们看重的是个体的精神自由,个性的独特发展,而不是社会政治目的。皎然是位诗僧,也是诗的评论家。他论诗的最大贡献,是关于意境的思想。他的"取境"说,实质是论述诗歌意境的创作。他说:"夫诗人之思初发,取境偏高,则一首举体便高;取境偏逸,则一首举体便逸。"(《诗式·辨体有一十九字》)这实际上是讲创作主体的立意问题,立意高取境随之而高。"境"是美的观念,是就美的一般而言,而"高"和"逸"是指主体的心境、精神,决定着美的样式、风格。皎然在《诗式》中专门立了一节《取境》,论述如何才能创造意境美。他认为,"境"是一种创造的产物,是心与物二者的结合,并非纯客观的存在物。既是创造物,就存在一个形式、技巧问题。他反对所谓"诗不假修饰,任其丑朴"的说法,充分肯定形式、技巧在创作中的意义。他说:"无盐阙容而有德,曷若文王太姒有容而有德乎?"(《诗式·取境》)真正的美是善的内容与美的形式,是文与质的完美统一。他反对只看重内容而忽视形式的观点。

　　司空图处于唐末乱世,避祸隐居,抱着出世的态度,因此与道家思想有天然的联系。他的诗歌批评理论主要是三个方面:一是风格论,二是意境论,三是"品味"的审美方法论。第一,司空图分诗为二十四品①,用简练、譬喻的诗句,描画出各品的主要特征与

---

①关于《二十四诗品》是否为司空图所作,近年学术界颇有争议,本书仍遵循
　传统看法。

基本情调,反映了唐代诗歌的繁荣多彩,也大大突破了以"六义"论诗的儒家局限。二十四品中虽然也有司空图的偏爱,如喜爱王维、韦应物的"澄淡精致"(《与李生论诗书》),推重"冲淡""清奇""飘逸""自然"的风格,然而也不因此而忽视、贬斥其他的风格。他所坚持的标准主要是道家的"道""真"与"自然"等本体观念,二十四品中几乎品品都贯穿着这种基本观念,诗的风格有种种,可以用多种方法、形式表现,但有一基本要求却是各种风格必须具备的,这就是:必须有真性情,有道心,有真力,无俗气,无雕琢之痕,才是可取的风格美。如从审美教育的角度而言,无疑是主张要用多种多样的风格、形式去满足各种审美需要,才能达到教育之目的。第二,司空图关于意境的思想,在中国意境思想发展史上居于承前启后的重要地位。司空图虽未明确提出"意境"的概念,但他的整个批评都贯穿着意境的思想。意境是他评诗的根本标准,又是他追求的最高的美。他画龙点睛地指出意境美的本质特征,这就是"象外之象,景外之景""韵外之致""味外之旨"。也就是说,意境是由象、景与韵、味这些具体可感的因素融和而成,然而它的意蕴又是象、景与韵、味所涵盖不了的。意境是以有限的形象表现无限的精神,是有限与无限的统一。第三,司空图继承了钟嵘诗歌批评的观点与方法,把"品""味"作为审美的方法论进行了具体发挥。他说,"文之难,而诗之尤难。古今之喻多矣,而愚以为辨于味,而后可以言诗矣"(《与李生论诗书》),指出了艺术、审美的根本特点是情感体验。他把诗分成二十四种品格,不是理性判断的结果,而是"品"出来的。也就是说,诗乃至于整个艺术的批评不能仅仅是抽象的理论分析和逻辑推论,而是应该和艺术欣赏活动紧密结合起来,或者说,是在欣赏活动的基础上所做出的评论,因而这种评论包含着情感体验在内。

中唐古文运动的兴起，使中国传统的儒家教化思想再度复兴。其中有两个重要的代表人物，一个是韩愈，一个是柳宗元。

韩愈既是唐代著名的文学家、政治家，又是著名的教育思想家。韩愈没有专门论述艺术教育和审美教育，没有专门论述中国传统的"乐教""诗教"，他所论述的主要对象是"文"。韩愈一方面发展了儒家道统观念，以孟子直接孔子，奉孟子为儒家正宗；另一方面"辟佛老"，积极批判道家，反对佛家。韩愈主张以儒家思想为正统思想，对人民实行仁政教化。他认为，教育的中心内容是仁、义、道、德，治理国家的根本方法就是礼、乐、刑、政相辅相成。他说："博爱之谓仁，行而宜之之谓义，由是而之焉之谓道，足乎己无待乎外之谓德。其文《诗》《书》《易》《春秋》，其法礼乐刑政，其民士农工贾，其位君臣父子师友宾主昆弟夫妇，其服麻丝，其居宫室，其食粟米果蔬鱼肉，其为道易明，其为教易行也。"（《原道》）按着这种天经地义和人伦规则而实行之，就是"道"。按此统一认识、统一思想，就是"教"。诗乐文章都是施教的形式，从根本上说都是为明道服务的。在文与道的关系上，韩愈完全继承儒教思想传统，认为文是形式、手段，而道是质，即内容实质，文只有明道才有价值。韩愈曾一再表示，其志向在于"古"（道），而又非常好尚文辞。"然愈之所志于古者，不惟其辞之好，好其道然耳。"（《答李秀才书》）也就是说，判断文之好坏美丑，不在于文之语言形式如何，而在于是否很好地表现"道"，是否以道作为文的内容实质。在教育上，他提出尊师重道。他的《原道》《师说》，正是为此而作。他认为，教育的重要的职责是"传道授业解惑"（《师说》）。他的尊师重道的理论，对后世产生了深远的影响。韩愈的教育思想，可以用"尊师、重道、爱文"六个字概括之。韩愈在文与道的关系的论述中，包含着审美教育思想。韩愈之所以爱文，是因为文能引起人们的愉悦之情,因此,道可以借助于文而变成人们的一种内在需求。当这种需求得到满足时,便产生精神愉悦,这就是悦道;由于悦道,则更激发闻道的进取心,更激发学道的兴趣,从而使人才的培养获得良性循环。

柳宗元和韩愈一样反对道、释二教,认为它们都尚虚妄,不务正业,无利于社会人生。他推崇儒教,信奉周、孔之道。他说:"圣人之道,不穷异以为神,不引天以为高,利于人,备于事,如斯而已矣。"(《时令论·上》)也就是说,圣人所关心的是社会人生之事,社会人生之外的鬼神玄虚之事存疑不问。这正是儒家之道。他对艺术、审美,也主张文以明道,反对为文而文,反对六朝以来的"绮靡"文风。但柳宗元虽强调文要明道,并未走向片面极端,并不否定文的审美娱乐作用和个体的情感宣泄。他把明道与抒写情性、文的社会功能与个体审美娱乐统一起来,表现出很有价值的美育思想。

整个隋唐时期,美育思想的发展有两个线索。一是传统的儒家道德教化思想的复兴及其在文艺美学思想的表现;一是各门艺术的繁荣和审美教育功能的光显,使这一时期的文艺美学的美育思想内涵更加丰富。

第四节　宋元美学与美育思想

宋代思想发展的主流是儒学的复兴与新儒学的形成。振兴儒学,唐初已经开始,但成效主要表现在实践应用,理论建树并不显著。道、释与儒共争民心,浮华文风仍袭六朝余绪。中唐的古文运动,在扫除浮华文风,建立重质尚文的新风尚方面取得很大成功。但儒学在理论上缺乏挫败、压倒道、释尚"虚妄"的力量。

在唐代人取得的成就的基础上,儒学与道、释在宋代进一步渗透融通,逐渐发展,达到了一种新的历史高度,开创了儒学史的新的历史阶段——理学。宋代新儒学虽然在性质上、旨趣上与道释思想根本相反,但在它们之间并不存在一种不可逾越的鸿沟。它们一方面相互对立着,排斥着,同时又相互渗透,相互影响着,形成一种很复杂的关系,不能以单纯的眼光去论断这种复杂的历史现象。

宋代由于新儒学与释、道的渗透与对立,由于学术思想活跃,学派林立,思想界呈现出丰富多彩而又错综复杂的矛盾关系。这也直接影响了文艺思想、美育思想的丰富性与复杂性;不同观点并存,相互批评,也相互渗透,既不是“清一色”“无矛盾”,也不是时时处处都壁垒分明,不共戴天。但从大处着眼,两种不同审美观却又鲜明地对立着:一方面,以苏轼、严羽等代表,坚持超功利主义审美观。他们深通文学艺术的性质、特点和规律,对文学艺术及其审美活动的功用有深刻了解,建树了具有重要价值的文艺批评与美育理论。他们与唐代的皎然、司空图一派的理论一脉相承,进一步充实和发展了意境思想。另一方面,又有二程、朱熹为代表的理学家,坚持儒家功利主义审美观,从社会道德政治的角度要求文学艺术的教化功能的实现,在文与道的关系上重道轻文,甚至完全否定文,把“文以明道”的思想推向极端。介于这两派观点之间的则以欧阳修为代表。他既坚持功利主义观点,认为道本文末,为文必须明道,但又不忽视文。同时,他又反复强调艺术、审美(主要针对书画)的根本特点是“乐”,是“放心于物外”(欧阳修《有美堂记》)——超功利的审美愉悦。这几种倾向互相对峙,互相批评,互相渗透,构成了宋代艺术、审美思想的丰富性与多样性。

　　宋代的理学家在哲学上所追求的最高境界是所谓的"道"与"理"，这是一种超越感官的道德本体。这种本体世界的实现，是通过对感官欲望的否定达到的。因此，他们主张"存天理，灭人欲"，必然要否定以情感为基本特征的文学艺术和审美活动的独立价值。当然，理学家们也不完全放弃对文学艺术的利用，但强调文艺必须从属于道，与道结合为一体，服务于道，受道的支配，彻底脱离情欲。陆象山认为，道与艺的关系，必须是道为主，艺为从，不能反过来。"主于道则欲消而艺亦可进，主于艺则欲炽而道亡，艺亦不进。"（《杂说》）道与文的关系也是如此。理学家也主张"学者须学文"，但学文的目的只有一个：明道进德。文对于学者之所以必要，是因为它能提起学道的兴趣，更好地发挥传道的作用。程颢说："教人未见意趣，必不乐学。欲且教之歌舞，如古《诗》三百篇，皆古人作之。如《关雎》之类，正家之始，故用之乡人，用之邦国，日使人闻之。此等诗，其言简奥，令人未易晓。别欲作诗，略言教童子洒扫应对事长之节，令朝夕歌之，似当有助。"（《河南程氏遗书》）利用美感形式以提高学习兴趣，加深道德修养，这是理学家们所承认的事实，并且加以提倡。朱熹是宋代理学的集大成者，在文与道的关系上主张道本文末："道者文之根本，文者道之枝叶。惟其根本乎道，所以发之于文皆道也。三代圣贤文章，皆从此心写出，文便是道。"他不赞成"文以载道""文以贯道"的说法，认为这类说法把文与道的关系颠倒了："文皆是从道中流出，岂有文反能贯道之理？文是文，道是道，文只如吃饭时下饭耳！若以文贯道，却是把本为末，以末为本，可乎？"（《朱子语类》）朱熹对"文"的价值是肯定的，但完全是从"明道"的立场出发所作的道德评价，而非审美批评。他一再反对"矜豪谲诡"和"轻扬诡异"的文风，是因为这种文风使道隐而不明。朱熹的诗歌批评观继承了"诗言志"的古训,认为德性之高低,是诗之优劣的决定因素。他和程氏兄弟一样,完全从道德教化的角度说《诗》,而对具有纯粹审美价值的诗,采取严厉的批评态度。但他也承认诗的道德教化作用,是不能离开文辞、声律、技巧等美的形式因素作为助力的。而且,即使不符合儒家中庸之道,缺乏中和之美,然而却能表达忠君爱国的真情实感的作品,也认为是可取的。因此,朱熹是以道德家的眼光看待诗文艺术的,诗文艺术并无独立存在的价值。因此,在他的教育思想中,美育的内容包括在德育之中,美的形式要为道德教训服务。

与理学家的功利主义、伦理主义的教化观不同,宋代文人论文虽重道而不废文。北宋古文运动上承唐代中叶之韩、柳,其中心问题也是文与道的关系。宋初的古文家柳开较早提出文与道的关系问题,但认识比较肤浅,甚至混淆了文与道的区别,因而也不可能做出深入的论述。理学家们重道轻文,把道与文确定为主从关系、本末关系,看不到文的能动作用,没有把文与道有机地统一起来,有的人甚至走向完全否定具有审美价值的文与诗。真正继承唐代韩、柳文道观点者是欧阳修与苏轼。欧阳修也认为道本文末,道是内容,文是形式,道起主导作用,"道胜者文不难而自至"(《答吴充秀才书》),但文的作用也不可忽视。文不是被动地受道支配,而是能动地明道,使道远播。欧阳修认为,只有道而无文,则道潜藏不得见。道有了文才得以美化,得以美感地显现。他说:"传曰:言之无文,行而不远。君子之所学也,言以载事而文以饰言,事信言文,乃能表见于后世。"(《代人上王枢密求先集序书》)言与文都是明道的形式,但言是一般的形式,而文是美感形式。言而有文才能激发学道的情趣,道载于这种美感形式中才传播更久远,所以道与文的关系极为密切,不可顾此失彼。用苏轼

的说法就是"文必与道俱"（《东坡全集》）。苏轼认为，道无所不
在，任何事情都有"道"在支配着，为文也不例外。"夫言止于达
意，即疑若不文，是大不然。"（《答谢民师推官书》）达意明道不能
无文。苏轼的"文与道俱"的观点，把文与道有机地联系起来，既
重道又不忽视文，是很有价值的文艺观点。

宋代诗学比较发达，而且发展出一种特殊的理论形态——诗
话，它创始于欧阳修的《六一诗话》，并形成了撰作风潮。宋人诗
话大多内容驳杂，但从审美教育的角度讲，诗话的趣味性很强，它
比严肃的诗歌理论更富有吸引力，也容易为更多人所接受。它是
宋人创造的一种新的"诗教"思想形式。在诗论中，宋代也存在着
两种基本倾向，即道德教化派与情趣审美派，从而表现出不同的
美育取向。张戒论诗坚持以儒家正统文艺思想为准，以言志为
本，提倡"温柔敦厚"的"诗教"。他推崇曹植、李白、杜甫，而反对
苏轼以议论为诗，批评黄庭坚专以补缀奇字为尚。张戒非常重视
诗的教化作用，孔子的"思无邪"、《毛诗序》的"经夫妇，成孝敬、厚
人伦、美教化、移风俗"等思想是他论诗的根本标准。他强烈反对
六朝以来的颜延之、鲍照、庾信、徐陵、李义山等人的诗风，因为他
们"皆不免落邪思也""鲁直虽不多说妇人，然其韵度矜持，冶容太
甚，读之足以荡人心魄。此正所谓邪思也"。但是，张戒并没有把
"诗教"作简单化的解释，也不像理学家那样把"诗教"完全道德
化。他对"诗教"的审美特点和特殊规律有很深刻的认识，反复强
调为达到"诗教"之目的，不仅要志意雅正，思想情感要真实自然，
不能装腔作势，更要情意有余才能"汹涌而后发者"。他引用刘勰
的话"因情造文，不为文造情"。所谓工巧，所谓法式，都要因情而
变，要为表现情感服务，不能喧宾夺主。"诗人之工，特在一时情
味，固不可预设法式也。"（《岁寒堂诗话》）他还认为，形式和技巧

的表现运用要自然天成，反对雕琢。但是，他又指出诗是供人观赏领悟和吟咏玩味的，因而感性形象应生动鲜明，不迫不露而有余蕴。他反对直白浅露，主张含蓄而有意味。姜夔论诗，同样坚持儒家诗教立场。他说："吟咏情性，如印印泥，止乎礼义，贵涵养也。"又说："乐而不淫，哀而不伤，其惟《关雎》乎！"诗教应该以中和之美为标准，经过潜移默化，养成一种文明守礼的习惯。这贵在人的内在涵养，"《三百篇》美刺箴怨皆无迹，当以心会心"。（《白石道人诗说》）把诗教的审美特征说得十分精练、恰当而明确。

以严羽为代表一派诗学则重视诗歌审美上的"兴趣""妙悟"。严羽论诗，推崇盛唐诗人，着重论述诗歌艺术的审美特征。他说：

夫诗有别材，非关书也；诗有别趣，非关理也。然非多读书、多穷理，则不能极其至。所谓不涉理路，不落言筌者，上也。诗者，吟咏情性也。（《沧浪诗话·诗辨》）

严羽认为，诗是一种艺术，是吟咏个体情性的，它的构成是一种感性形象体系，而非记事论理的书，它能激发人的情趣，而不同于讲述抽象的学理。诗的创作不靠书本提供材料，而是描写对生活的感受，抒发诗人情感意趣。诗的功用也不是以理服人，不是用规范、制度约束人，强迫人服从，而是以美感情趣吸引人，激发人，感化人，以此达到教育目的。诗的创作不靠引经据典，诗的教育不用说理，不借用外力，而是用自身的美感力量唤起人们的兴趣和内在自觉。但是，诗与学、理之间的区别又不是绝对的。如果不读书，不穷理，也不可能创造真正美的诗；从鉴赏的角度说，不读书，不穷理，也不可能领会诗的真谛。而且，不仅不读书，不穷理不行；不多读书，不多穷理，也不行。诗的特质，要而言之，就是"吟咏情性"，激发"兴趣"。他说：

> 盛唐诸人惟在兴趣，羚羊挂角，无迹可求。故其妙处透彻玲珑，不可凑泊，如空中之音，相中之色，水中之月，镜中之象，言有尽而意无穷。（《沧浪诗话·诗辨》）

这种"言有尽而意无穷"的境界，正是一种美的境界。作诗是吟咏情性的需要，并无其他外加的目的，即"无迹可求"；如果作诗不是兴会所到，而是有另外目的，如为了表现自己的学问或进行道德教训，那就不可能写出好诗。因此，作诗在方法上要"优游不迫"，举动自如，"不可凑泊"，自然天成，切忌雕章琢句，矫揉造作。诗的境界或意境之美，既"透彻玲珑"，又清远含蓄，既形象生动鲜明，又不可触摸，"言有尽而意无穷"。与"兴趣"密切相关的是"妙悟"。"妙悟"是严羽以禅喻诗的集中表现。"兴趣"是诗的审美本质，"妙悟"是实现"兴趣"的根本方法与途径：

> 大抵禅道惟在妙悟，诗道亦在妙悟。且孟襄阳学力下韩退之远甚，而其诗独出退之之上者，一味妙悟而已。惟悟乃为当行，乃为本色。（《沧浪诗话·诗辨》）

禅家提出"不立文字"，不"寻言逐句"，而是通过自我的静照、直观来体悟宇宙人生的本真。这种把握世界的方式，正和诗的审美把握相同。禅虽然是一种宗教神秘主义，与诗以及艺术具有根本不同的性质，但在把握宇宙人生的方法、途径上却是相通的，即严羽所说"禅道""诗道"皆是"惟在妙悟"。严羽借用禅家的概念"妙悟"来说明诗的审美特点——感性直观，以示与把握学理的根本区别。这与钟嵘、司空图等人用"味""品"等概念来说明诗的审美特点一样，具有重要的美学意义，同样是中国美学史上的一大贡献。严羽标举"兴趣""妙悟"二义，与儒家正统的诗歌理论及宋代理学家的观点大异其趣。他不言"诗教"，不讲"明道"，而主倡"吟咏情性"，强调的不是社会、道德、教化，而是个体、审美。他的思想与钟嵘、司空图的诗论一脉相承,其来源主要不是儒家,而是道家与禅宗。

宋人在唐人的基础上对意境范畴的内涵做了进一步的深化与丰富,对意境美的性质、特点有了较明确的认识与规定。首先,从哲学的角度论述了意境创作中的物我关系。这主要是理学家的贡献。邵雍提出"以物观物"(《皇极经世·观物外篇·衍义》),程颢提出"万物静观皆自得"(《偶成》),朱熹提出作诗首先要"洗涤"肠胃,都强调意境乃至整个艺术创作中主体必须有一种超越态度,用现代的话说就是抱着审美态度。对于事物只是观照,不含官能欲望,而是直观事物之理。其次,进一步论述了意境的含蓄无限与虚实结合的基本特征。苏轼在评论司空图的"韵外之致"时用"言有尽而意无穷"来概括意境是有限与无限的统一,可谓一语破的。再次,南朝钟嵘、唐代司空图以"味"来喻审美体验的直觉性特点,而宋人严羽则把禅宗概念引入诗歌批评,以禅喻诗,"惟在妙悟",深刻地论述了审美的直观体悟的特性,以及创作与学理既联系又区别的关系,乃是唐人之前所未道。最后,在意境创作中,宋元人特别强调"心"的主导作用,这与唐人心物并重略有区别。他们认为,只要主观上能超世脱俗,不管你足迹在哪里,都能获得境界之美。

宋代是书法、绘画艺术繁荣的时代,书、画等艺术理论也包含浓厚的美育精神。宋代书法理论与唐人视书法艺术为严正的教化不同,多从个体涵养情性方面着眼,视书艺为一种个体性的怡情养性的手段。欧阳修自称"有暇即学书,非以求艺之精,直胜劳心于他事尔! 以此知不寓心于物者,真所谓至人也;寓于有益者,君子也;寓于伐性泊情而为害者,愚惑之人也。学书不能不劳,独不害情性耳! 要得静中之乐者,惟此耳"。(《学书静中至乐说》)

他认为,学书不是为了成名成家,而是为了自娱。苏轼也有相近说法。在艺术创作上,唐人"尚法"而宋人"尚意"。书法艺术发展到唐代,经过三百多年的创作实践和研习过程,技法已臻完善,境界已进入圆融老熟的阶段,并且有走向反面的可能。因此,只有突破唐人"应规入矩"的习惯,才可能有新的建树。而艺术贵在创新,贵在具有不可重复的个性,创新与个性乃是艺术的生命所在。因此,宋人的书艺创作强调独辟蹊径,不要重复唐人的老路。苏轼说:"我书意造本无法,点画信手烦推求。"(《石苍舒醉墨堂》)这种重个性、讲独创的创作追求自有其美育精神。此外,宋人论书,特别强调书品与人品的结合。姜夔认为:"风神者,一须人品高,二须师法古,三须纸笔佳,四须险劲,五须高明,六须润泽,七须向背得宜,八须时出新意。"(《佩文斋书画谱》卷七《续书谱·风神》)书法艺术而有风神者,乃属于高超境界。要达到这种境界,固然需要讲究创意、技法等,但人品是最为重要的因素。欧阳修、苏轼、黄庭坚也都从不同角度说明了人品与书品的密切关系,认为人品的高低决定书品价值的高低。

　　宋代绘画艺术尤其是山水画相当繁荣,并且在绘画思想上较之前代有一个重大转变。唐人继承汉魏的观点,认为绘画的主要价值仍然在于鉴诫和教化,张彦远认为绘画与"六籍"同功就是明显的例证。宋初郭若虚仍坚持这一立场,但欧阳修和苏轼,更为重视绘画的乐心、养性,强调个体的嗜好与情趣。山水画的盛行,为他们的思想认识提供了事实依据。山水画的动机是直抒作者胸臆,是为了"卧游",并不是为了什么社会目的。欧阳修在《浮槎山水记》一文中,专门论述了"山水之乐"与"富贵之乐"的不同性质:前者之乐是"放心于物外"即超越官能欲望,后者之乐是"寓意"于物内即占有冲动得以满足之乐。欧阳修是开风气之先的人物，他的艺术见解在宋代产生了深刻的影响。苏轼作为欧阳修的门生，对欧阳修的许多艺术观点是认同的，或作进一步的发挥。例如，对形神关系强调神似，区分审美之乐与官能之乐，以及提倡文人趣味等，与欧阳修唱和呼应。

宋元时期文艺的发展还有两个值得重视的现象。一是文人阶层的发展壮大。宋代的文人阶层是一种强大的社会力量，他们有知识，有很高的文化教养和审美能力，并在艺术、审美上形成自己的独特趣味和理想追求，既不同于王公贵胄，也不同于平民百姓，这就是所谓"文人趣味"。宋元时代的"文人趣味"突出地表现在绘画领域中的山水画方面。郭熙在《林泉高致》中论述了山水画产生的本意。"君子之所以爱山水者，其旨安在？丘园养素，所常处也；泉石啸傲，所常乐也；渔樵隐逸，所常适也；猿鹤飞鸣，所常亲也；尘嚣缰锁，此人情所常厌也；烟霞仙圣，此人情所常愿而不得见也……今得妙手，郁然出之，不下堂筵，坐穷泉壑；猿声鸟啼，依约在耳；山光水色，滉漾夺目。此岂不快人意，实获我心哉？此世之所以贵夫画山之本意也。"他认为，山水画主要是为了适应文人士大夫公事之余的消遣而产生的，以此来解决"君亲之心两隆"与"林泉之致，烟霞之侣，梦寐在焉"的心理矛盾。"文人趣味"的形成，说明士人知识分子已经产生了独立意识，意识到依附地位而使自己缺乏独立人格，其中暗含着追求个性自由、个性解放的近代思潮的萌芽。从审美教育的角度说，"文人趣味"不同于只强调社会统一目的的礼乐教化思想，而是侧重于个性的独立发展，追求人生的自由境界，对于温柔敦厚的古代美育标准也是一次重大的突破。"文人趣味"追求平淡简远，自然成趣，浑然天成，与富丽堂皇的贵族气和矫情伪饰的文风、世风相对立，也是很有意义的。当然，平淡、简远并不是简单朴陋，而是内容充实，意蕴深邃、技巧纯熟所达到的一种高雅的美学风格。二是市民趣味的形成。宋代，城市经济比较发达，适应市民审美需要的各种通俗文艺有了很大发展，使艺术、审美实践活动进一步突破狭小圈子，向城市市民群众普及。随着城市手工业的发展，商业也比较繁荣，城市增多，城市人口增加，城市平民阶层形成。他们要求适合自己需要的文学艺术与审美娱乐，以表达自己的思想感情。因而市民文艺——演唱说讲伎艺杂耍便应运而生，从而也形成市民自己的审美趣味。这种不同于"文人趣味"的"市民趣味"，要求文艺与现实生活密切联系在一起，形式要通俗易懂，以表达他们的爱憎情感。

上述几个方面既体现出宋代以至元代文艺、美学发展的社会的、文化的原因，也很清楚地显示宋元时期美育思想发展的线索和特征。需要注意的是，宋元时代超功利主义审美观与功利主义审美观存在着明显的对立和尖锐冲突，但在宋元美育的发展中，经常的、起主要作用的，是前者而不是后者。

第五节　明清美学与美育思想

明清两代，宋代以来的城市手工业和商业进一步发展，资本主义开始萌芽，市民阶层迅速壮大，随之而来的是适合市民趣味的俗文学的繁荣，由此形成了俗文学与传统的雅文学形成雅俗对立的局面。明清两朝都推崇程朱理学，程朱理学的忠孝节义观念和"存天理，灭人欲"的禁欲主义，成为巩固封建统治的思想武器。一些思想家、文艺家却大胆肯定私心、情欲的天然合理性，要求文艺要抒写性灵，表现情趣，学术教育要帮助人们谨守童心，反对虚假的封建礼教。因此，明清两代，传统的美育观念面临着极大冲击。

在这种背景的影响下，明清美育思想的发展也表现出自己鲜明的特点。其一，明清文艺思想、美育思想，始终贯穿古与今、雅与俗的矛盾，并且展开了激烈之争。古今雅俗的矛盾自古有之，但到明清时代这种矛盾更加突出，成为明清美育思想发展的根本线索，这又是前代所无法相比的。中国美育思想传统，在儒家复古的美育思想支配下，形成了尚古、雅而鄙今、俗的历史成见，并占据着统治地位。明清时代古今雅俗之争的结果，虽然并未根本推倒这种成见，但却大大提高今、俗的地位，而且有取而代之的发展趋势。融政治、道德、审美于一体的古代礼乐教化，仍然局限在一个狭小的范围，其重要性亦大减。在实际的审美教育中起更大更普遍作用者，不是古代的"先王乐教"和"诗教"，而是小说、戏剧之类的市民艺术，表现出从古代向近代转变的过渡性质。其二，由于封建专制、独裁走向极端化，又由于市民阶层的壮大和个性意识的觉醒，在美育思想中个体与社会、审美与道德的矛盾更加突出。一方面，专制主义统治呕须艺术、审美进一步的政治化、道德化，以便成为维护专制主义统治的工具；另一方面，广大的被统治者特别是具有民主意识的知识分子、文艺家，坚决反对把艺术—审美变成封建礼教的附庸，认为艺术—审美主要是为了满足个体人性发展的需要，宣泄个体郁愤的情感，反对理学"存天理，灭人欲"的禁欲主义，针锋相对地提出"任性而发"，唯"趣"是求。这种矛盾斗争，也是空前的尖锐、激烈。

明清时代，最高统治者一直把程朱理学立为官学，成为统治思想，成为科举的思想来源和取舍标准，而陆王心学却一直处于私家的在野的地位。程朱理学与陆王心学对明清两代都产生了极为深刻的影响，但影响的方面各有侧重。大致说来，程朱理学的影响主要表现在政治、道德、教育、社会风俗等领域,而陆王心学则主要表现在学术思想和文学艺术领域。前者的主要作用在于维护封建专制主义的制度、道德、礼教,后者却有着促进思想自由的倾向,甚至有浓厚的离经叛道的"异端"色彩,从而使思想界、文学艺术界萌发了一股近代气息。

明代儒学最重要的代表人物是王守仁,他继承陆九渊的思想,使儒家"内圣之学"即"心学"的发展,达到了一个高峰。王守仁指出,"心学"就是"圣人之学"(《万松书院记》),或曰"君子之学"(《谨斋说》)。心学与程朱理学同宗而异趣,都是儒学的继承与发挥,都坚持儒学的一套伦理观念,维护封建主义制度。但是,他们对古圣先贤之学的解释,却表现着明显不同的哲学观。理学与心学都以"理"为宇宙本体,但在理与心的关系上,程朱别心与理为二,而王守仁则合心与理为一。王守仁认为,心是宇宙本体,是决定一切的本原。"心即理也,此心无私心之蔽,即是天理,不须外面添一分。以此纯乎天理之心,发之事父,便是孝;发之事君,便是忠;发之交友治民,便是信与仁,只在此心去人欲存天理上用功便是。""所以某说无心外之理,无心外之物。"(《传习录》)王守仁把心提到本体地位,一切要求之吾心,要自得。这些思想与审美教育有着天然的联系。审美是一种高尚的精神活动,最需要一种内省的功夫和内在的主动性。这种精神活动,既不同于道德活动,也不同于逻辑思维活动。它是情与理、感性与理性融合为一,是人的心理活动支配一切,审美活动也可以说是求之吾心的活动,所以,王守仁的哲学认识论与审美活动是直接相通的。同时,王守仁的知行合一说的性质,也比较接近审美活动。知行合一,并不是我们通常所说的理论与实践的统一。他的"知",当然是知道,是认识,他的"行"是指对"道"(或理)的体悟与追求,从而使"人心"复原为"道心"。知行合一仍然是一种精神活动,与社会实践活动较远而与审美活动较近。王守仁提倡心学的目的是"致良知"与"明人伦",即通过"内圣之学"之修养以存天理灭人欲而归之于正,谨守其本心(或道心),达到道德的自我完善,明辩笃行(知行合一)仁义礼智与忠孝节义的观念,使社会人伦的等级、秩序得到巩固、持久。这一目的的实现,当然不是自然之事,本能之事,而是靠"内圣之学"的培养与教育。培养教育的方式是多种多样的,其中也需要有艺术教育、审美教育。王守仁极力坚持儒家礼乐教化思想,在对礼乐功用、文与礼、艺与道的关系所作的发挥中,表现出重道轻文的思想倾向。他说:

> 圣人之制礼乐,非直为观美而已也。固将因人情以为之节文,而因以移风易俗也。……故夫钟鼓管磬,羽籥干戚者,乐之器也;屈伸俯仰,缀兆舒疾者,乐之文也。簠簋俎豆,制度文章者,礼之器也;升降上下,周旋裼袭者,礼之文也。夫所谓礼乐之情者,岂徒在于钟鼓干戚簠簋制度之间而已邪?岂徒在于屈伸缀兆升降周旋之间而已邪?(《山东乡试录》)

王守仁认为,礼即理,一切美的形式即文都来源于礼,是礼的表现。因此,他强烈反对形式主义的礼乐观,认为礼乐如果不起节制人的情欲的作用,那就失去了先王制礼作乐的意义。同时,王守仁坚决反对功利性的辞章之学,批判华而不实的文风,认为不能把文当成享乐的玩艺而放弃道德人格教育的职责。在他看来,艺术、审美活动是一种严肃的道德修养,而非嬉戏玩好。

此外,王守仁也非常强调童蒙的美育。首先,他主张对童蒙的教育固然要以孝悌忠信礼义廉耻为务,但教育的方式要多样,诱导、规范、讽读结合起来,不能只是枯燥地读、讲。尤其要充分运用艺术教育和美感教育:"宜诱之歌诗,以发其志意,导之习礼,以肃其威仪,讽之读书,以开其知觉。"(《训蒙大意示教刘伯颂等》)这样才能使儿童得到全面发展,既学了知识,又修养了道德,身体健康,活泼可爱。就是在今天看来,这也具有重大意义。其次,歌诗、习礼、讽读都是利用美感形式进行教育。它不仅激发学习情趣,寓教于乐,而且可以促进身心健康,加强记忆,收到事半功倍的效果。

在明代思想史上,还有一位重要人物,那就是李贽。他猛烈抨击封建礼教和孔孟圣学,具有"异端"色彩。"童心说"是李贽艺术理论和审美教育思想的哲学基础。李贽认为,"童心"就是人生来所具有,未被世俗以及各种思想、学说所熏染的"本心""真心":

> 夫童心者,真心也。若以童心为不可,是以真心为不可也。夫童心者,绝假纯真,最初一念之本心也。若失却童心,便失却真心;失却真心,便失却真人。人而非真,全不复有初矣。(《焚书·杂述·童心说》)

所谓"童心",就是天生的那颗自然之心。这颗心是纯真的,若失去童心,人就变成虚假之人。李贽虽然推崇人性的天赋自然,然而他没有走到否定教育的死胡同,也没有完全否定古圣先贤遗训的历史价值,只是否定后儒对圣贤遗训的曲解和以假乱真,反对把圣贤的言论当作千古不变的教条。李贽从"童心说"出发,反对文艺上的复古主义,对小说、戏剧等通俗文学的批评,一反正统文人的偏见,给予同诗文一样重要地位,具有开创意义。

总体说来,明清时代,没落的封建统治及封建思想与市民阶层、市民意识、思想解放、追求个性的冲突始终贯穿其中。这种矛盾冲突在思想文化上可大致概括为两个方面:一是古今之争,二是雅俗之辩。

在明代,以李梦阳为代表的前七子和以王世贞为代表的后七子是复古主义的重要代表。他们认为文学的发展今不如昔。这种复古主义在美育观上一般地说是继承儒家的诗教传统,但不像宋明理学那样片面重视道德教育,而比较重视情感宣泄。但前后七子的复古主义毕竟极大地束缚了文学的创新与发展,妨碍了独创精神的培养和个性的自由发展,因而受到李贽与公安派的猛烈批判。公安派反对前后七子的复古主义诗歌理论,高举变古的旗帜,认为古今时异事变,反映时事的文学艺术当然不应当也不可能是一个模样。袁宏道提出"性灵"说,也可以代表公安派的审美教育观。所谓"性灵",即指人性中的自然本真,而非读书习礼以及世俗熏染等后天的东西,与李贽的"童心"含义差不多,都是与虚伪作假之性相对立而言。清代复古主义的最大代表是沈德潜。沈氏十分推崇明代七子,认为七子使明代"诗道复归于正","诗不学古,谓之野体"。(《说诗晬语》)他以"古"为评诗标准,把远离"古"的诗人、诗作视为背离"诗道"。石涛是清代反对复古主义的代表,他从绘画创作角度谈论画家应有的审美修养,主张艺术创作要远尘脱俗,要抱着一种超功利的审美态度,并且只有这种态度才能取得创作的自由。在石涛的艺术思想中,突出自我,张扬个性,最富于审美教育意义。从创作上说,艺术创作最需要自我的主动精神,循规蹈矩,墨守成法,便失去自我,因而艺术也便失去生命。从审美方面说,只有个性鲜明、独辟蹊径的艺术作品,才能激发人的情趣,引人入胜,才能培养智慧,陶冶情操,达到审美教育的目的。

雅俗之辩古已有之,但只是到了明清,通俗文艺及其思潮的兴起,雅俗之争才成为一股不可抗拒的历史潮流。一大批进步作家、批评家相继推波助澜,对于白话小说、传奇、民歌加以扶植与保护,为其正名,为其争得合法的地位。他们认为,首先,通俗文艺的产生必将代替古雅的诗文而承担起教育的职能,这是历史发展的必然。其次,他们断言民间文艺虽然有人"欲废而不能",主要是因为民间文艺的作者不为名不为利,只为抒发性灵,表达情感,因而是"真人"所作之"真声"。真实而有价值的东西,是不会因为某些人的不喜欢而被废弃的。再次,小说、戏剧比文人的诗文具有更普遍的社会性。它切近现代生活,真实动人,为人所喜闻乐见,这是其一。其二是其形式、语言通俗易懂,雅俗共赏,能吸引更多的读者、观者。在通俗文艺的成熟过程中,汤显祖与李渔对戏剧理论的成熟作了重大贡献,金圣叹、毛宗岗、张竹坡、脂砚斋等人对小说理论的成熟作了重大贡献。

综上所述,明代中叶之后所兴起的为通俗文艺正名的思潮,代表着文艺思想、美育思想发展的新方向。它努力使"今""俗"文艺从"古""雅"的文艺观的束缚下解脱出来,使审美教育冲破贵族的狭小圈子而向社会大众普及。虽然这一思潮在明代及其后的清代,并未因此取得正宗地位,但是却大大提高了通俗文艺的地位,并且不断地出现为通俗文艺辩护的理论家,使这一方面的审美理论得到不断的充实、发展和系统化,直到"五四"时期的"文学革命"和白话文运动的兴起,这一历史使命才终于完成。

第六节　独特的"中和"论美育思想

中国古代美育是一个绵延数千年的漫长历史,它的早期形态就是先秦两汉古籍所称的"先王乐教",是一种融诗、乐、舞为一体的综合性艺术教育形态。西周以后,逐渐分化为"诗教""乐教""礼教",《周礼·春官》所谓"以乐舞教""以乐语教""以乐德教"是这种分化的表现。从春秋战国以至两汉，"诗教""乐教"承担着社会性礼乐教化和个体人格修养的美育功能。如《礼记·经解》所说，所谓"诗教"即是《诗经》的教育，而"乐教"则是历代传承的"雅乐"之教。魏晋南北朝以后，"雅乐"之教衰落，或成为封建王朝表彰功德的典礼性宫廷乐舞，或演变为士大夫修心养性、遣情怡志的工具。唐代以后，随着外来乐舞的影响以及都市文化的兴起，乐舞更成为大众性娱乐方式，其美育功能的伦理教化逐渐为审美愉悦所取代。至于"诗教"，自魏晋以后也从《诗经》之教演化为一般意义上的诗歌教育，并逐渐承担起古代审美教育的主体。此后，随着文化艺术的发展，书法、绘画等艺术的逐渐成熟，又发展出各种不同的艺术教育形态。宋元以后，更出现了小说、戏剧等主要面向下层民众的艺术教育。

但是，尽管文学艺术不断发展，审美趣味与时代变革，中国古代美育的基本观念自两汉以后却并没有非常显著的改变。也就是说，中国古代美育思想到两汉时期实际已经发展成熟。这种美育思想以儒家学说为主体，儒家美育思想的基本观念是礼乐教化，其实质是以道德修养为核心的美育。它的基本取向有两个方面：首先，礼乐教化作为政治措施，面向整个社会群体，通过礼乐等艺术形式教育，培养封建社会所需要的忠、孝、仁、义等道德，借以促进人伦关系的和谐稳定，使整个社会各阶层成员各得其所、各安其位，达到社会整体的和谐；其次，礼乐教化作为个体修身手段，以德行为主，陶冶情操，协调性情，达到人格完善和精神怡悦。这两种基本取向在后世文艺美学思想中又发展为重视文艺的社会功能的功利主义和追求个体精神怡悦、强调文艺超功利的审美价值这两种倾向。因此，在整个中国古代思想文化发展中，儒家美育观的影响超越了美育自身，延伸到教育思想、文艺思想、美学思想等各个方面。中国古代的先贤谈美、论艺,很少作纯粹哲理性思考,一般也不去追问美和艺术的抽象本质,而或是强调文艺对世道人心的积极作用,或是在审美体验和艺术经验中追求一种审美的自由境界,更重视审美与艺术对"中和"人格的培养,以及对人格自身、人与社会的和谐境界的积极促进作用。从这个意义上说,中国古代的美学就是美育,美学思想的发展史带有非常浓厚的美育思想史的意味。其实,中国古代美育思想还有更高的追求,那就是在人格自身和谐、人与社会和谐的基础上达到人与自然的和谐。这种倾向在儒家美育思想中如《荀子·乐论》《礼记·乐记》已有明显表现,但在道家以及后世受道家思想影响的如阮籍、嵇康、苏轼等人的思想中得到更为突出的论述。唐代以至宋代,儒家逐渐吸收道家以及佛学禅宗的影响,如宋明理学就以哲理思辨的方面在本体论领域表达了这种思想。

以儒家思想为主体的中国古代美育思想的核心是"中和"论,因此儒家以至整个中国古代美育思想可以称之为"中和"论美育观。"中和"本来是先秦思想的重要概念,它的一种重要来源其实是春秋时期的乐论。《左传》《国语》等文献所载的春秋时人的乐论中,"中""和"不仅是主要理论术语,而且已经有了一般性含义。春秋战国时期,随着儒家思想的发展,"中"与"和"不仅合成为一个概念,而且逐渐升华为一般性的哲学话语。但是,我们从《礼记·中庸》的"喜怒哀乐之未发,谓之中;发而皆中节,谓之和。中也者,天下之大本也;和也者,天下之达道也。致中和,天地位焉,万物育焉"这段经典性论述中仍然可以明显看出它的乐论渊源。在儒家文献中,"中"更多地与"礼"相关,而"和"则是"乐"的基本特征,《乐记》的"大乐与天地同和,大礼与天下同节"与《中庸》的观点是一致的。因此,"中和"成为儒家礼乐教化美育观更具核心意义的本质。"中"的基本含义是适度、有节，无过无不及。"和"的基本含义则是和谐，是有差别的统一，是多样性的统一。"有子曰：'礼之用，和为贵。先王之道，斯为美。小大由之，有所不行；知和而和，不以礼节之，亦不可行也。'"（《论语·学而》）"中"是"和"的前提和条件，只有适度、有节，才能达到和谐；"和"则是"中"的目的，只有和谐统一，"中"才有意义。

中国古代的"中和论"美育思想是一个多层次的理论体系，首先，它强调的是艺术创作的"情"与"理"的和谐。《中庸》的"喜怒哀乐之未发，谓之中；发而皆中节，谓之和"的观点在艺术创作上的表现就是"情"与"理"或"情"与"性"的和谐统一，《毛诗·大序》的"发乎情，止乎礼义"更是其典型表现。中国古代文艺美学尽管经历了数千年的发展，尽管不同历史时期有不同的理论倾向，但追求"情""理"统一始终是一条基本的思想线索。①

其次，强调文艺作品艺术表现的"中和"。孔子论诗、论乐，提出了"乐而不淫，哀而不伤"（《论语·八佾》）、"尽善尽美"（《论语·八佾》）等贯穿着"中和"精神的著名论点，也成为中国古代文艺美学的基本精神。

再次，指出美育的基本目的是修养人格，而理想人格的核心是"文质彬彬"（《论语·雍也》）、"温柔敦厚"（《礼记·经解》）。其具体表现就是《尚书·舜典》早就揭示的"直而温，宽而栗，刚而不虐，简而不傲"。因此，这种理想人格的核心也无疑是"中和"。

最后，在美育的社会作用上，强调美育要促进人格自身、人与社会的和谐，最终达到人与自然的和谐。这就是《礼记·中庸》所

---

① 参见李泽厚、刘纲纪：《中国美学史》第 1 卷，中国社会科学出版社 1984 年版。

强调的"致中和,天地位焉,万物育焉"、《乐记》所强调的"大乐与天地同和,大礼与天地同节"的终极性的"中和"审美境界。

　　尽管我们主要以先秦两汉儒家美育的相关论述来阐释"中和论"美育观,但需要指出的是,这种美育观实质上贯穿于整个中国古代美育思想的发展历史。因此,这种阐释对整个中国美育思想也仍然是适合的。

　　中国古代的"中和论"美育观与西方历史上占主体地位的"和谐论"美育观有着明显的区别。这是因为,中国古代美育思想有其完全不同于西方的哲学背景。西方从古希腊就有明确的"理念论""模仿说",因而主客二元对立的思维模式就已初见端倪。中国古代美育思想的哲学背景则是发端于先秦时期的"天人合一"理论,中国古代儒道两家都主张"天人合一",人与自然的和谐一致,所谓"一阴一阳谓之道"(《周易·系辞上》),即是天人和谐一体的体现。儒家以人道为核心,推己及人,成己成物,尽心知天,从整体和谐出发,突现主体精神及主体与天地万物的融合,追求由我到社会到自然天地的和谐。孔子既敬天命又重人事。他一方面认为,"不知命,无以为君子"(《论语·为政》),同时主张"敬鬼神而远之"(《论语·雍也》)。孟子则在强调天命的同时,强调秉天之意的艰苦磨炼。他的名言:"故天将降大任于斯人也,必先苦其心志,劳其筋骨,饿其体肤,空乏其身,行拂乱其所为。所以动心忍性,增益其所不能。"(《孟子·告子下》)道家则是以天道推及人道,以天道为核心,人道要效法天道,效法自然,寄情自然。老子提出:"人法地,地法天,天法道,道法自然。"(《老子·二十五章》)人以地为法则,地以天为法则,天又以道为法则,而道作为最高法则就是自然无为。汉代的董仲舒则将先秦天人合一思想同阴阳五行思想结合提出"天人感应"思想,所谓"人副天数","天人之际,合而为一"(《春秋繁露·深察名号》)等等。在继承先秦时期天人合一思想精华的同时,又掺进了"君权神授"的迷信色彩。但无论怎样,在中国古代哲学中天与人、自然与社会、主体与客体是融合一体的。在这两者的融合中,中国古代美育思想起到了极其重要的中介作用。西方古代美学的核心概念是"和谐",这种"和谐"是指外在形式的对称、统一,同中国的"中和"包含天与人、自然与人文的和谐统一的内涵截然不同。

同样,与"中和论"美育观紧密联系的"中和之美"也与西方传统的"和谐之美"区别开来。中国古代的"中和之美"的内涵是反映了人自身的"性"与"情"、人与社会、人与自然之间宏观的协调关系,以"天人合一"作为其文化背景、哲学根据与美学理想。希腊古代的"和谐之美"则局限于微观的个体自身,以具体的物质形式的对称、比例、秩序为其特征,以毕达哥拉斯作为世界本原的"数"作为其哲学根据;中国古代的"中和之美"侧重于社会,强调美与善的统一,主张"诗言志""美善相乐""温柔敦厚"。希腊古代的"和谐美"所侧重的是客观自然,强调美与真的统一,主张"模仿说""必然律"等;中国古代的"中和之美"主张人类对自然和社会持一种亲和态度,力主天与人、主观与客观、感性与理性、自然与人文的协调统一。古代希腊的"和谐美"则主张人类对自然与社会持一种对立的态度,主体与客体、感性与理性分离,二元对立。这种思想一直影响到后来西方的基督教文化。基督教《圣经》中上帝创造了人,又造出伊甸园,然后又将人逐出伊甸园。人在自然中生活,自然作为人的对立面存在,上帝以各种灾难作为对人的惩罚。这种观念一直影响到近代。特别是20世纪以来现代化过程中,伴随着工业化、市场化与城市化所产生的工具理性与市场本位的膨胀。古代希腊的主客二元对立的思维模式在一定的程度上起到了思想导向的作用。这种思维模式甚至随西学东渐的潮流影响到中国,使中国也不同程度地受到主客二元对立思维模式的影响。

总之,无论西方,还是中国,在主客二元对立思维模式的指导下,都难以正确对待自然、社会与自身,在一定程度上成为自然环境的破坏、人的自我价值的失落、存在状况的非美化的原因之一。因此,许多西方有识之士试图突破西方古代"和谐之美"及其所依据的二元对立哲学模式,出现种种现代与后现代哲学、美学理论,其中就包括试图从中国古代以儒家为代表的"中和论"哲学与美学思想中吸取拯救人类智慧的良方的设想。

其实,无论是希腊古典"和谐美",还是中国古代"中和美"都曾在历史上闪现出耀眼的光辉,成为人类宝贵的精神财富。中国古代"中和"论美育思想包含通过和谐协调的艺术,培养和谐协调的情感,塑造和谐协调的人格,进而实现人与对象(自然与社会)的和谐协调。这一丰富的遗产应当成为当代中西方美育研究共同的宝贵财富,并从中吸取营养。美育的本质是通过培养协调和谐的情感,进而塑造协调和谐的人格,达到人与自然、社会的协调和谐。美育的目的决不是单纯地培养某种审美的技巧、艺术的技能,而是培养审美的人生观,亦即培养"生活的艺术家",自觉地以审美的态度对待人类,对待社会、自然、人生与自我。美育是通过审美感受力与欣赏美、创造美的能力的培养,进而培养一种健康高尚的审美情感,由此塑造和谐协调的人格、确立和谐协调的审美的世界观、人生观。因此,美育说到底是一种人生观、世界观的教育,而不是单纯的技能教育。在现实生活中,一个人并不是具有某种艺术技能就一定具有审美的世界观、人生观。但美育同艺术技能的培养也并非毫无关系。艺术技能的教育是美育的必不可少的组成部分,因为审美能力的基础是审美感受力,而审美感受力就包含对艺术技能的了解与掌握。但对于美育来说,最后的结果仍然是和谐协调的审美世界观、人生观的培养。这种审美的世界观、人生观就包含以审美的态度对待自然、社会和人生,而最终的审美理想就是为建立一个和谐协调的审美的人类社会而奋斗。在此,审美的理想与人的理想、社会理想完全统一。当然,这种审美理想的实现,是一个动态的不断发展的过程,永无止境。但使人类世界愈来愈美好,愈来愈和谐却是我们每个有志之士终生追求的目标。

第二章 中国近现代美育的"现代性"问题

第一节 审美价值的自律与中国现代美育的开端

——王国维的美育思想

在中国近现代美育思想的发展历程中,从理论的完备上来看,王国维与蔡元培无疑是两位最具有代表性的人物。从对于美育学科的开创性来看,王国维与蔡元培同样也是杰出的代表。在中国近现代美学和美育的发展史中,也很少有学者像他们两位对美育的关注那么集中,以至于把美育、把对国人审美意识由旧到新的改造作为自己美学思想的核心。当然,王国维与蔡元培对美育的探究又呈现出极为不同的特色。从对于西方美育思想的引入来看,王国维对于康德、席勒、叔本华、尼采、卢梭等重要的理论家都着重介绍,尤其对叔本华的美学思想有着极为精到的理解;蔡元培则主要受康德美学思想的影响,他对于康德美学思想的汉语表达,使得康德美学思想与中国语言文化水乳交融,这种极具中国特色的审美无关利害美学命题的表述在今天看来仍然是达到了无可企及的高度。尤为可贵的是,王国维与蔡元培对于西方美育学思想的引入与吸纳,因他们所具有的那种海纳百川的世界文化的大气概,并不是仅仅把西方知识作为书斋的学问来做,更不是把西方知识作为与中国传统或者正统文化以及美育思想的对立面来排斥以固守我国文化与美学的国粹,而是在立足于中国当时文化落后的现实状况的前提下,引西方知识以济吾乏,如此气度与学养在两位学者过世之后可谓后继乏人。这也正是王国维与蔡元培能够成为中国近现代美育学科奠基人的最为重要的因素。

　　我们之所以把王国维称作中国近现代美育学科开端,其用意与依据就在于,王国维是在对中国古代文学艺术与美学思想具有极为冷静认识的基础上从事对于西方美学、美育思想的借鉴的。也就是说,必须是在对中国古代审美文化有了充分理解以及在此理解基础上对于西方美育理论进行有针对性的思索的前提下,在两者之间产生真正对话的前提下,才有可能进入实质性的借鉴与运用,从而形成了真正具有现代理论品性的美育理论,他本人也就成为中国现代美育理论的开山者。

　　王国维对于西方文化、西方知识的接受,不仅使得他对于中国古代审美文化的评价有了新的视点,而且这样一种视点不是局部的、中立的,而是价值论上整体与宏观的评判与对比。在美学思想上,王国维主要体现为康德主义者,虽然在他的著作中对于叔本华思想的陈述占据了较多的部分,但是从其主要汲取的来源来看,还是对于康德的借鉴更多;他对于叔本华有较多陈述,一方面是因为叔本华在"审美无关利害"的理论命题上与康德接近,而且还因为王国维本人认为,康德的著作较为晦涩,在自己语言水平尚不高的情况下,只能留待日后进行细读与研讨。

　　康德在西方美学史上的划时代贡献在于使得审美获得独立与自律的存在,这不仅是美学形态的真正开始,也是美学的现代性的开端。康德的这一贡献在王国维的美学研究中成为一个极高的纲领，他据此来考量中国古代美学与文艺的得失，也据此来设计中国美学与文艺的前景，在美育的理论与实践上，也就当然成为王国维的思想准则。王国维对康德美学的描述基本上是与对叔本华的描述联系在一起的。他认为，"……德意志之大哲人汗德，以美之快乐为不关利害之快乐。至叔本华而分析观美之状态为二原质：（1）被观之对象非特别之物，而此物之种类之形式；（2）观者之意识，非特别之我，而纯粹无欲之我也"。① 从对王国维纯粹的美学与文艺学理论的探讨到对中国文学艺术的评价，都是把"审美无关利害"这一美学命题作为自己学术话语的核心的。至此，"审美无关利害"这一在西方美学史上无比辉煌的命题开始成为中国近现代美学的关键词之一，而且堪称是最为重要的关键词。比如：

> 文学者，游戏的事业也。人之势力，用于生存竞争而有余，于是发而为游戏。婉娈之儿，有父母以衣食之，以卵翼之，无所谓存之事也。其势力无所发泄，于是作种种之游戏。逮争存之事亟，而游戏之道息矣。惟精神上之势力独优，而又不必以生事为急者，然后终身得保其游戏之性质。而成人之后，又不能以小儿之游戏为满足，于是对其自己之情感及所观察之事物而摹写之、咏叹之，以发泄所储蓄之势力。

> 盖人心之动，无不束缚于一己之利害。独美之为物，使人忘记一己之利害而入高尚纯洁之域，此最纯粹之快乐也。②

---

① 刘刚强编：《王国维美论文选》，湖南人民出版社 1987 年版，第 4 页。
② 刘刚强编：《王国维美论文选》，湖南人民出版社 1987 年版，第 103—104、2 页。

而且,与"审美无关利害"的命题相联系,现代美学另外一个核心关键词——"形式"也进入到王国维的话语之中:

> ……美之性质,一言以蔽之曰:可爱玩而不可利用者是矣。虽物之美者,有时亦足供吾人之利用,但人之视为美时,决不计及其可利用之点。其性质如是,故其价值亦存在于美之自身,而不存乎其外。

> 一切之美,皆形式之美也。就美之自身言之,则一切优美皆存于形式之对称、变化及调和。

> 凡吾人所加于雕刻、书画之品评,曰:神、韵、气、味,皆就第二形式言之者多。

> 至论其实践之方面,则以古雅之能力,能由修养得之,故可为美术普及之津梁。①

"审美无关利害"的命题在宏观意义上对王国维的影响可以说是决定性的,而在微观意义上,"形式"这一概念的引入及其与中国古典美学的"神、韵、气、味"相融合,可以说,王国维把对西方美学思想的最核心的精髓完全植入中国古代美学思想之根本。这表明,王国维对于西方美学思想的态度绝不是一种书斋式、学究式的态度,也绝不是一种不由分说先打五十大板的恶顽心态,而是站在美学这一学科内在要求与建构的角度上超越了狭隘的民族心态,把"审美无关利害"这一命题作为美学学科建构的首要纲领,并以"形式"这一内在的概念作为话语的核心。就这一角度来说,王国维明确地提出"一切之美皆形式之美",比康德《判断力批判》的相关论述表达得更为明确。这应该是我国近现代学人在

----

① 刘刚强编:《王国维美论文选》,湖南人民出版社 1987 年版,第 114、115、116、118 页。

美学研究上所取得的极为重要的美学研究的实绩;王国维把"审美无关利害"命题中的核心概念"形式"与中国美学思想的汉语表述相联结,也在中国近现代美学孕育之初,就开创了消泯中西方在文化语言上的学术隔阂的范例。

在今天看来,王国维在美学上的这种大师风度,仍然具有其现实的生命力。其一,王国维所提出的"审美无关利害"中的"形式"概念及其"一切之美皆形式之美也",与西方20世纪以来美学的语言论的转向是一致的。近年来,我国美学界一致把目光放在俄国形式主义以来的文学理论的资源上,而没有注意到更为深远的康德美学的背景,更没有人关注早在中国近现代美学之初王国维的表述甚至比康德更为明晰;其二,王国维对于西方美学思想尤其是对于"审美无关利害"命题的引入,成为了王国维构建合乎现代意义上美学学科的奠基,从而也就当然地成为了王国维衡量中国古代美学思想乃至于文学、艺术、思想文化成败利弊的标准。与在当代学界所倡导的中国文艺学"失语"论的消极态度相比,王国维在此所达到的高度仍然是一个现实的榜样。

我们在此所以要回顾王国维在"审美无关利害"及其"形式"之于美学的意义上对于康德的继承,目的在于揭示中国现代形态的美育学科只能在审美价值得以自律的基础上才有可能找到赖以生存的逻辑出发点。不仅中国近现代的美育学科建构,即使是新时期以来美育学科在中国的进展,都是以审美价值的解放与自律作为必然的前提的。

在"审美无关利害"命题的指引之下,王国维主要是从两个方面展开对中国美育的评价。其一是从对传统美育的审视上,其二是从当时政府与文化界对于西方文化的态度上。总的来看,王国维对于传统与现实的评价都是客观的,尽管在总体上持批判与否定态度。这是一种新文化开始萌发与建设的觉醒，从此就可以展现出未来的中国美育实践以及在美育学科理论上的新的形态。在对传统与现实进行价值评判的基础上，王国维对于西方美育理论中的美育功能与价值论的表述就更加具有了本土的意义。

在第一个方面，王国维认为，中国古代文学艺术的许多方面以至于美学理论都缺乏审美自律，而缺乏审美自律的文学艺术无法作为完备的审美教育资源存在，这样的一种审美教育是不可想象的。在王国维看来，这是长期以来中国特有的文化系统中缺乏的一种品质，其存在的广度与深度都是严重的：

> 披我中国之哲学史，凡哲学家无不欲兼为政治家者，斯可异已？孔子，大政治家也；墨子，大政治家也；孟、荀二子，皆抱政治上之大志者也。汉之贾、董，宋之张、程、朱、陆，明之罗、王，无不然。岂独哲学家而已，诗人亦然。"自谓颇腾达，立登要路津。致君尧舜上，再使风俗淳。"非杜子美之抱负乎？"胡不上书自荐达，坐令四海如虞唐。"非韩退之之忠告乎？"寂寞已甘千古笑，驰驱犹望两河平。"非陆务观之悲愤乎？如此者，世谓之大诗人矣！至诗人之无此抱负者，与夫小说、戏曲、图画、音乐诸家，皆以侏儒、倡优自处，世亦以侏儒、倡优蓄之。所谓"诗外尚有事在""一命为文人，便无足观"，我国人之金科玉律也。呜呼！美术之无独立之价值也，久矣。此无怪历代诗人多托于忠君爱国、劝善惩恶之意，以自解免，而纯粹美术上之著述，往往受世之迫害，而无人为之昭雪者也。此亦我国哲学美术不发达之一原因也。①

处于意识形态上层的哲学家与文学家在人生态度上既是如此，在

---

① 刘刚强编：《王国维美论文选》，湖南人民出版社1987年版，第87页。

中国古典文学与艺术的实践上就必然会造成忽视个体感性存在的审美文化特质。在王国维看来,这样一种后果不仅表现在文学上,也表现在绘画、音乐等各种艺术门类之上:

> 更转而观诗歌之方面,则咏史、怀古、感事、赠人之题目,弥满充塞于诗界,而抒情、叙事之作,什佰不能得一。其有美术上之价值者,仅其写自然之美之一方面耳。甚至戏曲、小说之纯文学,亦往往以惩劝为旨,其有纯美术上之目的者,世非惟不知贵,且加贬焉。①

> 叙事的文学(谓叙事诗、诗史、戏曲等,非谓散文也),则我国尚在幼稚之时代。元人杂剧,辞则美矣,然不知描写人格为何事。至国朝之《桃花扇》,则有人格矣,然它戏曲则殊不称是。要之,不过稍有系统之词,而并失词之性质者也。以东方古文学之国,无一足以与西欧匹者,此则后此文学家之责矣。②

> 呜呼! 我国非美术之国也! 一切学业,以利用之大宗旨贯注之。治一学,必质其有用与否。为一事,必问其有益与否。美之为物,为世人所不顾久矣! 故我国建筑、雕刻之术,无可言者。至图画一技,宋元以后,生面特开,其淡远幽雅,实有非西人所能梦见者。诗词亦代有作者。而世之贱儒,辄援"玩物丧志"之说相诋。故一切美术,皆不能达完全之域,美之为物,为世人所不顾久矣! 庸讵知无用之用,有胜于有用之用乎? 所以我国人之审美之趣味之缺乏如此,则其朝夕营营,逐一己之利害而不知返者,安足怪哉! 安足怪哉! 庸

---

①刘刚强编:《王国维美论文选》,湖南人民出版社1987年版,第87页。
②刘刚强编:《王国维美论文选》,湖南人民出版社1987年版,第107页。

讵知吾国所尊为大圣者,其教育固异于彼贱儒之所为乎?①

在第二个方面,王国维认为,文化保守主义在当时政府的政策中,尤其是在文化学术界的存在是根深蒂固的。在今天看来,这种文化保守主义其实是对传统缺乏应有批判的消极的东方主义。这表现为对于一种文化接受所采取的极为矛盾的手法,即对于一种文化形态的器物技术性质层面的文化采取积极、主动、开放的接纳态度,而对出自于同一种文化形态的精神与意识形态层面的文化则采取强烈的对立与排斥立场。对此,王国维进行了应有的批评:

> 今之混混然输入于我中国者,非泰西物质的文明乎? 政治家与教育家坎然自知其不彼若,毅然法之。法之诚是也。然回顾我国民之精神界,则奚若? 试问我国之大文学家,有足以代表全国民之精神,如希腊之鄂谟尔、英之狭斯丕尔、德之格代者乎? 吾人所不能答也。其所以不能答者,殆无其人欤? 抑有之,而吾人不能举其人以实之欤?

> 夫物质的文明取诸他国,不数十年而具矣。独至精神上之趣味,非千百年之培养与一二天才之出不及此,而言教育者不为之谋,此又愚所大惑不解者也!②

他认为:"世人喜言功用,吾姑以其功用言之。"那么,审美价值的作用就在于:"至就功效之所及言之,则哲学家与美术家之事业,虽千载以下,四海以外,苟其所发明之真理与其所表之之记号之尚存,则人类之知识感情由此而得其满足者,无以异昔。而政治家及实业家之事业,其及于五世、十世者,希矣。此又久暂之别

①刘刚强编:《王国维美论文选》,湖南人民出版社1987年版,第7页。
②刘刚强编:《王国维美论文选》,湖南人民出版社1987年版,第128、129页。

也。然则人而无所贡献于哲学、美术，斯亦已耳。苟为真正之哲学家、美术家，又何慊乎政治家哉！"①在他说的"故一切美术，皆不能达完之域，美之为物，为世人所不顾久矣！庸讵知无用之用，有胜于有用之用乎？以我国人之审美之趣味之缺乏如此，则其朝夕营营，逐一己之利害而不知返者，安足怪哉！安足怪哉！庸讵知吾国所尊为大圣者，其教育固异于彼贱儒之所为乎"。这一段话语中，则明白地指出了应该以孔子这位具有开创性的中国大哲为楷模，表达了要敢于在中西文化交流冲突而中国文化显然处于劣势的关口，在理论上敢于进行创新的希冀。

在王国维看来，由于如此文学艺术教育的漫长传统以及现实文化状况的影响，中国的大多国民在审美趣味上是较为落后的，而审美趣味、审美能力的低下直接导致了中国国民在日常生活中诸多恶习的养成，比如："夫蚩蚩之氓，除饮食男女外，非鸦片、赌博之归而奚归乎！故我国人之嗜鸦片也，有心理的必然性。与西人之细腰，中人之缠足有美学的必然性无以异。不改服制而禁缠足，与不培养国民之趣味而禁鸦片，必不可得之数也。"②王国维还从国民日常生活时间中对于优雅生活的设想作为倡导美育的依据之一："必使其闲暇之时心有所寄，而后能得以自遣。夫人之心力，不寄于此则寄于彼，不寄于高尚之嗜好，则卑劣之嗜好所不能免矣。而雕刻、绘画、音乐、文学等，彼等果有解之之能力，则所以慰藉彼者，世固无以过之。何则？吾人对宗教之兴味存于未来，而对美术之兴味存于现在。"③

---

① 刘刚强编：《王国维美论文选》，湖南人民出版社1987年版，第86页。
② 刘刚强编：《王国维美论文选》，湖南人民出版社1987年版，第129页。
③ 刘刚强编：《王国维美论文选》，湖南人民出版社1987年版，第101页。

以上的反思与价值论的评判,更加促使王国维形成了关于审美教育价值论的思想,而这一思想是置于中国美育现实之中的。他借鉴西方教育思想,提出人的全面发展理论:"教育之宗旨何在? 在使人为完全之人物而已。何谓完全之人物? 谓使人之能力无不发达且协调是也。……发达其身体而萎缩其精神,或发达其精神而罢蔽其身体,皆非所谓完全者也。……而精神之中,又分为三部:知力、感情及意志是也。……完全之人物,不可不备真善美之三德,欲达此理想,于是教育之事起。教育之事,亦分为三部:智育、德育、美育是也。"①这一现代教育思想在王国维具有民族性的现代美育学的构建中,也就是与中国古典形态的教育相比较,他认为,中国古典哲学如果可被称为哲学的话,那也主要是一种道德哲学与政治哲学:"故我国无纯粹之哲学,其最完备者,唯道德哲学与政治哲学耳。至于周秦、两宋间之形而上学,不过欲固道德哲学之根柢,其对形而上学非有固有之兴味也。"②孔子的教育思想也主要只能是:"其教育之宗旨,德育最重,知育不过供给成德之智识。"③所以,审美价值的自律以及在中国现代教育中尤其强调美育的地位,就成为王国维民族化现代美育学建构理论的最重要的贡献。

在王国维对中国现代形态美育学的建构之中,对于"时间"之于审美价值的关联以及相应的与审美教育的关系的探究,应该是王国维美育思想中最为重要的组成部分。从"时间"这一维度审视王国维美育思想对于中国现代形态美育学理论建设的贡献,在

---

① 刘刚强编:《王国维美论文选》,湖南人民出版社 1987 年版,第 1 页。
② 刘刚强编:《王国维美论文选》,湖南人民出版社 1987 年版,第 87 页。
③ 徐洪兴编:《王国维文选》,上海远东出版社 1997 年版,第 64 页。

国内学术界尚处于一个盲点。

人的存在在根本上是在时间与空间两个维度上生成的,而时间对于人的存在来说更具有终极的意义。人从幼年到老年、从出生到死亡,就是一个时间的历程。在这样一个历程中,幸福的获得无疑是一个终极的目的,而作为这样一个终极的目的,幸福是可以作为一个可操作的、可量化的时间构成来衡量的。从其构成来说,它是以每一个个体的人在当下现实所体验的幸福感所累加的。在此所说的"当下"与"现实"就具有两种人本主义的含义,其一,相对于过去来说,现实的幸福是过去的目的;其二,相对于未来来说,现实的幸福是未来的依据。也就是说,对于一个个体来说,幸福只能是现在"今天",而不是对于过去的流连与对于将来的空想。在人类思想史上,人文主义运动最为辉煌的成果之一就是向世界揭示了寻求幸福于现时、现实与现世的真理,正是这一真理标志着西方世界新文化向黑暗的中世纪宗教禁欲主义的诀别。王国维作为我国引进西学的先驱与最重要的人物之一,主要是引进德国哲学尤其是康德、叔本华以至席勒、尼采等学说,并进行较为系统地研讨。这一人文主义在"时间"启蒙上的重要思想可以说深深地印在了他的头脑之中。

王国维对于时间的感悟在他的诗作中是可以发现的,如,《出门》中说:"出门惘惘知奚适,白日昭昭未易昏。但解购书哪计读,且消今日敢论旬。百年顿尽追怀里,一夜难为怨别人。我欲乘龙问羲叔,两般谁幻又谁真?"钱锺书先生曾对此诗加以盛赞:"此非普洛泰格拉斯之人本论,而用之于哲学家所谓'主观时间'乎?"而且说:"然静安标出'真幻'两字,则哲学家舍主观时间而立客观时间,牛顿所谓'绝对真实数学时间'者是也。"他还认为:"老辈惟王静安,少作时时流露西学义谛,庶几水中之盐味,而非眼里之金屑。……是治西洋哲学人本色语。"①可见,西学对王国维的浸染之深,也更可见出王国维对于西学的创化之功力。

在对于审美以及艺术的价值论上,王国维较多地接受了叔本华的思想,即审美是对欲望匮乏的补充。他说:"由叔氏之说,人之根本在生活之欲,而欲常起于空乏。……然吾人一旦因他故而脱此嗜欲之网,则吾人之知识已不为嗜欲之奴隶,于是得所谓无欲之我。无欲,故无空乏,无希望,无恐怖;其视外物也,不以为与我有利害关系,而但视为纯粹之外物。"②王国维的观点并不是像很多论者所说的那样是一种悲观主义,而是道出了审美无关利害所特有的生活价值而已;更为重要的是,王国维并没有在叔本华的思想上止步,而是在引入"时间"与审美价值的关联上进行了更为深入的思考,完全可以说是另开生面,开辟了在存在或终极存在意义上的审美价值理论的建树。

他认为:"审美的感动即对美之观念之快感。而常能诱起其感情者,不外美术的建筑物、雕刻、绘画、诗歌、音乐或自然景色之类。吾人之心意,常由此等而进于幸福之冥想。而其所为冥想也,决非为吾人之利用厚生,惟归于吾人生活之完全耳。故此等诸端,实为吾人自身供娱乐之用者。一切技术决无期满足于未来之性质,惟于现在之时、现在之一处,供给吾人以满足而已。是故为自身而与以快感者,即审美的快感。"③王国维此处所言审美活动之于存在意义上的价值是终极意义上的,他之所以能够得出这一结论,其关键就在于在此引入了"时间"这一存在意义上的概

---

① 钱锺书:《谈艺录》,中华书局 1984 年版,第 24 页。
② 刘刚强编:《王国维美论文选》,湖南人民出版社 1987 年版,第 4—5 页。
③ 徐洪兴编:《王国维文选》,上海远东出版社 1997 年版,第 262 页。

念。对于人类的生活而言,其存在的方式有诸多种类,但是在现世的幸福这一维度,王国维无疑在"时间"之于审美活动的意义与关系上,是一个重大的贡献。王国维认为,与宗教相对比,审美活动作为幸福感是体现于日常生活中的"现在"的:"吾人对宗教之兴味存于未来,而对美术之兴味存于现在。故宗教之慰藉,理想的;而美术之慰藉,现实的也。"[1]在"情感"上对人的关怀,是科学与道德所不能胜任的:"美术者,上流社会之宗教也。彼等苦痛之感,无以异于下流社会,而空虚之感则又过之。此等感情上之疾病,固非干燥的科学与严肃的道德之所能疗也。感情上之疾病,非以感情治之不可。必使其闲暇之时,心有所寄,而后能得以自遣。"[2]

在对时间的认识上,王国维认为,人的意识与心理活动是在时间中的流逝,"活动之不能以须臾息者,其唯人心乎。夫人心本以活动为生活者也。心得其活动之地,则感一种之快乐,反是,则感一种之苦痛,此种苦痛,非积极的苦痛,而消极的苦痛也,易言以明之,即空虚的苦痛也。空虚的苦痛比积极的苦痛尤为人所难堪。何则?积极的苦痛犹心之活动之一种,故亦含快乐之原质,而空虚的苦痛,则并此原质而无之故也"[3]。这样,意识与心理活动就不属于在认识论意义上的与客观对象相对立的主观范畴了,而是一种在时间中延绵的生命活动与体验。

在对于时间的具体划分上,王国维认为主要有三种时间:第一是"食色之欲",即"所以保存个人及其种姓之生活者,实存于人

---

[1] 刘刚强编:《王国维美论文选》,湖南人民出版社1987年版,第101页。
[2] 刘刚强编:《王国维美论文选》,湖南人民出版社1987年版,第101页。
[3] 刘刚强编:《王国维美论文选》,湖南人民出版社1987年版,第120页。

心之根柢,而时时要求其满足"。在他看来,这是人的基本时间,也是其他时间的原欲,即原始动力。第二种时间就是"工作时间",即"满足此欲(食色之欲),固非易易也,于是或劳心,或劳力,戚戚眈眈,以求其生活之道。如此者,吾人谓之曰工作"。王国维认为,工作属于一种"积极的苦痛","吾人之所经验也"。第三种时间是闲暇时间,"且吾人不能终日从事工作,岁有闲月,月有闲日,日有闲时,殊如生活之道不苦者,其工作愈简,其暇愈多"。但是在闲暇时间之中,"此时虽乏积极的苦痛,然以空虚之消极的苦痛代之,故苟足以供其心之活动者,虽无益于生活之事业,亦鹜而趋之"①。也就是说,在日常生活中,闲暇时间对于人的存在的丰满性来说既是一个机会又是一个危机。在王国维看来,在闲暇时间的人的活动中获取幸福应该是在人生存意义上最为根本的要务之一,也是一个文化系统的最为重要的功能之一,即"凡人于日日为事时,不可无休养。审美的教育即为此之故,而于人间之智的生活中,诱导游戏之分子,而保持之者也"②。就其所存在的机会来说,既然在食色时间以及在工作时间中,人对于时间的体验主要还是表现为一种被动的时间感的话,那么,自我实现及幸福感获得的时间就应该是在闲暇的时间之中了。就其所面临的危机来说,由于人往往不能善待闲暇时间,所以,如王国维在著作中一再出现的概念"空虚"就会必然存在。因而,从时间与自我实现的角度,王国维提出在中西方共同存在的在语言上的相通处:"人欲医此苦痛,于是,用种种之方法,在西人名之曰 To kill time,而在我中国,则名之曰消遣。其用语之确当,均无以易,一切嗜好由

---

① 刘刚强编:《王国维美论文选》,湖南人民出版社 1987 年版,第 120 页。
② 徐洪兴编:《王国维文选》,上海远东出版社 1997 年版,第 262 页。

此起也。"①所以"嗜好"的存在就是必然的。

在诸种"嗜好"之中,审美活动是最为理想的承载者,王国维称之为"高尚之嗜好"②。之所以如此,王国维认为,文学艺术中所传达的不只是个人的情感,"不以发表自己之感情为满足,更进而欲发表人类全体之感情。彼之著作,实为人类全体之喉舌,而读者于此得闻其悲欢啼笑之声,遂觉自己之势力亦为之发扬而不能自已。故自文学言之,创作与赏鉴之二方面,亦皆以此势力之根柢也"③。也就是说,在审美活动中,审美主体与审美客体、审美主体与审美主体之间所达成的是一种共同游戏的关系。那么,教育中的审美教育的作用就在于:"然使有解文学之能力,爱文学之嗜好,则其所以慰空虚之苦痛,而防卑劣之嗜好者,其益固已多矣。此言教育者,所不可不大注意者也。"④还认为:"夫人之心力,不寄于此则寄于彼,不寄于高尚之嗜好,则卑劣之嗜好所不能免矣。而雕刻、绘画、音乐、文学等,彼等果有解之之能力,则所以慰藉彼者,世固无以过之。"在现实中,国民教育中缺乏审美教育与养成,而且国民对此由于采取促狭的功利主义的态度,王国维认为,现实中国民在日常闲暇生活中的种种恶习皆由此而来:"夫蚩蚩之氓,除饮食男女外,非鸦片、赌博之归而奚归乎!故我国人之嗜鸦片也,有心理的必然性。与西人之细腰、中人之缠足有美学的必然性无以异。不改服制而禁缠足,与不培养国民之趣味而禁鸦片,必不可得之数也。"

①刘刚强编:《王国维美论文选》,湖南人民出版社 1987 年版,第 120 页。
②刘刚强编:《王国维美论文选》,湖南人民出版社 1987 年版,第 123 页。
③刘刚强编:《王国维美论文选》,湖南人民出版社 1987 年版,第 123 页。
④刘刚强编:《王国维美论文选》,湖南人民出版社 1987 年版,第 102 页。

王国维对美感体验的时间状态所进行的描绘,尽管对于艺术作品的时间结构与日常生活的时间结构之间的连接点未做出明晰的分析,但是我们仍然可以看出王国维对于美感对于消极时间的见解:"美之为物,不与吾人之利害相关系,而吾人观美时,亦不知有一己之利害。……苟吾人之意识而充以嗜欲乎? 吾人而为嗜欲之我乎? 则亦长此辗转于空乏、希望与恐怖之中而已,欲求福祉与宁静,岂可得哉?"①在审美活动中,人所得到的是被激活了的时间体验,而惯常生活中的时间体验就被消除了。

在此,王国维对于时间的分类与海德格尔对于时间之于存在的哲学是一脉相通的,而且与伽达默尔对于"无聊的空虚""实现了的时间""属己的时间"是暗合的。其实,在此,我们无意对王国维的美学思想进行以存在主义与现象学为理论话语依据的研究与对照,只是旨在阐明在中国古典美学的美善相兼——其实在很大程度上是善取消了美的传统结束的时代,王国维利用西方的资源而进行了理论的创新,也就是在恢复审美价值自律的逻辑前提下,让审美存在于日常生活之中,因为审美乃是内在与外在的生活的一维。在我们当代的学者把眼光只放在西方的学术资源上时,尤其是在美学上主张反对主客二分对于审美生活的肢解的顽症时,我们也更应该把眼光投向自身的资源。王国维作为这样一种具有存在论与现象学意义的美学思想的首创者,就可以说是中国美学历史的生存论与现象学的转向。只是在此转向之后,中国美学愈来愈走向认知论了。

综上所述,由于王国维对康德"审美无关利害"美学命题的继承,以及运用于中国古代文学艺术、美学以及审美教育理论的评

---

① 刘刚强编:《王国维美论文选》,湖南人民出版社1987年版,第4—5页。

价,也更由于王国维在审美时间之于审美教育关系上所提出的命题,使得他成为中国现代形态美育学的开山者。

第二节 公共空间、公共艺术与中国现代美育的拓展

——蔡元培美育思想论

从公共空间、公共艺术与社会审美教育之关系的视角来审视蔡元培美育思想的贡献,在学界尚属于一个空白,而这一空白对于全面理解蔡元培的美育思想,在很大程度上是不利的,原因就在于在蔡元培的美育思想中,对这一命题的阐释占据着极为重要的位置,而其中所包含的学术价值与蔡元培所倡导美育及"以美育代宗教"的命题相比,在伯仲之间,因此,非常有必要就公共艺术、公共空间与审美教育的关系展开对于蔡元培美育思想的新的阐释。

在蔡元培的美学与审美教育思想中,对于公共空间、公共艺术与审美教育尤其是社会美育关系的诸多论述,在现代美育思想史上实属开创之举,原因就在于其中所蕴含的思想及其话语是与中国古典美育思想相左的。更为根本的是,蔡元培的这一命题所必然内含的权力话语与中国封建社会的主流意识形态话语是相敌对的。就整体来看,中国古典美育是以封建宗法制的伦理道德为其话语的基准与权利阈限,强调理性对感性的压制性和谐的,审美价值的独立与主体性尚未成为现实,而且只能在封建社会宗法制的空间之中充当工具抑或是可有可无的点缀。在封建社会的政治专制与霸权之下所形成的整个社会权力系统为个体自由所设定的空间是极为狭小的,那么由真正个体所生存的公共空间

也就不可能获得存在的合法性。因此,审美对象与审美价值只能为极少数人专有,其根本原因就在于审美对象及其审美价值在整个社会的权力语境之中不仅仅是权力的象征,而且本身就是社会权力分配系统中的一个因子,体现着权力的构成。如果我们把"诗乐教化"称作是带有普遍性与公众性的审美教育活动的话,那么,我们只能说这样一种社会美育实在是一种违背审美价值主体性的扭曲。

我们可以从公共艺术在中国古典文化中的存在角度来考察中国古代的公共空间、公共艺术。由空间成员拥有自由意志、自由行动和来自多元化社会来推想,较能容许异质性存在的便是公共空间,倾向同构型文化的空间便是私人空间。因此,公共空间和私人空间仅为一种相对的关系。从文化的角度去看空间,几乎没有空间是绝对公共的。公共艺术出现的前提是社会的公共领域的出现,而它的出现和形成需要社会条件、政治条件和知识生产的条件。当王权、神权和专制独裁者的权力以一种垄断的方式控制着社会的意识形态的时候,这个社会只有统治者的艺术,而没有真正意义上的公共艺术。在等级森严的封建社会,尤其是在以小农经济为社会特征的中国,我们就只能在皇家与宗教的领域里找到公共艺术。在中国古代艺术史中,"公共艺术"是个尴尬的概念,社会美育的活动因此在中国古典的美育中就缺乏其必需的存在空间。

在以儒家美学为主导的中国古典美学思想中,"美"被"善"同化、弱化以至取消;道家与禅宗的美学则于"美"采用了较为虚无的态度,在根本上不过是作为儒家美学的解构话语来存在的。在中国美学史中,只有先秦时期的孟子对于审美价值所特有的"普遍性"与"公共性""公众性"进行了阐述,他说:"乐民之乐者,民亦乐其乐""与百姓同乐,则王矣""虽有台池鸟兽,岂能独乐哉?"(《孟子·梁惠王上》)反对离开百姓的"独乐""与少乐"。(《孟子·梁惠王下》)这一关于美的"同乐"的观点是极为富有民主性精华,但是在中国古典美学的传统之中却是鲜见的。在中国古典美育之中,美育成为极少数人才能享有的极具私人性的活动,这导致中国古典的美育活动主要是在家庭这一领域中开展,不仅范围极为狭窄,而且在根本上不具备自觉性与组织性。

因而,在中国古典美育传统中的社会美育领域之内,不可能出现真正能够以"国民"面孔出现的审美教育的受众,也不可能出现为这一受众所提供的真正的公共艺术。当然,也就不可能在美学的哲学思辨层面出现关于美的普遍性与公众性的知识形态,也就不可能出现真正合乎美育学学科自觉的关于社会美育的知识形态了。在中国近代以至现代,现代形态的美育理论与美育活动中的社会美育就必然以"国民"的出现、公共艺术的创立与相应美学的思辨作为突破。就作为审美教育受众的"国民"阶层来看,在中国近现代之交,资产阶级的萌芽与发展使得"国民"成为现实。如果我们对蔡元培关于公共艺术、公共空间与社会审美教育的命题出现的渊源做深入的考究,就会发现,康德的美学思想成为蔡元培公共艺术与社会美育这一命题在学理及其灵魂上的支撑,在欧洲的游历中对欧洲各重要国家公共艺术资源的考察就成为蔡元培这一思想的现实依据与楷模。

在康德对于美的分析之中,第一契机即"美超乎功利"的命题使得审美价值第一次在人类思想史中得到最为明确的确立,而在第二契机中,康德在第一契机的引导下,则由"美超乎功利"自然走向了启蒙与功利的领域,具体的表现就是"审美普遍性"。康德说,"(审美判断)既然不是植根于主体的任何偏爱,而是判断者在他对于这对象愉快时,感到自己是完全自由的:于是他就不能找到私人的只和他的主体有关的条件作为这愉快的根据,因此必须认为这种愉快是根据他所设想人人共有的东西",并且这是一种"并不要求客体具有普遍性",而是"只是和主观普遍性的要求连结着的"。① 康德在具体表述中使用了"共通有效性"这一概念,其内涵在于"它不含有判断的客观的量,而只是含有主观的量"②。由审美价值的超越性而获得自身的主体性,主体性则在自身超越性走向普遍性,而普遍性则内在地与公共、大众、平等、自由等西方人文主义理想相连接。在这一链式的推导中,审美超越功利性表现为对社会、现实、人文价值的强烈介入,因而,康德美学的启蒙性是内在的,而且是朝向未来的。所以,我们在"审美无关利害"的命题之中,可以看到审美即政治,也可以看到审美即道德。可以说,康德的美学思想是最早的关于公共艺术合理与合法性的哲学论述,我们完全应该把康德美学关于审美判断力的"第二契机"称作是公共艺术美学的奠基。

就蔡元培在审美的普遍性、公共艺术美学与审美教育关系上对康德的借鉴来看,我们可以根据蔡元培思想的历史进程,大致分为以下三个阶段。

第一阶段。1912年,蔡元培对康德哲学与美学的借鉴表现在他对教育哲学的阐释。自对康德哲学的借鉴而言,蔡元培认为:"吾人即仅仅以现世幸福为鹄的,犹不可无超轶现世之观念,况鹄的不止于此者乎?"③理想的教育家及其教育事业应该是"立于现

①[德]康德:《判断力批判》上,宗白华译,商务印书馆1964年版,第48页。
②[德]康德:《判断力批判》上,宗白华译,商务印书馆1964年版,第51页。
③高平叔编:《蔡元培教育文选》,人民教育出版社1980年版,第3页。

象世界,而有事于实体世界者也"。原因在于:"前者(现象界)相对,而后者(实体界)绝对。前者范围于因果律,而后者超轶乎因果律;……故实体世界者,不可名言者也。然而既以是为观念之一种矣,则不得不强为之名,是以或谓之道,或谓之太极,或谓之神,或谓之黑暗之意识,或谓之无识之意志。"①"实体"的教育,在蔡元培看来,则是"消极方面,使对于现象世界,无厌弃而亦无执着;积极方面,使对于实体世界,非常渴慕而渐进于领悟。……如是之教育,吾无以名之,名之曰世界观教育"②。

其后,蔡元培又进一步把以"实体"为目的的"世界观"教育推向"美感教育",他说:"世界观教育,非可以旦旦而聒之也。且其与现象世界之关系,又非可以枯槁单简之言说袭而取之也。"③因此只能求之于"美感之教育"。"美感者,合美丽与尊严而言之,介乎现象世界与实体世界之间,而为津梁。此为康德所创造,而嗣后哲学家未有反对之者也。"④对于"美感教育"作为"世界观教育",蔡元培还把"实体"概念的解释带上了中国古典哲学的"天人合一"的色彩,他认为:"人既脱离一切现象世界相对之感情,而为浑然之美感,则即所谓与造物为友,而已接触于实体世界之观念矣。故教育家欲由现象世界而引以到达于实体世界之观念,不可不用美感之教育。"⑤

第二阶段。蔡元培对于康德美学思想的运用更为直接与自

---

①高平叔编:《蔡元培教育文选》,人民教育出版社 1980 年版,第 3 页。
②高平叔编:《蔡元培教育文选》,人民教育出版社 1980 年版,第 4 页。
③高平叔编:《蔡元培教育文选》,人民教育出版社 1980 年版,第 4 页。
④高平叔编:《蔡元培教育文选》,人民教育出版社 1980 年版,第 4—5 页。
⑤高平叔编:《蔡元培教育文选》,人民教育出版社 1980 年版,第 5 页。

觉，从而也使得公共艺术与社会审美教育的普遍性命题成为真正知识化的形态。就其形态而言，我们可以把蔡元培的这一命题的表述分为以下三种。

其一，由审美教育所获得的公共情感向理想的道德情感过渡。对于康德美学的精义，蔡元培加以极简洁而透辟的表述："夫人类共同之鹄的，为今日所堪公认者，不外乎人道主义，既如前节所述。而人道主义之最大阻力为专己性，美感之超脱而普遍，则专己性之良药也。"①蔡元培之所以在这里由美感向道德迈进，其内在机制在于，美感之中所存在的超乎功利的普遍性情感在人性之中的位置并不是老庄之学的纯粹"无为"，而是无小"为"，所"为"的是大"为"。只有在人类"公共情感"或者"共同情感"充分发达与充分养成的基础之上，人类在道德上的进步与极致境界的获得才是可能的；由非功利的审美情感及其由审美情感教化而养成的非功利情感，作为由相对狭隘的道德情感向较为宏阔的道德情感过渡之途的角色，一是作为如康德所言"美是道德的象征"这样的楷模作用；二是起着更为重要的，即作为道德进步的内在动力作用。

其二"以美育代宗教"命题的内在机制是审美教育所特有的情感"普遍性"与"公众性"。"以美育代宗教"是蔡元培在中国现代美育建构中提出的极具学术价值与现实意义的重大命题，其意义与深远的影响正在今天世界的文明冲突中得到印证。"美育"之所以能"代宗教"，原因有二。一是宗教与审美之间有天然的、本质的、内在的血脉相通之处，即"知识、意志两作用，既皆脱离宗教以外，于是宗教所最有密切关系者，惟有情感作用，即所谓美感"②。这是

①《蔡元培美学文选》，北京大学出版社1983年版，第66页。
②高平叔编：《蔡元培教育文选》，人民教育出版社1980年版，第29页。

宗教影响于审美的机制，同样也是以审美代替宗教的机制。其二，蔡元培认为，美育及美感所包容普遍性与公共性的纯粹色彩远远超出了宗教。也就是说，与美育相比，宗教虽然追求一种超验的本体存在，但还是不可能在其自身泯灭人我之别于真正澄明虚空之境之上的。蔡元培说："盖无论何等宗教，无不有扩张己教、攻击异教之条件。……宗教之为累，一至于此，皆激刺感情之作用为之也。"①美育却丝毫没有宗教的这种狭隘之处："鉴激刺感情之弊，而专尚陶养感情之术，则莫如舍宗教而易以纯粹之美育。纯粹之美育，所以陶养吾人之感情，使有高尚纯洁之习惯，而使人我之见、利己损人之思念，以渐消沮者也。盖以美为普遍性，决无人我差别之见能参入其中。"②

其三，由审美与美感的普遍性与公共性，以及审美教育所塑造养成的普遍性与公共性的情感，走向与之相关的艺术的"公共性"。蔡元培在《美育与人生》中认为，人所要达成的"高尚而伟大的行为"，完全取决于"感情"，而"感情"的"陶养"只能经由"美育"的作用。"美的对象，何以能陶养感情？"蔡元培的回答较以往更为直接："因为他有两种特性：一是普遍；二是超脱。"③在蔡元培看来，其中的机制在于审美的对象与物质对象在本质上的不同。在物质产品之上凝聚的是功利的冲突："一瓢之水，一人饮之，他人就没有分润；容足之地，一人占了，他人就没得并立；这种物质上不相入的成例，是助长人我的区别、自私自利的计较的。"④也

---

① 高平叔编：《蔡元培教育文选》，人民教育出版社1980年版，第30页。
② 高平叔编：《蔡元培教育文选》，人民教育出版社1980年版，第30—31页。
③《蔡元培美学文选》，北京大学出版社1983年版，第220页。
④《蔡元培美学文选》，北京大学出版社1983年版，第220页。

就是说:"凡味觉、嗅觉、肤觉之含有质的关系者,均不以美论。"①
那么,审美对象的特点却是"美感的发动,乃以摄影与音波辗转传
达之视觉听觉为限"②。在这里,蔡元培对于审美对象所作的限
定就是:"纯然有'天下为公'之概。"③这就把审美对象上升到"公
共性"与"普遍性"的层面,艺术美、社会现实美及其自然美在其本
性上是属于全体人类的,决无可能会有私有或阶级之分,蔡元培
说:"名山大川,人人得而游览;夕阳明月,人人得以赏玩;公园的
造像,美术馆的图画,人人得以畅观。"④从而把视野转向在公共
空间之中存在的公共艺术。

　　在这里,蔡元培还把审美活动、审美教育活动、公共艺术所共
有的普遍性与公共性这一命题与中国古典美学体系中的富有民
主性精华的美学话语相对接,"齐宣王称'独乐乐,不若与人乐
乐','与少乐乐,不若与众乐乐';陶渊明称'奇文共欣赏',这都是
美的普遍性的证明"⑤。

　　第三阶段。蔡元培认为,公共艺术与社会审美教育是随着人
类历史与文化的进步而逐步实现自己的逻辑本性的,公共艺术与
社会审美教育的逻辑展开史就是人性进步的历史,即人与人之间
的公平、公正、平等在公共空间、公共艺术之间的延伸,能够在公
共艺术上得到极明显的体现。公共艺术的历史,就是这样一部社
会权力演变的历史。由狭小到概括,由贵族到公众,这本身就是

①《蔡元培美学文选》,北京大学出版社1983年版,第220页。
②《蔡元培美学文选》,北京大学出版社1983年版,第220页。
③《蔡元培美学文选》,北京大学出版社1983年版,第220页。
④《蔡元培美学文选》,北京大学出版社1983年版,第220—221页。
⑤《蔡元培美学文选》,北京大学出版社1983年版,第221页。

一个权力的调整过程。蔡元培说："都市之装饰……是皆所以餍公众之美感，而非一人一家之所得而私也。"①所以，蔡元培在人类所追求的装饰之美的角度，提出："由是观之，人智进步，则装饰之道，渐异其范围。身体之装饰，为未开化时代所尚；都市之装饰，则非文化发达之国，不能注意。由近而远，由私而公，可以观世运矣。"②

在1912年的《华工学校讲义》之中，蔡元培还明确地从文明演化的角度论述公共艺术所起到的社会美育的作用。他认为，公共艺术是人类文明的正面的积极成果的体现，与"奢侈"是不可同日而语的。蔡元培说："文明者，利用厚生之普及于人人者也。……公园之音乐，夫人而聆其音；普及教育，平民大学，夫人而可以受之……博物院之美术品，其价不赀，夫人可以赏鉴之；夫是谓之文明。"而"奢侈者，一人之费逾于普通人所费之均数，而又不生何等之善果，或转以发生恶影响"③。

在对蔡元培的公共艺术与社会审美教育的思想渊源及其理念有了全面的了解之后，就可以对蔡元培对中国传统公共艺术与社会审美教育的批评及关于社会美育如何在实践层面上操作、实施、社会美育未来建构的看法作清晰的阐释了。

蔡元培把审美教育活动依据范围分为三个方面：家庭教育、学校教育、社会教育。对于社会审美教育在这一整体中所处的地位，学界对蔡元培所持的态度是有所忽视的。在蔡元培的美学观念与美育观念中，必然会极其重视公共空间的公共艺术以及社会

---

① 《蔡元培美学文选》，北京大学出版社1983年版，第61页。
② 《蔡元培美学文选》，北京大学出版社1983年版，第61页。
③ 《蔡元培美学文选》，北京大学出版社1983年版，第61页。

审美教育的。蔡元培认为，就人的一生而言，一个人不可能终生在学校接受教育；就一个人的活动范围而言，学校这一范围也是有时空限制的。审美教育在本质上是与审美享受、人生美化这一根本性的生存价值相一致的，"学生不是常在学校的，又有许多已离学校的人，不能不给他们一种美育的机会，所以又要有社会的美育"①。

蔡元培对中国传统及当时的公共艺术及其社会美育的评价，基本上是持批评态度的，其参照系有二：一是如上所述的康德美学思想中审美价值普遍性命题所包含的对自由、平等、公正等政治性的诉求；其二则是对西欧各国公共艺术及其社会美育优秀成果的借鉴。

蔡元培在游历西欧各国的过程中，对西欧各国的公共艺术与社会美育大加赞赏，尤其对法国、德国的盛况仰慕不已。在叙述的形态上，尽管多是直接的观感与描述，但是在中国近现代文化向西方学习的过程之中，还是起到了开启风气之先的作用。如，就音乐作为服务于社会美育的公共艺术来说，蔡元培1919年在北京大学音乐研究会的演说中说："欧洲各国，除有音乐专门学校以培植专门人才外，若音乐会，则时时有之。即小村落中，于星期日，亦在公园或咖啡馆内奏乐。若柏林、巴黎等大都会，更无论矣。"②又如，在戏剧方面，蔡元培认为，戏剧在西方文化当中承担着社会教育的任务，"故感人甚深，而有功于社会也"，原因就在于："其曲词有说白，皆为著名之文学家所编……其音谱，则为著名之音乐家所制。其演剧之人，皆因其性之所近，而研究于专门

①《蔡元培美学文选》，北京大学出版社1983年版，第156页。
②《蔡元培美学文选》，北京大学出版社1983年版，第82页。

之学校，能洞悉剧本之精意，而以适当之神情表达之。"①诸如此类的描述在蔡元培的著述中还有很多，不再一一引用。

　　蔡元培对西方公共艺术及其社会美育的论述，能够把所论提升到理论维度并在社会权力话语上加以分析的，主要体现于他的《华法教育会之意趣》②的演说。在演说中，蔡元培首先是把人类的教育事业赋予了"公共性"与"普遍性""全民性"，他说："欲考察各民族之教育，常若不能互相区别者，其障碍有二：一曰君主，二曰教会。二者各以其本国本教之人为奴隶，而以他国他教之人为仇敌也。"③他之所以最为推崇法国教育，其原因就在于法国大革命成功以来，整个教育事业，包括审美教育，也包括以公共艺术为主要对象的社会美育，已经彻底打碎了由阶级与教会所构筑的社会压迫的权力话语体系。蔡元培说："现今世界各国之教育，能完全脱离君政与教会障碍者，以法国为最。法国自革命成功，共和确定，教育界已一洗君政之遗毒。自一八八六年、一九零一年、一九一九年三次定律，又一扫教会之霉菌。"在法国"人道主义"教育之中，美育及其社会美育同样是不可缺少的。蔡元培认为："法国美术之发达，即在巴黎一市，观其博物馆之宏富，剧院与音乐会之昌盛，美术家之繁多，已足证明之而有余。"④

　　蔡元培在西方理论与实践的参照之下，对中国近代以至现代的公共艺术及其在社会美育作用上所取得的进步也给予了充分的肯定，他说："往者园亭之胜，花鸟之娱，有力者自营之而自赏之

①《蔡元培美学文选》，北京大学出版社 1983 年版，第 55 页。
②《蔡元培美学文选》，北京大学出版社 1983 年版，第 8—10 页。
③《蔡元培美学文选》，北京大学出版社 1983 年版，第 8 页。
④《蔡元培美学文选》，北京大学出版社 1983 年版，第 8、9 页。

也。今则有公园以供普通之游散；有植物动物等园，以为赏鉴研究之资。往者宏博之图书，优美之造像与绘画，历史之纪念品，远方之珍异，有力者得收藏之而不轻以示人也。今则有藏书楼，以供公众之阅览；有各种博物院，以兴美感而助智育。"①但是在总体上，蔡元培对当时中国公共艺术及其社会美育职能是持批评态度的。尽管对于其内在的原因与政治社会背景并没有做探究，但是，在康德美学以及西方公共艺术、社会审美教育把握的基础之上，蔡元培无疑是把中国传统公共艺术及其社会审美教育置于这一背景来进行比照与评价的。我们可以从以下两个方面来认识蔡元培对于中国近现代美育空间的拓展。

其一，我国公共艺术的缺乏以及由此而造成的社会美育的欠缺与中国传统文化及其文人的"特性"有关系。这样一种国民性就是把具有普遍性与公共性的审美价值转为个人性与私密性的物品，蔡元培说，"我国之人特性，凡大画家及收藏家，家藏古画往往不肯轻以示人，以为一经宣布，即失其价格，已遂不得独擅其美"②；与法国、德国在音乐会上的盛况相比，"吾国音乐，在秦以前颇为发达，此后反似退化；好音乐者，类皆个人为自娱起见，聊循旧谱，依式演奏而已"；在建筑之上，"我国有力者向来专致力于大门以内的修饰，庭园花石，虽或穷极奢侈；而大门之外，如何秽恶，均所不顾"③。

其二，中国城市建设中对于公共艺术及其所起到的社会审美作用的欠缺。蔡元培认为，"现在的欧洲各国，对于各都市，都谋

---

①《蔡元培美学文选》，北京大学出版社 1983 年版，第 24—25 页。
②《蔡元培美学文选》，北京大学出版社 1983 年版，第 79 页。
③《蔡元培美学文选》，北京大学出版社 1983 年版，第 82、185 页。

美化。如道路与广场的修饰,建筑的美化,美术馆、音乐场的纵人观听,都有促进美育的大作用",但是,"我们还是没有很注意的"①;1931 年,蔡元培更是直接地提出:"美育的基础,立在学校;而美育的推行,归宿于都市的美化。"但我国"首都大市,虽有建设的计划,一时均未能实现,未有计划的,更无从说起。我们所认为都市美化的一部分,止有公园了"。还说:"对于美育的设施,殆可谓应有尽有,但较之于欧洲各国,论质论量,都觉我们实在太幼稚了。"②在以农业立国的封建社会之中,为真正的公共艺术及其社会美育所存留的空间是极为狭小的。

在新文化运动之中,蔡元培认为,虽然新文学运动取得了实在的成果,在都市的公共空间中存在的却大多是这样的公共艺术:"在嚣杂的剧院中,演那简单的音乐,卑鄙的戏曲。在市场上散步,止见那飞扬尘土,横冲直撞的车马,商铺门上贴着无聊的春联,地摊上出售那恶俗的花纸。"在这般公共艺术的包围之中,社会美育怎么可能去完成并得以提升呢?蔡元培在熏陶了欧风欧雨之后,便只能发出这样的感慨了:"在这种环境中讨生活,怎能引起活泼高尚的感情呢?"③

在 20 世纪中国美育的学术进程之中,蔡元培关于公共空间之中公共艺术与社会美育关系的思想,无论是就其哲学与美学的渊源还是就眼界的广度以及思维视角的独特来看,我们都可以认为,它是对中国美育领域与空间在新的历史时期的极为重要的扩展。

---

① 《蔡元培美学文选》,北京大学出版社 1983 年版,第 133 页。
② 《蔡元培美学文选》,北京大学出版社 1983 年版,第 198、199 页。
③ 《蔡元培美学文选》,北京大学出版社 1983 年版,第 84 页。

第三节　中国近现代美育学中
"身体"的觉醒

对于中国近现代美育活动中"身体"意象的研究,必须遵从两个出发点,一是从美育作为一个学科的内在逻辑要求来说,不能仅仅把"身体"意象在审美教育视野里理解为"体育"与"美育"的关系。"身体"意象是审美教育与体育活动的共同对象,但在审美教育中,"身体"意象是作为艺术美与现实美来存在的,而在体育之中,"身体"是与健康、竞赛更直接地联系在一起的。在体育活动中,虽然也具有审美的因素,但是与审美活动相比,它在表现的精微性、复杂性、艺术性上都无疑要逊色得多。也就是说,体育活动中的美的属性和健康与竞赛性等的重要程度相比,只是一种附属的性质。第二个出发点就是我们必须在中国艺术与审美教育的历史进程中来考究中国近现代美育中"身体"意识与意象的觉醒与复苏,在传统与现代的交汇与冲突中,凸显"身体"作为审美意象与美育意象的意义。

"身体"意象在文化中并不仅仅属于自然的范畴,而是人自身在社会的各种关系域中体现的总和。在 20 世纪之前,"身体"意象并没有得到应有的注视与研讨,究其根底,主要是因为身心分离或心先于身的身体观念所致。人类亘古以来即倡言"心灵"为生命的重心,身体是心灵的从属,所以只注重心智的培养,而轻视身体发展与身心一体的重要性。另外,理性的科学对机械、技术和效率的重视,使人成为技术和机器的奴隶,人的存在被忽视、被数字化;连带传统运动文化也逐渐被商业物质化所取代,运动精神荡然无存,即便是运动员,虽然在丰富的物质条件下从事训练与竞赛,却感到精神空虚茫然,丧失了自我。因此,如何诊治身心二元论与时代物质化发展所带来的弊病,让真正的运动价值与意义受到理解与重视,"身体"就成为重要的研究课题。

考察"身体"意象在中国近现代审美教育中的苏醒,是历史给我们提出的问题。西方文化的冲击,对中国传统的古典的"身体"意象与观念在社会意识形态与审美层面都造成了剧烈的影响,并进一步进入并极大地扩充了从事"身体"教化的美育活动与研究的范围。也可以这样说,对中国古典美育传统当中"身体"意象的表述,只有倚赖西方美学及美育传统的语言才有可能。在这个话语的范围内出现的西方文化中"身体"观念与话语就不是一个纯粹异域的异物了。西方社会的身体观念,始终系于"身心"关系的一元论、二元论与整体论的论争之中。近年西方社会的身体观念,逐渐摆脱机械论、身为心所使的从属论,形成多元论述的趋向。尤其自笛卡儿以来,对"身"与"心"的探究就一直延续不绝。根据笛卡儿的见解,身体是可有可无的,而所谓"自我"则是居于心灵之中。经验是世俗的,无法揭示真理,也不能为存在提供基础。因此,人只有靠思维和发展理性才能成为其存在的意义与价值,科学也就不再关心诸如"人之为物其本质何在"等思想性的问题,代之而起的是,将人的身体和自然都当作"物"的对象来实验、分析和研究,认为只有能控制它才有价值。这种认为心灵与身体相互排斥的看法影响了近代以来整个西方科技文明的发展。尼采颂赞身体,主张身体优先之说;萨特则直承身体即自我,我是我之身体。梅洛一庞蒂的思想则达到了一个新的高度,他认为,人类的知识是源自于人类自身的"知觉身体"的种种互为主体经验与体验。简言之,在身体的经验或存在中找到感觉作为感觉的动态差异的特有领域。认知活动不仅属人类之心智活动,而且还蕴含着"身体主体"与外在世界的种种互动性沟通活动之关系。在"身体"意象之中,包含着丰富的社会与审美的内涵与深层结构,这对于增进认同传统文化之价值,深入对身体理念中所隐存的意识形态的理解,并重构对"身体"的审美与美育现代性理解,都具有重要的意义。尽管以上我们对于西方"身体"理论的描述并没有涉及"身体"在艺术中的直接表现,但是这样一种悬置恰恰解决了美学上关于"人体美学"的误区,即过于强调美感的超乎功利性而大大贬低了人体美作为现实美的价值与特有的人道主义色彩。身体哲学在最高的视角向我们揭示了应该塑造一种全新的全身享受的美学,审美生活理应把培养身体的愉快和规范作为自己的准则。身体美学的勃兴使得仅仅关注艺术中"身体"意象之美的传统美学显得苍白失色,更准确地说,身体美学包括了并远远超越了仅限于艺术领域的传统身体美学。在这样的身体美学的实践中,才可能去审视中国古代传统的身体观念与审美教育中的"身体"意象。

中国古典的身体理念是中国传统文化的一个因子。总的来说,是在儒家、道家、释家的思想与话语的范围与阈限之内的。三家的思想不仅影响了在艺术领域对"身体"的形态描述,更为重要的是对于中华民族作为历史与现实的肉体的"身体"造成的决定性的影响。在今天看来,这个古典时期还远远没有成为过去。美国当代著名的心理学家布维斯特认为,人的外貌通常是在一种文化的影响下形成的,也就是说,人的面貌并不是天生而一成不变的,而是学成的。他还说,一种动作如果在脸部重复一万次,就会产生相应的皱纹。也就是说,在五千年的文化里程当中,儒道释的身体理念成为中华民族,当然主要是汉民族的身体塑造与实践的最高的哲学原则。就整体来看,儒家的"身体"理念发挥了主要作用,因为儒家文化作为一种入世的现实性的文化在中国古代教育史上的地位与贡献是道家与释家无法相比的,"身体"意象也作为教育内容之一进入到了儒家的审美教育的"教化"之中。儒家将人的身体视为一个实践价值规范的场域。从这个角度看来,儒家的"礼"学,可以视为对身体在空间的适当展现所设定的一套规范。但是,在这一套以礼学为中心的身体思维体系中,却隐含着一个问题,这就是:身体的主体性与身体的社会性之间,在某种状况下会形成紧张性。归结先秦儒家"身体"意蕴、理念,可以表述为:先秦儒家视"身体"为德性的载体与展现、履践道德的场域。"身体"对于人类的精神与心灵层面,没有任何先在优先性,且"身体"的"践行",即"身体"对"道德"的履践与展现社会规范的同时,"身""心"之间为一种暂时性的"互为主体性"关系,且"德性心"呈现并通达于"身体"的形体中。在孔子看来,"礼"是其思想体系的重心。据《孔子家语·王仪解》记载,孔子在休闲游憩、调节转换、锻炼思维之际,都是维持"礼"的思维,无论是"钓而不纲"或"弋不射宿"都是设身处地,为大自然的生态与人类生存的需要作道德联想,也就是所谓"智士仁人将身有节,动静以义"的仁礼作风。所谓圣贤气象,即孔子所大力倡导的"威而不猛",就是将身体的主体性与身体的社会性交融为一以后,所显示出来的境界。孔子的养身与节义礼行有很大的关联,其时时强调克己复礼不言而喻;养心方面有乐观豁达、不忧不怨,践行"中庸""无怨"原则。孟子对"大体"与"小体"的区分,认为大体者指心,小体者指耳目。心能思礼义,耳目器官却常纵恣情欲,容易被事物蒙蔽。心之思考,使得心思清明,所以能兼养耳目等各种器官。声音得之于耳朵所听,美色得之于眼睛所看,香气得之于鼻所闻,美味得之于口舌享受,耳目百体的各种欲望,只要心不思礼义则身体器官会失去养护。理义在于心中,则耳目百体的欲望就会受到裁制,反之,没有理义在心中,则无法以心兼养身体,就成为所谓耳目器官纵恣情欲。从以上叙述可知,孟子一再强调的是作为"大体"的"心"具有"思"的能力,而作为"小体"的"耳目之官"则欠缺"思"的能力。他在《告子上》中说道,一切的价值意识都源自于心,"仁义礼智,非由外铄我也,我固有之也"。又说:"君子所性,仁义礼智根于心。""心"之作为人的价值意识的来源,是有其普遍必然性的。这种意义下的"心"具有超越性,而"心"对"身"(耳目口鼻)则具有优先性。荀子则是从人的身体思想来论述的,其对"血气""志意""知虑"认识深刻,由礼则治,不由礼则乱,所以力主"治气养心",皆要由礼而行,以外在的制度来加以节制。因此,听雅颂之声,让身体学习其俯、仰、屈、伸动作,使身体容貌可以表现庄重礼节,这些都是荀子的"隆礼""性伪""劝学"和"天人之分"的"性恶"路线。

从以上对于儒家三位最主要的先秦思想家关于"身体"的论述,我们可以看出,其表现主要有三个特点。第一,身体的稀有性,这是"身体"作为肉体与感性相比于理性与道德而言的,由于孔、孟、荀践礼的身体观对情感展露经常采取克制、引导、自我调节的方针,所谓以理节情,"发乎情,止乎礼义",这也就使身体和生活经常处在自我压抑的状态中。在孔子《论语》中,尽管有许多涉及身体娱乐的教育的活动,但是从整体与绵延的历史来看,"身体"意象由于受到以儒家为其首的"礼"与"理"的压制与温情的弱化,它本身始终是处于虚无的否定之位的,是作为官方与正统意识形态的对立面来存在的,由生活而艺术,由艺术而教育,在这样三个环节当中,"身体"的美都是虚幻的变形的。相比之下,中国古典艺术与审美教育中的"身体"绝无古希腊及其文艺复兴以来的坚实、现实与痴迷狂热。在这里,正如同宗白华先生所云:"希腊艺术的最高表现是建筑与雕刻,而其尤重雕刻积极活动的生命,是这精神的内容。"①在先秦以来的中国古代文化中,"身体"这一本身作为肉体的可见的存在之物,却失却了其构成所必需的质料与形式,被理性、世俗抽去了血肉、"血气"与骨骼。第二,身体实践的内在化与精神化。孔子的养身与节义礼性有很大的关联,其时时强调克己复礼不言可喻。当然,他在养身方面最为关注的还是养心的作用,比如心胸开阔,对待生活一向持达观态度,"中庸""无怨"是孔子养身最为核心的原则。他的"智士仁人将身有节,动静以义"的仁礼作风就更把身体实践的内倾化勾勒得异常清晰了。孟子的"养气"与荀子的"虚壹而静"说则把孔子内向化的身体实践推向了更深的层面。这与第一个特点在实质上是一个问题的两个侧面,而且更加剧了忽视"身体"意象作为外在形式所可能蕴含的无限丰富的美感,"身体"是作为两极进入到以儒家为主导的中国文化的,即肉体、感性、欲望、冲动、热情、力、质料与精神、理性、礼仪、内在、社会理想的对立。当然,在这样一种对立中,后者无疑占据了较为不合理的压倒性的优势地位。第三,两性的"性度"的扭曲与失衡。在对于美感形态的划分中,从人类学的角度来看,崇高与优美应该是根源于男性与女性在气质、性情差异上体现出的最原初形态,美如果失去了这一根本性的性度美的形态,就必然变成一种极不健全的病态的"美"。如果说上述两个特点主要是体现在男性身体意象上的话,那么在性度上,则体现为男女两性之间在"身体"之美上的联结。上述两个特点导致男性性度在美感形态上的后天极度不足,那么在女性身体意象上,中国传统文化的表现就更加变本加厉了,为了强化礼仪化的

①宗白华:《艺境》,北京大学出版社1987年版,第119页。

男性身体实践与教化，女性身体就必然成为一个受动的对象，在社会教化与家庭教化中，"四德"是主要内容，即妇德、妇言、妇容、妇功。妇容包括事亲之容、教子之容、敬夫之容、起居之容、避乱之容。这主要体现在各个时代层出不穷的女教书中，女教书不仅规范了女性行为的大的范型，甚至连女性的一言一行、一笑一颦也逐一规范，如"行莫回头，语莫掀唇，坐莫动膝，喜莫大声，怒莫高声"（唐·宋若华《女论语·立身章》）等等。在中国古代文化的各个领域中，正面的"身体"意象资源是极为缺乏的，相反倒是充斥着大量的"反身体"的以丑为美的"身体"意象，女性的性度特征被削弱、抽象、压抑、摧残、扭曲到不可辨认，而在文学作品当中出现的邪恶女性却有着美艳健康的身体意象。

另外，需要特别指出的是，道家与释家在身体意象上非但没有对儒家的身体哲学进行解构，而是对身体更抱有废弃、轻视、不屑的态度。由此，三教合流的身体哲学延伸开去，在身体教化、身体实践、身体的审美教育当中，真正坚实的"身体"意象就更为鲜见了。

如同以上对于"身体"意象所蕴含的肉体与理性、欲望与压抑的两极分析，身体意象及其在教育、审美教育中的地位就绝不是仅仅表现在自然性与艺术性这两个维度了，而是表现在更为广阔的人体美学之上。尽管身体美学作为一门学科的提议尚在酝酿之中①，但是身体在审美意象中的存在形态远远大于和超出了传统美学的身体美的理念，甚至是对康德以来"美无关利害与功利"命题的全新阐释。我们之所以说是全新的阐释，原因就在于身体

---

① 参见［美］理查德·舒斯特曼：《实用主义美学》，彭锋译，商务印书馆 2002 年版，第 368 页。

美学要面对一种必须解决的窘境,即如何在"美是无关功利的快感"的超越性与纯粹肉欲、人兽莫别的动物性之间找到一个最合适最恰当的黄金分割点。这似乎是一个在两个极端之间的钟摆的运动,如果仅有极端的超越,身体美学就会走向式微,就会被冠以"人体恶"的反身体之名,这种身体意象较多出现的社会情境是在封建社会与宗教占统治地位的社会历史阶段;反之,如果仅有极端的肉欲而没有灵性的指引,就会走到像马尔库塞所说的性爱的了无趣味的机械化与技术化,抑或是历史上罗马帝国的荒淫奢靡了。因而,"身体"意象及其所倡导的"身体"意象理念的变化往往成为社会与文化变化的先导与先声,尤其是在社会与文化由禁锢死寂走向自由革命之时。

在中国历史进入到近现代的关头,"身体"意象同样经历了革命性的变化。由儒道释共同炮制的古典"身体"在中国社会生活的许多方面都面临着西方与日本"身体"意象的冲击,而在一个像中国这样的社会中,其特殊性又是世界罕见的。原因就在于,中国封建社会的旧"身体"意象及其教化已经在中华这个老大帝国的历史中绵延和走过了几千年,其顽固性自不必说,它的衰败老化与无力是否能为新的身体意象的塑造提供新的契机,抑或是提供还可资利用的骨肉血气,才是问题的关键之处。在几乎完全异质的西方与日本"身体"意象新鲜的气息面前,中国一批优秀的知识分子感受到必须对自己的"身体"进行全新的塑造,由此,对中国古代"身体"意象的批判以及对于所要塑造的"身体意象"的新形态的理念就成为这一时期并行的两条思想路线。

就历史发展的脉络来看,这样一种"身体"意象的新教化的理念的建构经历了自谭嗣同、康有为、王国维到陈独秀多位思想家为代表,由改良、维新到激进革命的阶段。谭嗣同对中国人的身体形象痛心疾首,他说:"观中国人之体貌,亦有劫象也。试以拟之西人,则见其萎靡,见其猥鄙,见其粗俗,见其野悍,或瘠而黄,或肥而弛,或萎而佝偻,其光明有威仪者,千万不得其二!"①在教育上,康有为对西欧各国以及日本推崇有加,在 1896 年给光绪皇帝的《请开学校折》当中,他说:"近者日本胜我,亦非其将相兵士能胜我也,其国遍设各学,才艺足用,实能胜我也。吾国任举一政一艺,无人通之,盖先未尝教养以作成之。"在《大同书》中,则对自己的这二设想进行了多方面的展开,在对身体的教化中,他认为:"一、女傅非止教诲也,实兼慈母之任。以人方幼童,尤重养身。少年身体强健则长大亦健,少年脑气舒展则长大益舒展。又童幼之性尤好跳动,易有失误,盖未至自立自由之时,故嫩稚也,当养之。卧起、行游、提携、保持、衣服、饮食、照料节度,其事极琐,其行极繁,非有至慈好弄之耐心,不能令童儿之身安而体强也。以至出入、嬉游、跳舞、戏弄,固不可多束缚以苦其魂,亦不可全纵肆以陷于恶。大概是时专以养体为主,而开智次之;令功课稍少而游嬉较多,以动荡其血气,发扬其身体,而又须时刻监督。"②在他看来,对于幼儿的教育来说,身体的健康发育远远超出了对于道德的强化,其对于"养身""强健""游戏""嬉游""跳舞"的重视与提倡,充分体现出了他对幼儿身心特点的理解,还说,"体操场、游步场无不广大适宜,秋千、跳木、沿竿无不见备,花木、水草无不茂美,足以适生人之体""各大学皆有游园,备设花木、亭池、舟楫,以

---

① 转引自吴晓明编选:《陈独秀文选》,上海远东出版社 1997 年版,第 77 页。
② 俞玉滋、张援编:《中国近现代美育论文选》,上海教育出版社 1999 年版,第 5 页。

听学者之游观安息、舞蹈"。① 尤其重要的是，他提出"不可多加束缚以苦其魂""令功课较少而游戏较多"，与传统的身体教化观念中十分刻板的教条相比，显然是属于新世纪到来之前充满活力的新的身体形象。

王国维的"身体"意象的视野，比康有为更为开阔，在身体哲学上也更加理性化，并且在"身体"意象中已经比较明显地显露出西方与日本的影响。他说："'健全之精神宿于健全之身体'，罗马人之理想也；而'美之精神宿于美之身体'，则希腊人之理想。吾人既欲实现前者之理想，亦愿实现后者之理想。"②对于古希腊与古罗马的"身体意象"的比较在我国近现代思想史上还是第一次，在其中我们已经不能发现儒家、道家与释家对于"身体"的过于礼仪化与弱化的一丝一毫的留恋了，在他的话语当中充满的是与传统"身体"意象相异的语汇，其中浮现的是充满力与美、智慧与强健、灵之高尚与肉之坚实的身体形象。对于在教化及其审美教育中的"身体"，他更是引用："柏拉图于《理想的国家》中有言曰：'使吾人之守护者，于缺损道德的调和之幻梦中，成长为人，吾人之所不好也。愿使我技术家有天禀之能力而能辨别'美'与'雅'之真性质，则彼辈青年庶得托足于健全之境遇耳。'以言高尚之训练，殆未有逾此者也。"③把身心合一、身即心、心即身的身体理念提升到了极高的教育理想境界。如果我们把王国维关于"身体"的

---

① 俞玉滋、张援编：《中国近现代美育论文选》，上海教育出版社 1999 年版，第 6、9 页。

② 俞玉滋、张援编：《中国近现代美育论文选》，上海教育出版社 1999 年版，第 19 页。

③ 俞玉滋、张援编：《中国近现代美育论文选》，上海教育出版社 1999 年版，第 19 页。

审美教育理念与他的审美价值论结合起来探讨的话,就更为深广了,他说:"以心理学的见地观之,则个人意识之完全发达,亦以美育为必要。意识者,不但有知的意的性质,又一面有情的性质。而美之感觉,实吾人感情生活中最高尚之部分也。偏于智识则冷静,偏于实际则褊狭。知所谓美而爱之,则冷者温,狭者广矣。"①在身体的审美教育中,透露出王国维在审美经验论上的独特视角,即美感是由于身体与心灵完全相瀅而才有可能产生的,在身心合一的视角中才有可能在"审美超乎功利"与"审美的人道主义"相互纠缠中找到一个最佳的平衡点。

陈独秀在对中国古典身体形象的批判,与康有为及王国维相比则要激进得多,其所使用的话语也正像自己在新文化运动当中所惯常的方式,即现象学式的感悟与情感的激动,往往是直抒胸臆,而不是在概念、理论命题、逻辑推导上进行学院式的思考。这一切都表明了他的革命家的作风。他的思想是从体育与身体之美两个角度展开的。第一,从体育思想来看,1904年他在《安徽俗话报》第十四、十六期上,发表了两篇文章,揭露了旧式教育的弊端,阐述了自己加强体育教育的观点。他说:"现在西洋的教育,分德育、体育、智育三项,德国、日本的教育,格外着重体操,我国的教育,自古以来专门讲德育,智育也还稍稍讲究,惟有体育一门,从来没有提倡,以至全国人斯文委弱,奄奄无生气,这是国促种弱的一种原因。"由于陈独秀接受过西方近代教育,受到西方近代体育的熏陶,他把我国古代一些传统运动项目、民间运动项目以及少数民族运动项目,归纳和直译为"体育"一词,以形成德、

---

① 俞玉滋、张援编:《中国近现代美育论文选》,上海教育出版社 1999 年版,第 20 页。

体、智三育兼备的近代教育思想体系，从进化论的观点，阐明了体育与体操的层次关系以及体育在教育体系中的内涵。无疑，这对我国近代教育的发展具有重大的推动作用。第二，从身体意象之美来看，这是他在身体意象的审美教育中的最主要的理论贡献。在《今日之教育方针》中，他一针见血地指出："余每见吾国受教育之青年，手无缚鸡之力，心无一夫之勇；白面纤腰，妩媚若处子；畏寒怯热，柔弱若病夫：以此身心薄弱之民，将何以任重而致远乎？"①这对中国数千年以礼教、仁义、虚空对待自己的身体所造成的积弱如病与积丑若病梅，无疑是投以匕首。在对新的身体意象的教育理念中，陈独秀雄辩地宣称："意志顽狠，善斗不屈也……体魄强健，力抗自然……信赖本能，不依他为活也……顺性率真，不饰伪自文也。"②在这样一种身体意象当中，坚实的质料感与力度美成为陈独秀身体的审美教育的核心，这与中国古典的身体意象相比，完全是革命性的了。在对中国传统身体意象直接的现象学的感悟之下，陈独秀把这一身体意象的养成归结于中国传统教育是一种片面的教育。他说："训练全身的教育，（中国）从来不大讲究。"甚至还说："所以，未受教育的人，身体还壮实一点，惟有那班书酸子，一天只知道咿咿呜呜摇头摆脑地读书，走到人前，痴痴呆呆地歪着头，弓着背，勾着腰，斜着肩膀，面孔又黄又瘦，耳目手脚，无一件灵动中用。这种人虽然有手脚耳目，却和那些瘸聋盲哑残疾无用之人，好得多少呢？"③在陈独秀看来，在新文化运动中，必须要对中国文化传统与教育传统的身体审美观念

①吴晓明编选：《陈独秀文选》，上海远东出版社1997年版，第18页。
②吴晓明编选：《陈独秀文选》，上海远东出版社1997年版，第11页。
③吴晓明编选：《陈独秀文选》，上海远东出版社1997年版，第77页。

进行清算，对其中的修养内在化与内倾化，及其所导致的身体美形式感、质料感与坚实感的虚化乃至弱化，要在新的教育中得到革命。

在陈独秀的"身体"意象的审美教育理念中，体现了对西方先进教育思想的学习，可以说，西方先进的教育思想与日本的某些教育思想成为陈独秀身体审美观与身体教育观的核心资源与参照物。他认为："西方教育，全身皆有训练，不单独注重脑部，既有体操发展全身的力量，又有图画和各种游戏，练习耳目手脚的活动能力，所以他们男女老幼，做起事来，走起路来，莫不精神夺人，仪表堂堂，教他们眼里如何看得起我们可厌的中国人呢？"①陈独秀把这一中西方在身体意象与身体的审美教育上的差异作为"中国教育不及西方近代教育"最主要的三个方面之一。可见，"身体"意象及其审美教育在陈独秀教育思想中占有极为重要的地位。

就以上几位思想家的理论贡献来说，由于陈独秀把中国古典"身体"的意象与中国数千年的文化与文明联系起来，进行新与旧的继承与扬弃，无疑代表了近代、现代中国身体意识、身体的审美意识及其审美教育中觉醒的最高境界。陈独秀已经意识到，在封建社会以专制与对本能压抑为其本体特征的社会肌体里，人自身身体的丑化、罪恶化与虚弱化是必然的，而且极为明显地体现在主流意识形态对社会控制所要必然进行的身体教化上。总的来看，上述数位思想家，尤其是陈独秀的身体审美教化的思想为进一步延伸身体意象在艺术领域及其教化活动奠定了哲学基础，提供了在社会生活包括审美、艺术生活在内的整体上进行身体美复

---

① 吴晓明编选：《陈独秀文选》，上海远东出版社 1997 年版，第 77 页。

苏的理论武器。

在中国现代，关于"身体"的审美意识与关于身体之美的教育教化理念的进一步发展，是集中地体现在艺术领域的。也可以这样说，只有在艺术领域内与艺术教育领域内"身体"的真实成果，才有可能体现出这一"身体苏醒"最典型也是最为经典的状态。如果说，陈独秀等思想家提出的新的"身体"意象的理念更多的只是宏观的倡导与理论先导的话，那么在艺术领域与艺术教育领域中出现的"身体"意象及其发展状态，则又反过来成为这一理论先导与倡导的最主要的生力军以至这一潮流的领导者。在陈独秀等思想家意欲通过教化把中国当时生活里的"古典身体"更新为充满美与力度的"现代身体"之后，中国近现代的诸多艺术家与艺术理论家开始从"身体"意象的美的构成的角度，让人的肉体裸露于自然与美的视野里，来建构"现代身体"在光、线、影、色、体量、性度等艺术构成因素上的审美意象，这对中国视觉文化造成了更加强烈的冲击。

就现代型的"身体意象"在近代与现代中国的发生学谱系来看，我们可以发现这样一个普遍的现象，即在中国文化自身并没有衍生出新的萌芽，"身体"意象的新的话语形态的交流者与参与者无一例外都有留洋并在西方接受教育的背景，而且大多对西方和日本语言较为精通。在许多现代艺术家与艺术教育家的心目中，古希腊的"身体"意象出现的频率是极高的，也可以更准确地说，古希腊文化对于"身体"所持的健康的审美趣味与在艺术中"身体"的杰出再现，成为20世纪初中国"身体"审美理想所心摹口追的对象。除此之外，西方的"身体"意象资源就是从文艺复兴和从日本传播而来的了。从上述王国维等对柏拉图审美教育思想的借鉴就可略见一斑。

　　我们在这里可以把古希腊"身体"意象在中国近现代的出现状况分为三类。

　　其一,是出现于作家型的文化人视野中的"身体"意象,如林语堂等,他们着重从直觉的体会来比较"身体"在中西方艺术的不同际遇。林语堂认为:"所惜在人物画方面,中国艺术是十分落后的,因为人体被当作自然界物体的点缀物。女性人体美的鉴赏,不可求之于中国绘画。"而在另外一方面:"崇拜人体尤其是崇拜女性人体美是西洋艺术卓绝的特色。"从艺术教育的角度,林语堂提出:"我们可以说爱普罗的艺术地位已为但奥尼细阿斯的艺术所取代;宛如今日的中国画在大多数学校中不列入课程,甚至美术学校亦然。"并且,林语堂对中国古代身体教化哲学中的"伪善"提出了更为率真的批驳,他说:"这种对于裸体美的崇拜,实无需托辞乎柏拉图的纯洁审美主义借为口实,因为只有老朽的艺术家才把这人体看作是无情欲的崇拜对象,也只有老朽的艺术家才谨慎地为自己辩护。"①林语堂对"身体"进入中国文化情境与审美教育活动持有的是大势所趋的态度,他认为,"人体的裸露,亦为今日欧洲文化传入东亚的一大势力,因为它……改变了整个人生的观念","其势不可阻遏"。那么,在艺术教育以至于审美教育中就必然要遵从有关"身体"的艺术的客观规律,就必须在以"身体"意象为对象的艺术活动中遵从合乎"身体"特点的艺术训练,就必须"从模特儿或从古典石膏像(希腊的或罗马的)描摹着女性人体轮廓与解剖"②。此"身体"意象的特点是往往带有中西文化比较、中西教育比较的色彩,更多地深入文化的肌理与血脉。

---

①林语堂:《吾国与吾民》,时代文艺出版社2004年版,第287、288页。
②林语堂:《吾国与吾民》,时代文艺出版社2004年版,第288页。

　　其二,是出现在美学家与理论家视野中的"身体",如宗白华先生与傅雷先生等。宗白华先生对于古希腊文学艺术是非常推崇的,他从中西方美学与艺术比较的角度,论述了在古希腊文艺尤其是在雕塑当中体现出的独特的"身体"意象的构成方式,他说:"模范人体的雕刻是希腊最伟大的最中心的艺术创造。"①还在自己的许多论著当中数次描述了古希腊艺术的"境界"之追求在于:"和谐、对称、比例、平衡、匀称、典范、具体、实相。"这正是古希腊人体美对于古希腊文学艺术以至于美学的原创性的启迪,而且人体美本身也体现了古希腊的美的理想。所以,在宗白华先生的艺术教育思想中,他就强调"透视学与解剖学为西洋画家所必修"②。关于"素描"的训练,宗白华先生认为,其"价值就在于直接取象……西画线条是抚摩着肉体,显露着凹凸,体贴轮廓以把握坚固的实体感觉"③。宗白华先生这一深刻的见解不仅仅体现在对于中西方文艺与美学的对比,而且更重要的是在于,他认为以大众为对象的普泛的审美教育与以培养艺人为对象的专业的艺术教育、美术教育是一体的,这样才会真正使得审美教育得到内涵与资源。傅雷先生直接把中国古典"身体"意象的式微归结于中国传统社会结构系统的压抑,他认为:"在一般教育与中国的传统政治上,'中庸'更把中国人养成并非真如先圣先贤般的恬淡宁静。"对刘海粟在美术教育使用裸体模特的争执,他说,"全部的中国美术史,无论在绘画还是在雕刻上面,我们从来都没有找到过裸体的人物",还

---

①宗白华:《美学散步》,上海人民出版社 1981 年版,第 237 页。
②宗白华:《美学散步》,上海人民出版社 1981 年版,第 137 页。
③宗白华:《美学散步》,上海人民出版社 1981 年版,第 158 页。

认为："中国的玄学与哲学排斥一切人类的热情,以期达到绝对静寂的境界。"①

　　其三,是体现于艺术家批评言论与理论研究中的"身体"意象。在这些艺术家当中,丰子恺对艺术教育与审美教育中存在的"身体"意象的思想资源较多地来自日本。对明治维新以来"裸体"艺术在日本的波折,他的介绍与资料是十分详尽的。对于"身体"意象中最为敏感的"裸体"作为一种语言进入日本文化语境中的各种古怪的排异反应,在丰子恺的行文中隐含着对中国文化发展的忧患,他引用的许多言论在当时无疑具有开风气之先的激活作用,比如,"无论是从美学上或技术上说,裸体总是美术的基础而值得尊重的""人身的形式在于裸体,艺术上的制作人身以裸体为基础,因此艺术上的教育用活人模特的习作""艺术是表现人体美的,不是表现阴部美的",等等。他说:"中国的当局在这一点上比日本的当局高明,对于中国的美术界没有做出'腰卷'及'阴茎切断'之类的笑柄,但也没有像日本当局对于日本美术界那样的关心和建设。"②林风眠则对"身体"意象及其在中国艺术教育中"身体美"的厄运极为愤懑,他说,"愚昧的同胞为了看不惯人体模特,竟至伙同军阀走狗,把艺专污蔑得无所不至",而且"这个唯一的国立艺术教育机关,竟被他们蹂躏殆尽"。③ 在艺术家当中,对"身体"意象及意识觉醒表述最为激烈的则是徐悲鸿。他对于在人体美的教育活动中必须倚赖的模特,持有艺术家特有的职业严谨,对人体模特给予了极为不同凡响的态度,他说:"范人……

---

①《傅雷艺术随笔》,上海文艺出版社 1999 年版,第 16 页。
②《丰子恺艺术随笔》,上海文艺出版社 1999 年版,第 94—97 页。
③《林风眠艺术随笔》,上海文艺出版社 1999 年版,第 40 页。

实则模范楷则之意,即谨慎威仪、惟民之则,及不懔不贼、鲜不为则之字意。"还说:"故吾对吾写吾父,吾父即吾之范人;对写吾母,吾母即吾范人。"在徐悲鸿的话语中,对"身体"及"裸体""模特"给予了中国文化尤其是儒家文化"孝"与"仁"的符号色彩,在中国近现代关于"身体"苏醒的思想中是极为特立独行的。这样一种以西方话语对中国话语的入侵与渗透,还不如说是一种更高程度与层面的骑驿相通和巧妙置换。他对人体美及艺术教育中存在的"模特"的意义与价值,在美的永恒性上做出了自己的解释,即"人之恒愿,莫愿于不朽。范人之能,不至小朽,惟以所秉一枝半节之美姿,供艺人摹写,入其幅员,遂足千秋"。但是,国人对待"模特"的"身体"理念却使得徐悲鸿"良可唏矣",以至于"神圣之'模特'成为黄帝子孙口中丑语,几可用以骂人"①。

综上所述,在中国近代以至现代的现实生活与艺术中,"身体"意象正在摆脱传统的理念,并向着新的"身体"意象生成,其中在审美教育与审美教化中,由于思想界、美学界与艺术教育界诸多领域人士的合力推进,新的"身体"意象正在生活、运动、服装、美术、文学、举止等方面逐步渗入,虽然至今国人对待"身体"以及艺术中"裸体"的审美态度仍然停留在较低的粗鄙与浮躁的层次,但是在近现代出现的审美教育及教化中的"身体"的觉醒无疑具有重要的开拓意义与价值。

---

①《徐悲鸿艺术随笔》,上海文艺出版社1999年版,第16页。

第三章　中国当代美育的演进

第一节　美育在当代中国的
前沿地位

"美育"成为引起广泛、高度重视的重大社会课题是近年的事儿。最近,我国将美育作为素质教育的有机组成部分,与德智体等其他各育一起被提到关系到民族和国家前途命运的高度。这不仅在实践上,而且在理论上都是重大突破,使美育具有了从未有过的重要意义,从而走到社会与学科的前沿。

美育之所以走到社会与学科的前沿,绝不是偶然的,而是有其必然性和深刻的社会经济根源,是时代的一种客观需要。

新的知识经济与市场经济时代对"以人为本"观念的凸显,使美育显示出从未有过的重要性。知识经济初见端倪,其根本特点在于知识在经济发展中的作用占到 50% 以上。在这样的时代,知识成为生产力的标志,已完全不同于工业经济时代生产工具作为生产力的标志。美国思科系统公司首席执行官约翰·钱伯斯认为,新经济时代十分依赖知识资本,知识共享是真正推动新经济发展的因素。这种由货币资本为主到知识资本为主的转变,就要求摒弃工业经济时代的科学主义的工具本位,进一步要求以人为本。因为只有人才是知识的载体。人不仅创造了知识,而且掌握、运用着知识。当前,人的本位作用以从未有过的重要性凸显出来,远远超过了工业经济时代。正因为如此,当代计算机行业巨头迈克尔·戴尔在 1999 年年初要求经理们将人才列为十大优先考虑的工作之首。这是新的知识经济时代具有崭新意义的人本主义。众所周知,人本主义是资产阶级革命的产物,资产阶级思想家们试图以人本主义取代神本主义,以反对中世纪政教合一的封建贵族政权。在当时,人本主义主要是一种政治的要求。而到知识经济时代,知识在经济发展中的重大作用使得创造与运用知识的人显示出从未有过的重要性。这就使此时的人本主义由政治的要求而成为经济的要求。人的素质的提高与作用的发挥已在经济发展中处于关键的地位,而美育作为素质教育的必不可少的有机组成部分,其作用也必然从工业经济时代单纯的对"异化"问题的解决提升到对经济与社会发展起决定作用的高度。同时,在新时期,市场经济占据主导地位。不仅资本主义国家实行市场经济,社会主义国家也实行市场经济。我国明确宣布实行社会主义市场经济,并加入了世界贸易组织(WTO),这进一步加速了市场经济的进程。无疑,市场经济从依靠市场调节优化资源配置的角度将竞争、效益、国际化等具有当代性的有效手段与观念引入经济活动,必将极大地促进经济与社会发展,从而有其积极效应。但也不可否认,市场经济的等价交换原则、经济活动中的价值规律、市场作为一只看不见的手所具有的不可控性,以及金钱货币的不可代替的流通作用等,必然也有其明显的不可忽视的负面效应,从而会出现市场本位、金钱本位以及拜金主义倾向等。如果任其蔓延、充斥于社会文化生活的各个方面,必将引起社会政治的腐败,以及道德的滑坡。在这种形势下,除了要大力强调法制建设之外,还应进一步高扬社会主义人道主义原则,倡导以人为本,抵制市场本位、金钱本位以及拜金主义等。对以人为本的倡导就是对人文精神的倡导,人文精神将人的全面发展与对人的全面关怀提到突出位置。而美育就是人文精神的组成部分,就是人的全面发展与对人的全面关怀所不可缺少的方面。

20世纪在人类发展史上的确具有重要意义。人类在经济、社会、科技与文化发展的各个方面都取得了辉煌成就。但人类在20世纪也有着重大失误。那就是长期以来科学主义的泛滥、环保意识的淡漠、人类对自然资源的掠夺式的开发、经济与社会发展对环境造成的愈来愈严重的破坏,臭氧层的破坏、大片土地的荒漠化、厄尔尼诺现象、生命所不可缺少的水与森林资源的走向枯竭等,这些都向人类的生存与发展提出严重警告。在这样的形势下,全世界的有识之士提出了可持续发展问题,我国也将其作为基本国策。所谓可持续发展就是和谐发展,要求人与自然、人与社会、历史与未来、开发与建设处于一种和谐协调的状态,从而求得人类生存环境的改善与长远发展的可能。不论是可持续发展还是和谐协调的发展,从世界观的高度看,都是要求人类以审美的态度对待自然、社会与生产活动。人类应该像1844年马克思所说的那样"按照美的规律来建造"①。如果将这种可持续发展的理论扩大到人类自身,也是有其当代意义的。当代世界,由于科技和市场经济的高度发展、竞争机制的快速形成、生活节奏空前加速、城市化与科技化导致人与人的隔膜等等,人类由田园牧歌式的生活方式进入快速高效的现代节奏。这固然给人们的生活注入了前所未有的活力与动力,但同时,这种巨变与空前的紧张也对人的身心形成前所未有的压力,精神疾患已成为难以控制

---

① 《马克思恩格斯全集》第42卷,人民出版社1979年版,第97页。

的世纪病、时代病。有的专家估计，美国社会中大约有 1/4 的人患有不同程度的精神疾患。我国精神疾患的数字也在增加。人类应该拯救自身，特别是拯救自身的心理缺损，这已成为全世界的共同话题，也是可持续发展的重大课题。当然，这种疗救必须依靠国家立法与制定政策，努力建立社会的公正、正义，大力发展心理治疗。但是，在人文精神层面，美育的积极作用也是值得高度重视的。当前，通过美育使人类真正做到审美地对待自身，达到生理与心理的和谐健康发展，已经成为普遍共识，也成为可持续发展基本国策的不可缺少的重要组成部分。

美育在世纪之交的迅速发展，同样也是各有关学科发展的一种必然要求。美育是介于教育学、美学、心理学、社会学、思维科学以及脑科学之间的一门综合学科。但从学科定性上来说，因侧重点不同，它既可成为教育学的分支学科，也可成为美学的分支学科。学科发展的规律总是由综合到分化再到综合，同时也经历了由粗疏到细微的过程。古代西方，一门哲学囊括了所有的学科。文艺复兴以后，随着工业革命的兴起，才有人文、社会、自然诸多学科的分化。当代科技社会的发展，从许多学科的综合、交叉与边缘中派生出诸多新的学科，如，语言学哲学、生物化学、生物工程、生物电子学、审美教育学等等。美育尽管早在 1795 年就由德国诗人席勒提出，但长期以来发展缓慢，没有形成独立的学科体系。20 世纪中期以后，两次世界大战给人类带来深重的灾难，在人的心灵中打下深深的印记，加之科技的发展、环保的需要等等，人类在学科研究中对人自身较前更为关注，对人自身的研究大大朝前发展。因而，美育作为提升人的审美素质、美化人生的一门学问就愈来愈引起人们的关注，从而走到学科的前沿，大有成为"显学"之势。可以这样说，美育正是人类从审美的素质的层面上认识自身的一门学问。但只是到 20 世纪中叶以后,在当前跨入新世纪之际,在其他许多对人自身认识的学科有了长足发展的前提下,美育的发展才会有质的突破。

从教育学的角度看,美育的发展是人类在 20 世纪后期普遍重视素质教育的必然结果。农耕时代的贵族教育与工业时代的劳动后备军教育都必然要求应试教育。而在当代,在科技迅猛发展、知识经济扑面而来、国力竞争日趋激烈之时,国民素质已成为科技发展与国力强弱的基础。素质教育因而成为全人类的共同课题。当然,素质包括智力因素与非智力因素,智力因素应该讲已引起较多的重视,而意志、情感等非智力因素却在应试教育体制下常常被忽视。因而,在素质教育面对全体学生,贯穿全部教育过程,体现于教育的所有方面的"三全"中,非智力因素,特别是美育就特别地引起人们的重视,提到十分突出的位置。联合国教科文组织 1989 年 12 月在我国召开了面向 21 世纪国际教育研讨会,大会提出了《学会关心:二十一世纪的教育》文件,就将作为非智力因素的"关心"提到未来世纪教育的中心课题。各国教育家共同认识到:(一)我们过去教育的最大欠缺是没有将教育我们的学生"学会关心"放在重要位置,我们的学生的最大缺点也是缺少"关心";(二)在未来的新世纪,人类在教育领域的首要任务就是教育我们的学生"学会关心"。这里所谓的"关心"是一种同只"关心自我"的人生态度相对立的人生态度,即关心他人、关心社会、关心人类。其中包含浓烈而高尚的情感因素,同美育息息相关。对非智力因素的强调集中地表现为当代诸多教育学家与心理学家的带有创新意义的探索。其中之一是美国著名发展心理学家霍华德·加德纳的"多元智能理论"的提出。另外,就是著名心理学家戈尔曼等的"情商"(EQ)概念的提出与论述。这也说明,从教育学与心理学的角度看，美育在当代已愈来愈显现其重要性，并走到学科的前沿。

从美学学科的角度看，美育的发展正是美学学科当代发展的必然结果。美学是一门古老的学科，从古希腊柏拉图在《大希庇阿斯篇》中提出"美是什么"的问题，到德国理论家鲍姆嘉通提出"Aesthetik"即美学是关于感性认识的科学，再到以康德、黑格尔为代表的德国古典美学，整个美学学科都在纯理论的层面上探讨美是什么的问题。康德的"美是无目的的合目的性形式"与黑格尔的"美是理念的感性显现"，即是人类对美的古典认识的最高成就，也是人类在美的纯理论层面集大成的综合性成果。我国 20 世纪 50—60 年代曾发生过具有广泛影响的美学大讨论，出现了美在主观、美在客观以及以实践理论对美的理解等观点。特别是运用马克思主义实践观从实践的"对象化"的角度对美的理解，都是很有价值的。但这些理论观点，仍停留在纯理论的层面。总之，无论是西方还是我国，对美的纯理论层面的古典探索都不免有纯思辨哲学的性质，不同程度地脱离了人的现实生活。正因此，当代许多理论家不满足这种对美的纯理论的思辨性的探讨，从而赋予美学探讨以强烈的现实性。他们将这种古典的纯理论的思辨性的美的探讨批评为"形而上"，并从现象学、存在主义与解释学美学的崭新角度探索美与人的生存状态的关系问题，旨在促使美学研究关注当代条件下人的日渐困惑的生存问题，表现了这些理论家对人类命运的终极关怀。德国当代著名哲人、解释学美学家海德格尔提出了人类应该"诗意地栖居于这片大地"①的重要命题。所谓"诗意地栖居"可以理解为"审美的生活"，既将美

---

① 《海德格尔选集》，孙周兴选编，上海三联书店 1996 年版，第 319 页。

学与改善人类的生存状态紧密相联，也将美学从纯理论的思辨性思考拉向现实人生。这就使美育从美学的一个并不重要的分支走到美学学科的前沿，超越纯理论的"美""审美""艺术"等，成为最重要的课题。从改善人的生存状态的角度看，在某种意义上，美育也就是美学，这确实是新时代美学学科的一个巨大变化。

从脑科学的角度看，开发右脑成为 20 世纪后半期不断取得进展的重要课题，从而使美育的"开发右脑"的特殊功能愈来愈被人们所认识，并愈加显现其重要性。脑科学即神经科学，是用多学科手段综合研究脑的正常功能和脑疾病机制的一门新兴科学。美国国会曾批准 20 世纪 90 年代是"脑的十年"，日本政府认为 21 世纪是"脑的世纪"。脑科学的发展也是人类深化对自身认识的一个标志。20 世纪后半叶是脑科学取得巨大进展的时期，特别是对左右脑功能研究的深化，使得具有"开发右脑"功能的美育在开发人的潜能特别是智力方面作用愈来愈重要，从而从自然科学的角度为美育在新的时期的重要地位提供了有力的佐证。20 世纪 60 年代，美国加州工科大学的罗格·史贝利为治疗癫痫病人，从切断连接左右大脑胼胝体的裂脑病人的症状中发现，人的左右脑功能不同，左脑主管语言、读写、计算等机械性功能，右脑则主管情感等功能。史贝利由此获得诺贝尔医学奖。同样也获得诺贝尔医学奖的霍金博士认为，右脑还借助遗传因子传递人类过去的信息。1980 年，美国的布雷吉斯理出版《右脑革命》一书。1995 年，日本的春山茂雄出版《脑内革命》一书，提出右脑能量是左脑的 10 万倍。以上观点尽管还只是有待科学证明的看法，但美育具有特殊的发掘人的潜能特别是开发大脑的作用却是不争的事实。这就使开发大脑功能，加强美育具有从未有过的革命性意义。

　　美育的发展还有其内在的根源，也就是说美育自身的本质特性给美育在新的时期的发展提供了基本的条件，创造了发展的可能性。关于美育的本质问题，历来众说纷纭。目前通行的有四种观点。其一是所谓"附属论"，即主张美育附属于德育，以苏联的理论家为其代表，我国也有一部分理论家主张此说。但随着美育学科的发展普及，主张此说者会日渐减少。其二是"形象教育论"，主要是少数从事文艺学研究的学者以美育所凭借的自然美、艺术美、社会美手段均具有形象性特征为根据，但许多学科都有凭借直观形象的手段进行教育的实际，因而此说也很难真正反映美育的本质。其三是"全人教育论"，主要从美育的目的是培养全面发展的人着眼，但其他各育也都旨在培养全面发展的人，因而也没有反映美育的本质。其四是"情感教育论"，这是最初由席勒在《美育书简》中为美育所定的本质特性，主要是根据康德关于审美判断力是带有深刻理性内涵的情感判断能力的论断。20世纪初，蔡元培继承德国古典美学的理论观点，力倡"情感教育论"。他说："美育者，应用美学之理论于教育，以陶冶感情为目的者也。"①我们认为，这一观点是从总体上把握了美育不同于智育与德育的本质特征的，但仍有其局限，那就是仅侧重于美育的对象与手段而对其整体特征缺乏更深层次的把握。因此，我们在"情感育教论"的基础上吸收中国古典美学精华，提出了"中和美育论"。也就是说，我们认为，美育的本质是通过培养协调和谐的情感，进而塑造协调和谐的人格，达到人与自然、社会的协调和谐。早在《尚书·虞书·舜典》中就记载："诗言志，歌永言，声依永，律和声。八音克谐，无相夺伦，神人以和。"这不仅指出了艺术教育

---

①《蔡元培美学文选》，北京大学出版社1983年版，第174页。

过程中艺术本身的"和""谐"，而且要求达到"神人以和"的目的。孔子也提出艺术教育的"无邪""中庸""文质彬彬"等的标准。荀子更进一步在《乐论》中提出："故乐者，天下之大齐也，中和之纪也。"这说明，"中和"在中国传统"乐教""诗教"中既包含了作为手段的中和之美的艺术，也包含了作为对象应培养中和协调的情感，同时包含了作为美育所要达到的"神人以和"的目的，因此更加全面深刻。对于这种中和协调、神人统一的美育思想，西方当代哲人海德格尔也将其吸收到自己的美学体系之中。他不仅无情地批判了现时代由技术拜物教所造成的人的真正本质的遗忘，而且主张天地神人的和谐统一的美学观点。

　　正是由"中和美育论"才引申出对美育的目的和作用的科学界定。美育的目的到底是什么？它同单纯的艺术教育有何区别？这也是长期以来人们所关注的问题。我们由"中和美育论"出发，明确提出：美育的目的绝不是单纯地培养某种审美的技巧、艺术的技能，而是培养审美的人生观，亦即培养"生活的艺术家"，自觉地以审美的态度对待人类、对待社会、自然、人生与自我。美育是通过审美感受力与欣赏美、创造美的能力的培养，进而培养一种健康高尚的审美情感，由此塑造和谐协调的人格、确立和谐协调的审美的世界观、人生观。因此，美育说到底是一种人生观、世界观的教育，而不是单纯的技能教育。很明显，在现实生活中，一个人并不是具有某种艺术技能就一定具有审美的世界观、人生观。不是有某些掌握高超艺术技巧的人却照样道德沦丧吗？但我们又不能由此断言，美育同艺术技能的培养无关。实际上，艺术技能的教育是美育的必不可少的组成部分，因为审美能力的基础是审美感受力，而审美感受力就包含对艺术技能的了解与掌握。但这只是前提，而不是最后的结果。对于美育来说，最后的结果仍然是和谐协调的审美世界观、人生观的培养。这种审美的世界观、人生观就包含以审美的态度对待自然、社会和人生，而最终的审美理想就是为建立一个和谐协调的审美的人类社会而奋斗。在此，审美的理想与人的理想、社会理想完全统一。当然，这种审美理想的实现，是一个动态的不断发展的过程，永无止境。但使人类世界愈来愈美好，愈来愈和谐协调却是我们每个有志之士终身追求的目标。

当前，在美育的地位和作用问题上有"末位论"和"首位论"之争。所谓"末位论"，即指美育的地位与作用列在德智体之后，处于不重要的"末位"。所谓"首位论"，即认为美育是各类教育的核心和根本。我们认为不论是"末位论"还是"首位论"，都没有真正反映美育的地位和作用。美育的地位和作用应从其"中和美育论"的本质派生出来。从"中和美育论"出发，美育在各育中的地位和作用应是一种"综合""中介""协调"的地位和作用。康德在《判断力批判》中就将审美作为真与善的桥梁（中介）。席勒继承康德的思想在《美育书简》中指出："要使感性的人成为理性的人，除了首先使他成为审美的人，没有其他途径。"①而孔子在《论语》中则针对君子的培养途径指出："兴于诗，立于礼，成于乐。"（《泰伯篇》）所谓"兴于诗"，即从诗歌中获得启发；"立于礼"，则是从礼的教育中掌握处世为人的规范；而"成于乐"则是指君子的培养通过音乐最后得以完成。"成"即有综合、协调之意。这当然由美育的和谐教育的本质所决定。由于美育旨在培养和谐协调的情感、塑造和谐协调的人格，实现人与对象和谐协调的目的。因此，尽

---

① ［德］席勒：《美育书简》，徐恒醇译，中国文联出版公司 1984 年版，第 116 页。

管德智体各育都有其独特的不可代替的作用,但和谐协调人格的最后完成还得依赖于美育对其他各育的综合协调。这就是说,无论一个人接受了多少文化知识和道德规范的教育,但只有在他接受了审美教育之后,其文化知识和道德规范的教育才能最后发挥作用,使其成为一个"文明的人""文化的人"。正是从这个意义上,我们说,美育是人类文明的标志,因为只有文明的人类才有对美的追求。任何动物同自然一体,无美丑之感。而脱离人群、脱离社会的孤立的人也不会具有对美的追求。正如康德所说,一个生活在孤岛上的人是不会爱美并因而修饰自己的。正因此,我们认为美育在各育之中既非"首位",也非"末位",而是综合、中介、协调。美育的这种独特的地位与作用是其他任何一种教育所不可代替的。这也充分说明,正是美育本身这样一个特质,才使其适应新时代社会的客观需要而走到社会与学科的前沿。

美育是一个漫长的历史发展过程,对美育进行历史的考察是为了进一步理解美育的本质及作用地位。在对美育进行历史的考察中应该将不自觉的美育活动、自觉的美育活动、美育学科与美育的现代意义四个不同层次加以区别。

美育活动同人类文明同步,自有人类就有美育活动。起初是原始人类朦胧的不自觉的美育活动,因为人之所以为人就因其同自然相分离,自然变成了人的对象,从而出现人与对象的矛盾斗争,也就有了和谐协调的追求。这也是一种对美的追求。人类也因此有了最初的审美与美育的活动,但这都是朦胧的、不自觉的。此时,艺术品同生产工具及日用品不分,艺术活动与生产活动、宗教活动混为一体。因此,可以说,此时还没有真正意义上的艺术品与艺术活动,也可以说没有真正意义上的美育和美育观念。只有到有了相对独立的、较为自觉的艺术品与艺术活动出现之后,人类才开始了较为自觉的美育活动。西方古希腊时期，史诗、雕塑与戏剧的发展以及与此相应的音乐教育的出现，我国先秦时代诗与乐的出现，以及与此相应的诗教、乐教的出现，就是一种较为自觉的美育活动。也可以说，从此才有了真正意义上的美育和美育观念。

至于美育学科的产生，则是工业经济时代的产物。一是由于科学的发展，"百科全书派"和牛顿力学的出现，使得学科的分支越来越细，这就使美育从美学中分离出来成为可能；二是资本主义的进一步发展，暴露出这种制度压抑人性的种种弊端，出现了所谓"异化"现象，美育正是资产阶级思想家试图克服"异化"、恢复人性的一种思考；三是经济的发展与社会的进步使得人类对自身关怀有较大进展，不仅关心自身的物质状况，而且开始关心自身的生存状况。席勒指出："永远束缚在整体中一个孤零零的断片上，人也就把自己变成一个断片了。耳朵里所听到的永远是由他推动的机器轮盘的那种单调乏味的嘈杂声，人就无法发展他生存的和谐，他不是把人性印刻到他自然（本性）中去，而是把自己仅仅变成他的职业和科学知识的一种标志。"①这是多么深刻的对于人类的失去和谐与自由的"存在"状态的一种描写。而所谓"美育"就是为了要改变这种"存在"状态，呼唤真正的和谐与自由。因此，1795年，席勒发表了著名的《美育书简》，在人类历史上第一次提出"美育"的概念，并明确地将其界定为"情感教育"。美育作为一门学科传到我国是近代的事情。梁启超首次系统介绍了德国古典美学关于人类心理功能三分法（知、情、意）的观念，明确指出，"情育就是美育"。王国维更是独创体、智、德、美"四育

────────────

① [德]席勒：《美育书简》，徐恒醇译，中国文联出版公司1984年版，第51页。

论"。蔡元培则主张美育乃"世界观教育",并于 1912 年任教育总长之时,正式将美育纳入国家教育方针。

今天,在我们迎来新的世纪之际,美育对于全面提高国民素质、迎接 21 世纪的挑战、实现中华民族的伟大复兴,具有重要的现实意义。

美育在当代经济发展中已成为生产力的重要因素。知识经济时代的标志性产业是信息产业,信息产业主要依靠软件的设计,软件的设计又主要凭借创新能力,创新能力的主要内涵就是想象力。想象力恰恰依靠美育加以开发、培养。而且,在生产力的三要素——生产者、生产对象与生产工具中,农耕社会主要凭借生产对象,依靠的是资源开发和利用,靠天吃饭;工业社会主要凭借的是生产工具,依靠的是硬技术;而知识经济社会主要凭借生产者,依靠的是作为知识的软科技,人的素质在生产中起到决定性的作用,而美育恰是提高素质的必不可少的途径。新时代的市场经济高度发展、竞争极其激烈,人们消费水平的提高对产品的审美要求越来越高。因而,商品的审美内涵即是其价值内涵。审美力同样能创造巨大的价值,这已是不争的事实。

美育有利于造就新时代所需要的崭新的人格。新的时代需要克服由商品社会、应试教育和科技主义所形成的所谓"单向度的人""异化的人",而造就全新的社会性格。这样的社会性格应该是生理与心理和谐发展、知识与情感和谐统一、具有健全人格的新人。这样的新人,只有在人本主义与科学主义的统一中、在德智体美各育的协调配合中才能够逐步地培养形成。

美育有利于经济社会的可持续发展。可持续发展已经成为我们的基本国策,是社会进步的必要基础。首先要求解决发展观问题,应该确立和谐协调的发展观。这样的发展观就不仅是经济的观点、社会的观点,而且包含审美的观点,要求人以审美的态度对待社会与经济的发展,将经济社会的稳定和谐协调放在首位,不盲目追求经济指标,而且更重要的是应该在经济社会发展目标中包含着审美的理想,使人类社会愈朝前发展愈加美好和谐。

最后,美育有利于社会主义精神文明建设。审美力本来就是人类文明的标志,人类社会愈朝前发展,人的审美力应该愈强。社会主义精神文明建设必然包括健康的审美力的培养。这反映了一个民族的整体素质和社会的发展水平。同时美育从提高人的审美力角度说,又将成为实行社会主义道德原则的内在的情感动力。而从美育特有的形象性和情绪感染性来说,它又是社会主义道德教育的有效手段。

美育作为一个独立的学科,直到今天,其基本的理论范畴和学科内涵都是沿用西方的一套,主要是德国古典美学理论。如何面对新的世纪,肩负起建设具有中国特色的社会主义文化的重任,在此前提下建设具有中国特色的社会主义美育理论体系,这的确是摆在我们面前的十分急迫的任务。而要做到这一点,就要走中西统一、古今结合的道路。借此建立具有中国特色的美育学科的范畴体系。为此,应探索中西、古今美育范畴的交融、转换与整合。可将中华古典美学与美育理论的"中和"的美学精神,结合知识经济时代的要求,将其贯注到现有的美育范畴体系之中。一开始可能不太成熟,但要鼓励、支持,勇于探索,逐步走向成熟,并被国内外学者所接受。

另外一个十分重要的问题就是,美育学科要有新的突破必须依靠美学、教育学、心理学、社会学、思维科学和脑科学等多学科的联合攻关。当代西方已有许多教育学家、心理学家和脑科学家关心参与美育理论研究。而我国活跃在美育研究领域的主要仍是美学工作者和艺术教育工作者,教育学和心理学界都极少有人参与研究讨论。至于脑科学方面的专家,更少听到有参与研究的信息。这就不免使美育的研究极大受限,难有突破。美育作为素质教育的有机组成部分虽然已经正式列入培养目标和教育方针,但它本身又的确是一门相对薄弱的学科。因此,我们呼吁,美育研究应更进一步引起全社会的重视,引起与之密切相关的美学、教育学、心理学、社会学、思维科学和脑科学各行专家学者的重视,从各个不同的角度进一步深化研究,联合攻关,取得突破。恩格斯说:"社会一旦有技术上的需要,则这种需要就会比十所大学更能把科学推向前进。"①我们相信,在时代需要的有力推动下,走到社会与学科前沿的美育一定会得到更大的发展。

第二节　新时期中国美育的发展

一、我国新时期美育逐步走到社会前沿

我国从 1978 年开始的以改革开放、大规模现代化为标志的新时期,是一个非常重要和特殊的时期。首先,我国在新时期实现了大规模的现代化和城市化。三十年来,我国每年以平均 10％的 GDP 速度实现经济增长,已由一个贫穷的国家跃居为世界第二大经济实体;城市人口比例由较低的 17％发展到 46％,一个一个大城市、一幢一幢摩天大楼在我国大地上崛起。同时,我国也迅速地由计划经济进入了市场经济,在经济社会上实现了空前剧

①《马克思恩格斯选集》第 4 卷,人民出版社 1972 年版,第 732 页。

烈的转型,前现代、现代与后现代等经济社会文化现象在我国同时出现。在这样的情况下,美育以感性教育与情感教育为特点的人的教育的特质凸显出前所未有的重要性,逐步走到社会的前沿。

从经济的层面看,我国在新时期迅速进入后工业经济时代,知识经济以及与之相应的信息产业、文化创意产业等呈现出从未有过的强劲发展势头。信息产业与文化创意产业将启蒙主义时代的人文主义由政治层面拉向经济层面,使得货币资本的重要性逐步式微,而人力资本的重要性空前凸显。人的素质,特别是人的审美素质的重要性前所未有地凸显出来。作为知识经济主干的信息产业中的软件制作同想象力紧密相关,而文化创意产业更是审美力、想象力与创新力等前所未有的大聚合。生态文明建设时代的到来,更加需要人们以审美的"仁爱"之心去关爱并保护自然万物。视觉文化与大众文化的蓬勃发展使审美走向日常生活,审美已经渗透到经济发展的每一个角度,融入了人们生活的一切方面。审美以及具有审美素养的人才已经成为新的经济生产力增长的重要因素。

从社会的层面看,当前,我国已经快速呈现出诸多后现代状况。在快速现代化过程中,出现了美与非美二律背反的现实。一方面,人们的生活大幅度改善,便捷、舒适、富有,走向美化;另一方面,社会道德大幅度滑坡,包括食品安全在内的诚信直线下降,拜金主义盛行,消费主义泛滥,腐败现象难以遏制,环境严重污染,又使人们处于一种非美的生存状态。这种非美的生存状态的集中表现,就是人文精神的缺失,以及与之相伴的人的精神的空虚。因此,人文精神的补缺已经成为社会走向和谐、协调,继续前进发展的不可或缺的重要方面。这就是国家反复强调文化软实力的原因所在。在文化软实力的培养造就中,美育成为极为重要的方面。它作为一种以情感和感性为基础的人的教育,目的在于培养学会审美生存的一代新人,使之以审美的态度对待自然、社会、他人与自身,从而使社会与人的心灵走向和谐、健康。而且,美育的情感特性也使其有别于法制与道德的强制性,而具有一种内在自觉的特征,所以,在社会与人的和谐发展中常常能起到特殊的难以取代的作用。

从教育的层面看,新时期我国以中华民族的伟大复兴作为现代化建设的宏伟目标,力图跻身世界强国之林,但国与国的竞争主要是人才的竞争。所以,在新时期,我国确立了教育强国的国策,发展教育成为各项事业的重中之重。在教育发展中,素质教育又成为最重要的教育理念与教育实践。1995 年,我国就开始了大规模的素质教育实践。1999 年,从国家层面颁布了加强素质教育的决定,美育成为素质教育极为重要的组成部分。人们已经逐步认识到,审美力不仅是一种特有的能力,而且是一种良好的素养,具有中和、中介的特殊作用。如果说,古代君子的培养是"成于乐"的话,那么当代高素质人才的培养的最后完成也有赖于审美教育。一个未经审美教育熏陶的人不可能人格健全,也不可能成为高素质人才。素质教育已经逐步在我国推广,大中小学先后开出有关美育课程,呈现出良好的发展态势。但同时也要看到,"应试教育"仍然是我国当前主流的教育思想与模式,以升学为目标、以数量为标准的应试教育体制成为压在广大学生与家长身上的"重石",也在相当的程度上阻碍了创造性人才的培养。因此,改变应试教育体制,尽快实行包括审美教育在内的素质教育,已经成为广大人民的强烈要求。它关系到中华民族的复兴大业,关系到一代又一代中华儿女的素养。实践证明,美育已经成为当前教育改革的一块"试金石"。

从美学学科自身来看，新时期以来，我国美学学科发生了重大变化。就学科结构而言，逐步打破了原有的"美、美感与艺术"老三块结构，逐步突破了原有的认识论美学，走向了人生论美学。首先是打破了长期占统治地位的将美学归为社会科学，用社会科学冷冰冰的逻辑方法进行所谓本质研究的老路，恢复了美学的人文学科产性质，将鲜活的审美经验作为美学研究的主要对象。同时，吸收了与人生美学有关的生命美学、存在论美学、现象论美学、解释学美学等的有益元素，发展出了文化美学、文化诗学、生态美学等新型的美学理论形态。这些美学理论形态不仅突破了原有的本质的、逻辑的美学研究框架，而且突破了局限于审美的内在的、自律的研究范畴，走向文化，走向人生。实际上，它们就是广义的美育。在美学研究中，文化审美研究、生活审美研究也日渐勃兴。随着学术界一次又一次有关审美与生活、审美与文化的讨论，文化与生活成为越来越成为美学的重要论题。

综上所述，我国新时期美学学科正经历着由认识论到人生论的转型，美育正在逐步成为美学学科的主流与前沿。总之，新时期经济社会与文化的发展需要美育，呼唤美育，为美育学科的发展提供了肥沃的土壤。

二、我国新时期美育的发展历程

我国早在先秦时期就发展出了"诗教""乐教"的美育传统，但现代意义上的"美育"则是20世纪初由王国维、蔡元培等人从西方引入的。这种崭新的理论形态引起中国文化界与教育界有识之士的重视。曾担任南京临时政府首任教育总长和北京大学校长的蔡元培提出的"以美育代宗教"说，在"五四"新文化运动中起到十分重要的作用。但美育在中国的真正发展还是近六十年,特别是近三十年的事情,新时期是我国美育发展的最好时期。

新时期三十多年来的美育发展经历了曲折的历程,大体上分为四个阶段。

第一阶段,从1978年彻底否定十年"文革"到1986年12月原国家教委艺术教育委员会成立。这一阶段的主要特点是拨乱反正,批判"四人帮"和"左"的思潮对美育的否定,文化界与学术界的许多德高望重的著名学者不约而同地关注美育,深刻论述美育的重要作用,强烈要求尽快恢复并发展美育事业。周扬、朱光潜、洪毅然等诸多前辈学者都先后撰文倡导美育。美学家洪毅然在《论美育》一文中疾呼:"社会主义现代化建设时期,也是不应当忽略美育的!"①随之,1980年召开了第一次全国美学会议,会上,有更多的学者提议恢复美育。正是在他们的推动下,中华美学会成立了美育研究会。这个研究会与此后成立的中国高教学会美育研究会,对我国美育研究与实践起到了极大的推动作用。1986年12月,原国家教委艺术教育委员会成立,标志着"在国家教育方针中重新明确了美育的地位"。

第二阶段,从1986年12月原国家教委艺术教育委员会成立到1999年6月第三次全国教育工作会议召开。这一阶段的主要特点是我国美育事业的恢复发展,美育在高教领域初创起步。1986年12月28日,原国家教委艺术教育委员会成立,它是国家层面艺术教育的重要咨询机构。艺教委主任委员彭珮云在成立大会上明确指出,"美育是社会主义精神文明建设的重要组成部

①洪毅然:《论美育》,瞿葆奎主编:《教育学文集·美育卷》,人民教育出版社1989年版,第18页。

分"。同时,林默涵、贺绿汀、赵沨、吴祖强、李德伦、启功等40多位著名艺术家、艺术教育家参加该委员会工作,为我国美育事业奔波筹划、殚精竭虑,参与全国性艺术教育工作,开展国内外学术交流,先后到许多省市检查指导工作,作出了重大贡献。在原国家教委的有力领导和艺教委的努力下,1989年11月6日出台了《全国学校艺术教育总体规划》(1989—2000年)(以下简称《规划》),作为全国学校艺术教育(专业艺术教育除外)发展的近、中期部署方案,也是指导、检查和管理全国学校艺术教育工作的重要依据。《规划》分发展目标和主要任务、管理、教学、师资、教学设备器材与科学研究六个部分。这是我国教育史上第一个理论与实际结合的艺术教育发展规划,具有重大的理论价值、实践价值与历史意义,标志着我国美育事业逐步走上健康发展的轨道。《规划》认为:"当前比较突出的问题是:学校教育中重智育、轻德育与美育的思想和现象还相当严重地存在,学校艺术教育经常被忽视和轻视,教学管理和科研工作十分落后;各级各类学校间的艺术教学互不衔接;艺术师资和艺术教学器材严重不足;县以下,特别是农村和边远地区学校的艺术教育存在着大面积的空白。"《规划》确定了十年发展目标:"到本世纪末,在幼儿园进行多种艺术活动,入园儿童普遍受到良好的早期艺术教育;在小学、初级中学按教学计划开设艺术课,基本上能实施九年制义务教育阶段所要求的艺术教育;在各级师范院校和较多的高级中等学校、中等专业学校、普通高等学校中普遍增设艺术选修课,进行高中和大学阶段的艺术教育,从而为建设具有中国特色和时代精神的社会主义学校艺术教育体系打好基础。"现在回过头来看,这个规划的确既具有前瞻性,又具有可操作性,它所确定的为建立我国艺术教育体系"打好基础"的任务,经过十多年的努力实际上已经顺利完成。至于普通高校的艺术教育,原国家教委认为,"在过去很长时间内基本属于空白,近年虽有较大发展,但仍处于初创起步阶段"。因此要求普通高校紧紧围绕"普及"这一要求,着重做好提高认识、开设艺术选修课和加强领导三件工作。按照《规划》的要求,在原国家教委、艺教委、各有关学校、广大师生及社会有识之士的共同努力下,这一阶段艺术教育得到长足的发展。正如艺教委第二届主任委员、著名音乐教育家赵沨在 1994 年 6 月 22 日艺教委第三届全体委员会的报告中所说,"我们高兴地看到,学校艺术教育近年有了长足的发展,开始走上了稳步发展的道路","但是,从总体上看,学校艺术教育仍然是整个教育中最为薄弱的一个环节,还存在许多严重的问题"。赵沨主任的讲话可谓语重心长、深刻尖锐,较为全面地总结了我国这一阶段艺术教育的基本情况。这里,我们还需要提到,从 1995 年开始,原国家教委在朱开轩、周远清等的领导下在全国高校倡导文化素质教育并成立专门的教学指导委员会,对推动我国新时期高校美育的发展起到了极为重要的作用。

　　第三阶段,从 1999 年 6 月召开第三次全国教育工作会议颁布《关于深化教育改革全面推进素质教育的决定》(以下简称《决定》)至 2011 年 4 月,我国审美教育进入持续、健康、深入发展阶段。《决定》指出:"美育不仅能陶冶情操、提高素养,而且有助于开发智力,对于促进学生全面发展具有不可替代的作用。"《决定》对美育的任务、目标做出规定,也对地方政府及各部门对美育的支持提出明确要求。《决定》从素质教育的高度审视美育,同时确认了美育"不可替代"的地位,并明确提出,"要尽快改变学校美育工作薄弱的状况";还根据美育实际,要求"将美育融入学校教育全过程","高等学校应要求学生选修一定学时的包括艺术在内的人文学科课程"。这些都具有极其重要的现实意义，说明我国美育事业不仅受到全社会的高度重视，而且逐步被纳入持续、健康、深入发展的轨道。为了认真贯彻《决定》，教育部于 2002 年 5 月发布《学校艺术教育工作规程》（该《规程》于同年 9 月 1 日起施行），并制订了《全国学校艺术教育发展规划（2001—2010 年）》。这一《规划》比前一个《总体规划》发展了一步，体现了我国美育持续、健康、深入发展的态势。它在指导思想部分明确提出："以全面推进素质教育为目标，深化课程改革为核心，加强教师队伍建设为关键，普及和发展农村学校艺术教育为重点"，可以说准确地抓住了我国当前艺术教育的"关键环节"。它要求至 2010 年前，"建立符合素质教育要求的大、中、小学相衔接的、具有中国特色的学校艺术教育体系"；而且对各级各类学校的课程建设、课外活动、教师队伍建设、科学研究与国际交流、现代教育技术、管理与保障等，均围绕上述指导思想和目标提出了明确要求。

第四阶段开始于 2011 年 4 月 24 日国家主席胡锦涛在清华大学百年校庆大会上的讲话中代表国家对美育提出了一系列的要求，反映了我国美育事业在新世纪所承载的新的历史使命。胡主席在讲话中又一次重申我国"德智体美全面发展"的教育方针，提出了"德智体美相互促进"的要求，指出了审美教育特有的"陶冶情操"的功能。他对高等学校提出了"大力推进文化传承创新"的重要任务，无疑包含着对我国优秀的美学与艺术遗产的传承创新。他还对高校提出了建设"高层次创新人才培养基地"的新要求。胡主席提出的"建设若干所世界一流大学和一批高水平大学"的战略举措，也为我国美育事业开辟了新的空间，因为一流大学必须要有与其相应的一流的审美教育。他对广大学生提出的三点殷切希望也都与美育有着密切的关系，其中包含的"陶冶高尚情操""培养创新思维""全面发展与个性发展全面结合"等,均需借助美育的"情感教育""想象力培育""个体独创性思维培养"的特殊功能。

回顾新时期美育发展的历程,需要总结的经验很多,但归根结底是三个方面的问题。一是认识方面。对于美育的重要性始终要提高认识,并确保其在国家教育方针中应有的地位。二是课程方面。加强课程建设是发展美育的关键环节,因为学校教育的基础是教学计划及与之相应的课程设置。我国新时期三十年,在美育的课程建设方面,教育部及有关的专家学者进行了锲而不舍的努力,在中小学是普及美育课程,而在高校则是填补空白并逐步推广,基本解决了美育要不要列入教学计划的问题。目前中小学着重于课程质量的提高,高校着重于更大范围地推广美育课程并计入学分。当前,在美育的课程建设中要处理好知识、技能与素养的关系。有的人强调知识,似乎完全不懂音乐、美术、戏剧的教师也可以去讲授有关的美育知识。有的则强调技能,将美育同艺术方面专业人才的培养相混淆。我们认为,还是应该强调素养。也就是说,美育的目的主要不是培养专业艺术家,也不是培养美育理论家,而是培养具有审美素养的"生活的艺术家",即能够以审美的态度对待社会、自然与人自身。当然,在这种素养的培养过程中也不能忽视知识与技能。因为知识是前提,没有必要的美学知识,人的审美素养是贫乏的;而技能是基础,这同美育培养审美力的特殊性有关。审美力的重要因素是艺术的感受力,这种艺术的感受力就同技能的训练直接有关。但技能要经过升华,转化为艺术的感受力并内化为人的审美素养。三是队伍建设。加强教师队伍建设是将美育落到实处的关键。我国新时期三十年,美育事业发展中面临的最大难题之一就是教师队伍量少质低。通过 20 世纪 80 年代后期与 90 年代初期几次艺术教育情况调研发现，我国各地、各类学校艺术教育存在的共同问题都是"教师队伍数量不足，素质有待提高"。今后发展美育事业的重点是加强美育教师队伍建设，数量上要大幅增加，补充更多合格的美育师资；同时，要有相关的政策稳定这支队伍，防止大面积流失；当然，还要加强培训，使之不断提高素质。

回顾过去是为了今后的发展。站在新的 21 世纪的开端，我们首先应该找准新世纪我国审美教育的新起点，那就是，在新时代，我国的美育应该旨在培养审美地生存的一代新人。应该说，新世纪我国面临诸多新的机遇和新的挑战。所谓新的机遇就是现代化的深入发展必将给我国带来新的繁荣、新的文明，给我国人民带来更多的富裕。但同时，我们也面临诸多新的挑战。首先是工业化所造成的资源枯竭与环境污染的挑战，同时还有工具理性膨胀与市场拜物盛行及城市化所带来的社会风气恶化与精神疾患蔓延的挑战，甚至还有信息技术所造成的虚拟空间、人机对话与大众文化的商业化、低俗化对人的精神的巨大冲击。凡此种种，都表现出一种悖论，那就是物质生活的富裕同人的生存状态的不佳共存。因而，物质文明与精神文明的共同发展始终是我们长期坚持的战略方针。美育就是我国精神文明建设的重要组成部分，要在新世纪面对诸多挑战的背景下，更加有效地开展工作，通过审美教育的途径进一步发扬人文精神，培养审美地生存的一代新人。这样的新人应该以审美的世界观作为生存的根本原则，以亲和系统、普遍共生的态度与自然、社会、他人和自身处于一种空前和谐协调的审美的状态，改变人的非美的生存状态，走向审美的生存。

美育的深入发展还应依靠科研的有力支持。新时期，我国美育科研呈现空前繁荣的景象。我们从国家图书馆检索,新时期以来审美教育(美育)类的藏书就有 359 种,包括基础理论、教材、教学研究、艺术欣赏评介等诸多方面。但总的来说,质量水平还有待提高,原创性的成果很少。在美育的科研方面还要继续努力,要从学科建设的角度有系统、有组织地加强美育学科科研;要根据美育属于多学科交叉的特点,从教育学、美学、心理学、社会学与脑科学相结合的角度对美育开展多学科联合攻关,要强调美育的实践性特色,更多地联系美育实际开展科研。还要配合美育的课程建设编写出更多适用的好教材;美育是人类共同关注的事业,要更多地开展国际的合作交流。目前这方面的工作还较为薄弱。

中国有着丰厚的美育资源,有"天人合一""中和位育""阴阳相生"等十分独特的哲学—美学思想,也有"诗教""乐教"等以"礼乐教化"为中心的悠久美育传统,还有《乐记》《文赋》《文心雕龙》等在国际上都有极高地位的美学与美育论著。因此,对这份遗产的总结借鉴并结合新的现实进行现代的转型运用,是我们中国美育研究者的历史责任。已有许多学者在这方面进行过艰苦的开拓性工作,但还远远不够。我们在新的世纪还须继续努力,结合实际,发掘整理,并在此基础上建设具有中国特色的当代美育理论体系。

三、我国新时期美育建设的重要成果与共识

新时期广大美育工作者经过三十多年的共同努力,在美育建设上取得了一系列重要成果与共识。

(一)正式将美育写入教育方针

众所周知,新中国建立后,由于急风暴雨式的革命刚刚结束,阶级斗争为纲的指导方针还在起着作用,因此,尽管在实际的教

育工作中也给美育以一定的重视，但当时所提出的教育方针却是"德智体全面发展"，美育被融入其他各育之中，没有写入教育方针，因而也没有独立地位。这必然影响其发展。十年"文化大革命"之时，更是将美育视为"封资修"而弃之一旁。从1978年开始的新时期，立足于拨乱反正，有力地批判了"左"的思潮，逐步地恢复了美育的应有地位。在诸多专家与教育工作者的共同努力下，美育终于在1999年6月中共中央、国务院《关于深化教育改革全面推进素质教育的决定》中被正式写入教育方针，成为指导我国教育事业的重要理念。这就使美育在作为社会事业与社会组织的教育中具有了自己应有的地位，是我国教育事业与教育理论的进步，是教育现代化的重要标志之一。这反映了美育作为教育事业组成部分，必须将"国家意识"与"全民意识"相统一的客观规律。

中西现代艺术教育的比较研究告诉我们，艺术教育的发展必须借助于"国家意识"与"全民意识"的统一。这主要是由艺术教育作为人类的重要社会活动——教育的有机组成部分的性质决定的。实践证明，艺术教育不仅是一种理论，更是一种实践活动，它是教育的有机组成部分。潘懋元等主编的《高等教育学》在论述教育的性质时指出："教育是一种社会活动，它区别于其他社会事物的本质属性就是人的培养。作为社会活动的教育，一般有两类：一是指家庭和社会各种组织所施加的各种各样具有教育性的影响；一是指学校教育，由教育者按照一定的目的，根据受教育者身心发展的规律，有计划、有组织的，一般有固定的场所，在一定的期限，对他们进行系统地引导和培养的一种活动。"[①]这就说

---

①潘懋元主编：《高等教育学》上册，人民教育出版社、福建教育出版社1984年版，第11页。

明,教育作为一种社会活动,包含家庭、社会组织与学校等多个方面,就学校教育来说,要有固定的场所和明确的目的、计划与组织,并包含数量众多的教育者与受教育者,以及庞大而长久的教育实施过程,其结果直接影响到社会各个方面。艺术教育也具有这样的特点,必须要付诸实施并取得效果。因此,它首先要成为"国家意识",成为国家的方针与法规,借助于国家权力付诸实施。国家的有关教育方针与法规有可能推动也有可能阻碍艺术教育的发展,但其巨大作用却是不容忽视的。

　　例如,像美国这样所谓高度自由的国家,虽然特别强调教育的独立性,50 个州几乎都有相对独立的教育立法权,但在艺术教育的实施上仍然凭借了"国家意识",通过权力与法规来推动艺术教育。从我们掌握的材料来看,第二次世界大战之后,美国为了保持自己的国力与人才培养质量,进行了多次大规模的教育改革:为了应对苏联卫星上天,于 20 世纪 50 年代后期出台了《国防教育法》,旨在加强自然科学与高科技,导致对艺术等人文教育的冲击;20 世纪 70 年代出台的第二次教育改革方案,对第一次方案的补充,加强了被忽视的基本训练、系统知识与人文学科,艺术教育得到相应的加强。此后,为了应对新的技术革命又进行了多次教育改革,但在很大程度上都加强了包括艺术教育在内的人文学科。具体到艺术教育这一个领域来说,美国也曾通过国家法规加以推动。1992 年,美国全国艺术教育协会联盟在美国教育部、美国艺术基金会和美国人文科学基金会的资助下,出台了面向全美学生的《美国艺术教育国家标准》,以确定学生在艺术教育这门学科中应该知道什么和能够做什么。2000 年,美国又制定了《2000年目标:美国教育法》,通过立法程序将艺术教育写进美国联邦法律。该法令将艺术教育确定为核心课程,具有与英语、数学、历史、公民、地理和外语同样重要的地位，并要求成立国家教育标准和改进理事会。由此产生的《美国教育国家标准》指出，艺术教育有益于学生，因为它能够培养完整的人，并认为没有艺术的教育是不完整的教育。

日本现代艺术教育也是借助体现"国家意识"的有关法规与条令才得以顺利实施的。日本在"二战"以后进行了三次比较大的教育改革。第一次是 1947 年，由美国教育使节团与"日本教育刷新委员会"共同制定了《教育基本法》，将军国主义教育改造为现代公民教育。该法第一条"教育之目的"就明文规定："教育必须以完成陶冶人格为目标，培养和平国家和社会的建设者"，从而为艺术教育奠定了地位。第二次为 1958 年应对前苏联人造卫星上天而加强了自然科学人才培养力度，相对削弱了包括艺术教育的人文学科。第三次为 1984 年，从进入未来世纪出发进行教育改革，提出著名的五原则：国际化、自由化、多样化、信息化与重视人格化。特别是"重视人格化"原则，明确提出"教育应该使青年一代在德、智、体、美几方面都得到和谐发展"，从而使艺术教育再度具有了应有的地位。2006 年 3 月在里斯本召开的世界艺术教育大会，对实施艺术教育所必需的"国家意识"也作了强调，这次会议制定的《艺术教育路线图》指出："艺术与教育之间的联系也可能通过教育部、文化部与地方行政机构（通常同时监管着教育和文化的事业）在政策层面上的一致性得到建立，从而实施文化机构和学校之间的合作项目。这样的合作通常将艺术和文化放在教育的中心，而不是课程的边缘。"这说明，只有政府重视才有可能使艺术教育具有自己的中心地位。

与此同时，"全民意识"也是十分重要的。从美国来说，艺术教育的实施常常是由高校开始的,著名的"通识教育红皮书"就是由哈佛大学制定并实施的。哈佛于 1943 年成立专门委员会调研"自由社会中通识教育的目标",1945 年完成《通识教育报告》,1950 年以《自由社会中的通识教育》之名出版,由于其封面的深红色而被称为"哈佛通识教育红皮书"。该书明确规定:"通识教育的核心问题是自由而文雅的传统之持续",并要求在未来的教育方案中必须包括"关于人作为个体的情感体验"的艺术、文学与哲学等,在六门通识教育课程中就有专门的人文学科,其中,艺术类课程占据很大比重。这个"红皮书"影响深远,使通识教育逐步被国家接受,在全美推行与实施。

我国现代艺术教育的发展也同样证明了"国家意识"与"全民意识"统一的重要性。1912 年 1 月,中华民国临时政府成立,蔡元培就任教育总长,发表著名的《对于新教育之意见》,提出军国民教育、实利主义、公民道德、世界观和美育统一内容的教育主张,并破天荒地第一次将这"五育"写进教育方针。蔡元培于 1917—1927 年担任北京大学校长,在校长岗位上开展了一系列艺术教育工作。他还亲自讲授美学课程,并倡导成立了北京大学书法研究会、音乐研究会与文学研究会等,开创了我国现代艺术教育实践的道路。但光有个别人为代表的"国家意识",而缺乏具有广泛群众基础的"全民意识",艺术教育也是难以坚持的。蔡氏担任教育总长不久,北洋军阀篡权,蔡元培卸任。1912 年 12 月,北洋政府召开"临时教育会议",决议"删除美育",被鲁迅斥为"此种豚犬,可怜可怜"。我国十年"文革"中,否定文化,否定教育,艺术教育被全盘废除。1978 年改革开放后,众多学者力倡美育与艺术教育。他们的意见终于逐步被国家接受,从成立艺术教育委员会到正式把美育列入教育方针,并发布部长令,制定发展规划等等。

这种情况成为"全民意识"与"国家意识"很好地结合的范例。今后,艺术教育的继续发展仍然要走"国家意识"与"全民意识"相结合的道路。

(二)美育"对于促进学生全面发展具有不可替代的作用"

1999年,我国第三次全国教育工作会议通过了《关于深化教育改革,全面推进素质教育的决定》,对美育"不可替代"的地位做出了科学的界定。但对于这一界定,教育界并没有真正取得统一的认识,不仅不断有学者撰文认为美育属于德育的组成部分,更为严重的是,在教育实践中存在着大量的以智育代替美育的现象。这实际上自觉或不自觉地否定了美育"不可替代的作用"这一科学界定。我们从来都认为,美育与德育有着十分密切的关系,甚至也认同美育应该成为德育十分重要的手段,但这并不等于说德育可以代替美育,犹如智育同德育密切相关但德育却不可代替智育。现在就要充分论证美育在素质教育中的"不可替代的作用",特别要强调美育特有的审美世界观培养作用、文化养成作用与综合中介作用,证明美育的特有作用是任何其他教育所不可代替的。在当代,我们可以说没有接受过任何形式美育的学生一定在人格发展和文化结构上存在严重缺陷,无法很好地应对当代社会的挑战。

(三)没有美育的教育是不完全的教育

这是我国当代著名教育家何东昌提出来的,是对国内外教育规律的科学总结。事实告诉我们,美育作为人文教育中的情感教育,对学生的全面发展,对健康人格的形成,具有极为重要的作用。所以,先进国家的一流大学都秉持着"没有美育的教育是不完全的教育"这样的办学理念,愈来愈重视将美育作为不可缺少的重要组成部分,通过"通识教育"的方式推进美育,从而将人的培养放在学校一切工作的首位,将学生的全面发展作为最重要的工作目标。最近,哈佛大学校长福斯特指出,作为已具有数百年传统的高等教育的守护者,大学必须努力去保证提倡那些有价值的东西,而不是限制那些无价之宝,历史学、人类学、文学等学科之于大学以及人类具有不可磨灭的重要价值。人文教育包括了人文学科、艺术、社会科学与自然科学,这已经成为哈佛大学本科教育的核心所在,而且已经体现在哈佛大学的通识教育课程设置之中。

(四)"钱学森之问"的解答之一:把科学技术与文学艺术结合起来

2005 年,我国著名物理学家钱学森向国家领导人提出这样的问题:"为什么我们的学校总是培养不出杰出人才?"回过头来看,我国高等教育这么多年培养的学生,还没有哪一个的学术成就能跟民国时期培养的大师相比。举例说,国家最高科学技术奖自 2000 年设立以来,共有 20 位科学家获奖,其中就有 15 位是 1951 年以前大学毕业的。"钱学森之问"已经成为教育界乃至全国的热门话题,这个话题的讨论肯定还会持续下去。但钱学森本人对此已经有一种解答,那就是"把科学技术与文学艺术结合起来"。他认为,培养不出杰出人才的重要原因就是创新思维的缺乏。当谈到创新思维时,他提出科学工作者的艺术修养问题,希望将两者结合起来。他说,"我觉得艺术上的修养对我后来的科学工作很重要,它开拓科学创新思维","处理好科学和艺术的关系,就能够创新,中国人就一定能超过外国人"。在这里,钱学森以自己的切身体会印证了艺术对人的综合素质的提高、情操的陶冶以及创新性想象力培养所起到的巨大作用。创新人才与创新思维的培养离不开美育,这就是"钱学森之问"的解答之一。

（五）艺术课程的开设是艺术教育工作的中心环节

2006 年 3 月 8 日,教育部颁布《全国普通高校艺术类课程指导方案》,明确指出,艺术课程的开设是"实施艺术教育的主要途径",也是"艺术教育工作的中心环节"。众所周知,学校作为教育机构,是以课程教学作为育人的主要途径的。美育与艺术教育在学校的实施通过课内与课外两个途径,但仍是以课内为主的。中小学的艺术课程开设早有必要的法规与课标,这一《方案》是普通高校非专业公共艺术教育第一个具有一定的刚性要求的教学法规,是新时期美育与艺术教育的重要理论成果与实践成果,必须认真加以坚持与实施,认真落实该方案的指导原则、课程设置、课时与学分要求、机构师资与后勤经费保障等。

（六）美育承担着我国优秀传统文化传承创新的重要任务

2011 年 4 月 24 日,国家主席胡锦涛在清华大学百年校庆的重要讲话中,对高等学校提出了"大力推进文化传承创新"的重要任务。这无疑包含着对于我国优秀的美学与艺术遗产的传承与创新的强调。文化具有"立人立国"的重要功能,成为增强民族认同感,走向世界强国之林的必备条件。审美与艺术在我国传统文化中占有十分重要的比重,我国古代力倡"礼乐教化",将之视为"国之大事"之一,是治国安民的首要条件。孔子有所谓"兴于诗,立于礼,成于乐"(《论语·泰伯》)的美育论述。我国有着极为辉煌灿烂的古代审美文化遗产,就文学遗产来说,就包括《诗经》、《楚辞》、汉赋、乐府、唐诗、宋词、元明杂剧、明清小说等;中国传统的音乐、舞蹈、书法、绘画、雕塑、建筑、园林等,以及丰富多彩的工艺美术、生机盎然的民间艺术;还有散见在汗牛充栋的文化典籍中的艺术审美观念的论述,都是中国传统文献贡献给人类的稀有的文化艺术瑰宝。这些均需要我们以新的时代视野加以总结发扬,摆脱长期以来"以西释中"的惯性思维与在国际学术舞台上的某种"失语"状态,确立新的中西交融、文化本位立场,使我国新世纪美学与美育学科在社会主义"核心价值体系"指导下焕发出新的光彩,真正走向世界,走向国际学术前沿,为建设文化强国贡献我们的力量。

(七)艺术教育仍是高等教育中最薄弱的环节

1996年2月29日,原国家教育委员会颁布《关于加强普通高校艺术教育的意见》,明确指出:"普通高等学校艺术教育是在我国高等教育教学改革日益深化的过程中起步和发展的,尽管已取得了初步的成绩,但就其总体发展来看,仍是高等教育中最薄弱的环节,不能适应教育发展和改革新形势的需要。"2003年12月28—29日,教育部在上海召开了"全国普通高校艺术教育工作会议",在充分肯定成绩的同时,指出我国高校的艺术教育工作明显存在"三个不到位"的问题,即领导认识、课程设置与教育管理不到位。可以说,这"三个不到位"目前仍然存在,并将长期存在。这是由我国初级阶段的国情决定的,也是由我国陈旧的教育观念和应试教育体制在短期内难以根本扭转的现实决定的。因此,我们仍然要坚持不懈地解决艺术教育"三个不到位"的问题,逐步改变艺术教育是高等教育中最薄弱环节的形势。

四、我国美育事业的未来发展

站在21世纪第二个十年的起始之年,我们应该在既往三十多年的成绩的基础上,以开创未来新成绩的勇气谋划我国美育事业的发展。

第一,进一步从战略高度加强美育作为人文教育以及建设高水平教育重要性的认识。美育的发展必须牢牢坚持"人文教育"

的方向。美育从其一开始提出就与人文教育紧密相关。1795 年，德国诗人席勒发表著名的《美育书简》，第一次提出"美育"观念，其背景就是对于现代性人性异化弊端的反思，力图通过美育对于人性缺失进行补缺。我国从蔡元培、王国维开始的现代美育也是以人文教育作为其基调的，应该在未来美育的发展中继续坚持这一基调。

那么，"人文教育"的内涵是什么呢？目前有各种阐释，我个人将其归纳为五个层次。其一，是人的最基本的文明素养教育，各种文明礼貌生活规范的养成等等，将人与动物区别开来；其二，是人的尊严、权利与平等教育，使人活得像人；其三，是人格的健全发展，不仅具有高智商，更要具有高情商，能够自如应对人生的各种挑战与考验，协调人际关系；其四，是对于他人的关怀的教育，表明人的社会属性，确立人应有的高尚道德品质；其五，是对于人类的终极关怀的教育，这是更高的要求。美育在上述人文教育的五个层次均有其特殊作用。

第二，进一步把握审美教育的智性与非智性二律背反的特殊规律，不断提高审美教育水平。普通高校公共艺术教育的基本特点是什么？它与别的学科有没有区别？这是中西现代艺术教育发展中所遇到的共同课题，也是今后艺术教育健康发展所必须解决的问题。首先，艺术教育发展建设的特点是由艺术的特点决定的。康德在回答审美的基本特征时，实际上就回答了艺术的基本特征。他认为，艺术审美的基本特征是无目的的合目的性的形式。在这里，康德阐释的静观的无功利美学的基本观点是值得商榷的，但他对于审美与艺术的无目的与合目的统一的界定却是十分有价值的。审美与艺术的基本特点就是无目的与合目的、无功利与功利、非理性与理性的中介，处于两者之间，从而形成一种张力。正是由于这种张力,才使审美与艺术具有了特殊的难以言说的无穷魅力。艺术的这一特点就决定了艺术教育也必然处于人文与科技、智性与非智性、功利与非功利的中介。对于这一中介性特点把握得好就能较好地把握艺术教育的规律,在教学与考评中充分重视美育的特殊性,促使其健康发展;如果把握不好,就会走向偏差。中西现代艺术教育发展过程中都曾发生过有关艺术教育特性的尖锐争论,以美国为代表的西方国家主要是对艺术教育智性与非智性的争论。中国现代美育发展的争论则主要发生在艺术教育与德育的关系之上。我们认为,审美与艺术具有独特的沟通道德与知识、功利与非功利的功能。这就是 1999 年关于素质教育的决定中所说的,美育具有其他教育形式"不可替代的作用"。当然,我们说我国现代艺术教育发展中主要是艺术教育与德育的关系问题,并不等于说艺术教育与智育的关系问题就已经得到解决。实际上,目前仍然普遍存在着应试教育对于美育与艺术教育的贯彻形成的严重的冲击。这里也有许多理论问题,但更多是现实的问题。当然,我国审美教育中还有一个专业艺术教育与公共艺术教育的关系问题。我们讲的作为审美教育的艺术教育主要指公共艺术教育,不是以培养学生的专业艺术技能为其目标,而是以培养学生的审美品位与审美境界为其旨归。也就是说,我们的学校美育主要不是为了培养专业艺术家,而是为了培养"生活的艺术家",即以审美的态度对待自然、社会、他人与自身的一代新人。

第三,很好地应对正在蓬勃兴起的消费文化、大众文化、视觉文化与网络文化的新形势,确立"有鉴别地面对与接受"的文化态度。从 20 世纪 60 年代开始,人类社会发生了急剧的变化,表现在文化领域,消费文化、大众文化、视觉文化与网络文化迅速发展,逐步成燎原之势。对于包括艺术教育在内的文化建设来说,这是一种挑战,也是一种发展的机遇。面对这一文化现实,我们无法也不应该逃避,而必须认真面对。首先说一下消费文化、大众文化与视觉文化。这是随着消费社会的到来而出现的,最大的特点是迅速地使文化从精英走向大众,消解精英,消解经典,消解阅读,消解传统。其发展之迅速,使我们广大文化教育工作者感到无所适从,但又必须适应。于是,在美国就出现了艺术教育中视觉文化的转向问题。而在我国,也出现了"日常生活审美化"的讨论。这些转向与讨论属于现在进行时,还在继续发展。我们的基本态度是学习、适应与引导,有鉴别地面对与接受。最重要的,是以有利于一代新人的培养作为我们考虑问题的基点。网络文化也是20世纪90年代中期随着网络的发展而盛行的,现在已经到了渗透一切的地步。在这种情况下,就出现了一个媒介素质教养问题。所谓媒介素质就是指人们面对媒介上各种信息的选择能力、理解能力、质疑能力、评估能力、创造能力和制作能力,以及思辨反应能力。培养这些能力,是育人的需要,更是国家利益的需要。我们应该在普通高校公共课程中增加视觉艺术与网络艺术的鉴赏评价内容。同时,在有关艺术鉴赏的基本理论上也要作必要的调整。在这一方面,还是应该更多地借鉴国外的经验。总之,及时地应对时代的变化,调整艺术教育的理论与课程,才能使艺术教育真正收到实效。这正是当前艺术教育改革的当务之急。我们的基本态度,是既要尊重经典又要面向大众,努力坚持教育的大众立场与超越品格的统一。

第四,尽快使美育进入《教育法》和《高等教育法》,从立法的角度对美育的实施予以保证。目前,我国美育已经进入国家教育方针,说明美育已经成为国家意识,但美育尚未进入法律。我国作为法制社会,法律更加集中地体现国家意识,是对入法的有关事宜的刚性要求。因此,为了美育事业的更好实施,使之进入《教育法》和《高等教育法》是完全必要的。我们期待新世纪在美育"入法"上有新的突破。

面向新的世纪与新的形势,审美教育任重而道远,我们应站在更高的起点上,在教育改革的大潮中,将我国的审美教育事业推向一个新的高度。

第三节　当代美育的实施

审美教育即美感教育,是培养人的审美能力、审美情操、审美理想的教育,也就是一般所谓的美育。它以艺术美和现实美为教育资源,以培养美的感受力、审美力、创造力为教育手段,以塑造自由、健全的人格为最终目的。最早把审美教育作为一个独立范畴提出来的是德国著名诗人、美学家席勒,他说,"有促进道德的教育,还有促进鉴赏力的教育",美育能够"培养我们感性和精神力量的整体达到尽可能的和谐"。① 这是他对审美教育目的的精辟概括。

从当代美育发展的状况看,实施美育的手段与方法虽然非常多,但从可操作性、普遍性、教育效果等诸方面来看,艺术教育是实施审美教育的基本方式和根本形式。作为美育的艺术教育,目的是通过培养人的审美感知力、审美想象力和审美创造力,提高道德、情感与人格修养,启迪人生的智慧,消除追求现实功利所产

---

① [德]席勒:《美育书简》,徐恒醇译,中国文联出版公司 1984 年版,第145 页。

生的焦虑、烦恼、痛苦，进而超越极端功利心态，培养旷达超越的审美人生态度，开启人们的终极视野，使人体验到现实生活处处存在的美，实现艺术的生活化和生活的艺术化，让人成为人格健全的自由自觉的人，从而进入诗性的生存之境。审美教育的范围和内容比较广泛，不易在教育实践中进行规范的操作。艺术教育作为审美教育的集中体现，具有操作性强的特点，就成为实施审美教育最理想的途径。艺术美作为艺术家美感的物化形态，是美的集中体现，而且艺术教育在实际操作中不像一般的审美教育那么空泛，它有相对明确的内容、方法、目的等，所以，艺术教育是审美教育的集中体现，是实施审美教育的有效切入点。当然，作为美育的艺术教育与一般的学校专业艺术教育是根本不同的，它必须以美学、美育理论为指导，其方法、手段、目的、本质等与专业艺术教育有极大差异。

作为美育最基本的实施手段，完美的艺术教育应当是一个综合性的大系统，它分为非学校艺术教育和学校艺术教育，二者在教育的内容、方式上尽管有很大的差异，但却是相互联系、密不可分的整体，它们的目的是相同的，即把受教育者培养成具有较高人文艺术修养的、具有自由而健全的人格的有益于社会的人才。

与学校艺术教育相比，非学校艺术教育对人的影响更广泛、更持久，所以，许多美育专家对此十分重视。如，蔡元培就主张充分利用美术馆、剧院、博物馆、园林艺术、建筑、名胜古迹等进行广泛的艺术教育。随着现代社会的发展，非学校艺术教育对人的影响越来越大，影视、音像、报纸、互联网等现代传媒对人的影响几乎是每日每时的，就连城镇规划与建设、楼房的设计与装修、人们日常生活中的穿衣戴帽等都具有艺术教育的意义，所以，应当充分重视现代社会中非学校艺术教育对人的影响。这在目前有非常重要的意义,当代中国正处在社会主义初级阶段,其社会发展的中心任务是经济建设,而发展经济的手段是市场经济模式。市场经济在本性上是以利润为核心的,虽然我们建设的是社会主义市场经济,但市场经济的这个本性仍然对社会生活有着重大影响,包括人的审美意识在内的整个社会意识都决定于人们的生产、生活方式,因而,当代社会的审美意识、艺术观念也受到市场经济的影响。市场经济对美和艺术的影响虽然具有积极与消极两个方面,但从本质上看,市场经济在本性上是敌视美和艺术的,它一方面生产出片面发展的大众,另一方面又以工业化的制作方式生产出浅薄的商业艺术产品。综观当代中国美与艺术领域,无不打上了这种烙印。在这种大背景下,非学校的艺术教育的环境及其本身当然就产生了许多问题,如,在互联网、电视、报纸等媒体上,经常出现非常低俗的审美现象,以怪为美、以丑陋为美的现象非常普遍。其中甚至有很多低级下流的内容,而且人们对此都见怪不怪了。这对整个社会的文化与审美氛围产生了非常消极的影响,对整个美育、艺术教育极其不利,需要引起我们的高度重视。这种非学校的艺术教育尽管对人们有非常大的影响,但却是一项巨大的社会工程,在管理、操作方面有相当的难度,涉及社会的经济、文化、政治等各方面,需要全社会长时间持之以恒地努力才会有效果。

学校艺术教育对人的成长的影响也是极大的,学生在校学习期间正是审美观、人生观、世界观的形成期,艺术教育对学生人格的形成具有建基性的意义,它能提高学生的综合素质,对学生的人生追求、人生境界、道德品质等均有一定的影响,特别是对情商、想象力、创造力等素质有重要作用,从而促使学生健康地成长。与非学校艺术教育相比,学校艺术教育有极强的实践性和可操作性,在教育实践中容易取得明显效果,并且容易进行理论研究和把握,所以,现在教育界和美育界都给予了充分重视。

作为美育的艺术教育,具体是指对学校非艺术专业学生所进行的艺术教育,它属于学校人文素质教育的一个基本组成部分。艺术教育包括两个方面的基本内容:一是艺术技巧,比如绘画、音乐、舞蹈技能,使学生在校期间能够掌握和操作一两种艺术形式的创作或表演;二是艺术理论与知识,使学生了解和掌握各门类艺术的基本理论和艺术史知识。比如,让学生掌握美术、音乐、舞蹈的理论知识和历史知识,培养和提高学生的艺术鉴赏力。切实有效的艺术教育,不仅有助于培养和增强学生的艺术兴趣,使他们有更高的热情、更多的机会参与艺术活动,而且把学生从自发的艺术爱好者、欣赏者提升为自觉的艺术活动的参与者和艺术鉴赏者。从这个"自发"到"自觉"的转化过程,不仅使学生对艺术活动的关系(态度)产生从被动到主动、从观赏到创作(批评)的变化,而且,它是一个把艺术活动从单纯的娱乐活动深化为培养、塑造学生的艺术品格的素质教育行为。这才是美育的真正目的。所谓艺术品格,就是敏锐的感觉力(观察力)、活跃的创造力(想象力)、宽厚热情的心胸、面向世界的自由精神等积极的心理(人格)素质的综合品格。一个真正的艺术家必须具备这些素质,一个有意义、有价值的人生也必须具备这些素质。普通高校的艺术教育是学校艺术教育的最后一个阶段,对于学生人文素质的提高具有特殊作用。特别是进入 21 世纪之后,人类在更广泛、深刻的层次上进入了跨民族、跨文化的交流、竞争,对个体的心理素质、人格品质也提出了更高的要求。艺术品格包含的积极的人格素质,对于学生的身心成长就显得更为重要、更为迫切。因此,在大学生中开展并强化美育、艺术教育,是大学生素质教育的重要组成部分。但是,由于我国的教育过去一直都是应试教育,学校艺术教育受到了很大冲击,特别是中学的艺术教育受到的影响更大。近年来,虽然我们大力提倡素质教育,但只要竞争性、淘汰性的中考、高考存在,中小学艺术受冲击的情况就不可能从根本上避免。只有进入了大学以后,学生才能有更多的时间与精力接受艺术教育,美育的环境才相对宽松,美育才能按照其规律来进行,因而普通高校的艺术教育就具有了更重要的意义,我们应当充分重视高校的美育工作。

我国普通高校的艺术教育在 20 世纪 70 年代末 80 年代初首先由一些高校自发地组织实施。如清华大学 1978 年恢复了在"文革"中被破坏的音乐室。北京外国语学院分院 1978 年成立了艺术教研室,上海交通大学 1979 年成立了文学艺术部(1981 年成立音乐研究室,后改为音乐教研室),还有同济大学于 1982 年、北京大学于 1984 年、浙江大学于 1984 年、人民大学于 1984 年、北京航空大学于 1986 年、山东大学于 1987 年先后成立了艺术教研室。这些高校先后开设了大量的美育、艺术教育课程,对艺术教育进行了初步探索。与此同时,政府对艺术教育也给予了充分重视。1986 年年底成立了国家艺术教育委员会,国家教委于 1988 年制订下发了《在普通高等学校中普及艺术教育的意见》。从此以后,我国普通高校的艺术教育进入了正规发展的阶段。1989 年,国家教委颁布了《全国学校艺术教育总体规划(1989—2000 年)》,1993 年,《中国教育改革和发展纲要》对"美育(艺术教育)"做了专门论述,要求"提高认识,开展形式多样的美育活动"。1996 年,国家教委印发了《关于加强普通高等学校艺术教育的意见》的通知。2002 年,教育部公布教育部令:《学校艺术教育工作规程》,对包括普通高校在内的学校艺术教育的诸多问题做了具体规定。在此期间,国家教育行政部门和一些高校还分别组织了多层次的艺术教育研讨会,这都大大促进了普通高校艺术教育的发展。

通过多年审美教育实践的探索,大家普遍认识到艺术教育在现代教育结构中具有重要的地位,对人才培养有着不可替代的意义与作用。在计划经济时代,教育以培养专门人才为目标,人才的专业素质比较受重视,但是综合素质很难提高。因而,艺术教育也被狭隘地理解为单纯培养艺术家(或艺术工作者)的教育,作为美育的艺术教育很难实施。但近年来,人们认识到了这种教育观念的弊病,强调综合素养的素质教育成为现代教育的目标。国际教育界对 21 世纪的人才构成提出了所谓的三张教育护照标准,即未来人才应掌握"三张通行证",一张是知识性的,一张是职业性的,第三张是一个人应具备的专业和开拓能力。许多国家为了适应未来世纪的发展特点,把教育改革的重点放在对学生综合素质的全面提升上。素质教育观作为一种全新的教育理念,建立在对文化结构以及人的内在素质的理解基础之上,是一种促使人才全面发展的现代教育观。人类的文化分为真、善、美三大基本领域,与此相对应,人类的内在精神世界与心理结构分为知、意、情三大部分,内在世界与外在世界相互对应,人们必然在生活实践与精神境界中以内在的知、意、情追求外在的真、善、美,进而达到内在世界与外在世界的合一,客体主体化,主体也会客体化,这是人的对象性活动的必然结果。而教育处于外在世界与内在世界之间,是促使二者顺利沟通的桥梁与阶梯,所以,科学的教育观必定以全面培育人的内在整体素质为目标,使人有能力把握人类的整个文化世界。在过去的教育中,我们对智育(知)与德育(意)非常重视,这也就标志着对文化世界中真与善的重视,但是情感教育(情)却被冷落,人们的审美能力没有得到很好的培养,致使人们对生活世界中的美麻木不仁,难以建立起审美的人生态度,不可能成为"生活的艺术家",感受不到生活本身所具有的自由自在的特性和无穷无尽的趣味,从而产生了种种精神与心理的疾患。美育融入学校教育全过程,是素质教育的必然要求,也是美育自身的发展方向。现在人们认识到了美育与艺术教育的重要性,并在实践上进行了卓有成效的探索,使艺术教育不仅仅停留在艺术技巧传授的层次,而是真正成为一种素养教育和通识教育,旨在通过美感完成对心灵的启迪,从而完善人格、丰富情感。这说明我们现在的文化观与人才观已经发生了根本性的转化,比以前更加科学、更加全面、更加符合美育与艺术教育对人的终极关怀。

普通高校的美育、艺术教育绝不是上上课(进行简单的艺术技巧传授)、搞搞文化艺术活动(文艺演出)那么简单,而是一个综合性很强的体系,它以教学的组织保障为基础,以课堂教学为核心,以课外文化艺术活动为辅助,以提高学生的审美能力与创美能力为目标。从理论上讲,这是一个有着丰富内涵和外延,主旨明确,脉络清晰的组织系统,也只有把艺术教育各方面的工作纳入这个统一的整体系统之中,使之在一个大的背景下展开并相互协调,才能取得理想的教育效果。

普通高校艺术教育若要顺利展开,首先必须在组织保障方面采取得力措施。根据多年来实施艺术教育的经验与教训,一定要明确谁来抓、谁来组织实施的问题,责任一定要明确。首先,必须要有一位学校领导(校长或主管教学的副校长)主管艺术教育工作,这一点是非常重要的;其次,要有一个实施艺术教育的艺术教研室(或艺术系),并配备足够的专职教师。艺术教研室应由教务处直接领导,如果能够成立与其他(院)系并列的艺术(院)系,则更有利于艺术教育开展。如山东大学于 1987 年成立艺术教研室,当时放在教务处,由教务处具体领导,取得了很好的效果;后来,在此基础上于1994年建成专门从事艺术教育的艺术系,从教务处独立了出来,成为与其他系并列的教学单位,从而大大推进了全校艺术教育工作;最后,艺术教育的教学工作必须纳入学校日常教学工作与管理当中,并在资金、设备、教室等方面给予支持。这一点也是非常重要的,只有这样,艺术教育才能成为正常的教学活动。也有的学校把艺术教研室置于学校团委、工会或其他学院(如人文学院)的领导之下,这是对艺术教育理解的错位,因为实施艺术教育的基本方式是课堂教学,而团委等其他单位组织的校园文化艺术活动只是艺术教育的辅助,它显然没有足够的能力与职能把课堂教学组织好。只有把以上各项组织措施落实好,艺术教育的核心工作——课堂教学才能正常开展。当然,这一切必须以学校领导转变教育理念、把艺术教育理解为现代教育的有机组成部分为前提。凡是艺术教育搞得好的学校,都得力于学校领导的重视,如果领导不重视,则艺术教育就是空谈。在这方面,国外大学的一些做法很有借鉴意义。如美国麻省理工学院就设有艺术教育委员会,每年召开两次会议研究艺术教育工作。另外,还特别设立了艺术副教务长一职,专门负责艺术教育工作。艺术副教务长下还设有艺术办公室,有5名工作人员。具体的教学工作则由音乐系来承担,音乐系共有教师19人,全部毕业于美国名牌音乐院系,一半以上具有博士学位,其教师数与本科生的比例为4.29‰。他们对艺术教育的重视程度仅从机构设置上就可见一斑。① 与此相比,我们还有很大距

① 参见沈致隆:《哈佛大学和MIT的人文艺术教育及其哲学思想》,《高等教育研究》1999年第2期。

离。如果我们的高校都能采取这样的措施,则艺术教育肯定能更上一层楼。

在有力的组织措施保障下,艺术教育的主要方式——课堂教学就可以顺利开展了。然而,课堂教学涉及许多问题,也是一个系统性的工作,它包括以什么样的教学思想指导教学,教学内容是什么,教学如何组织,教学方法有什么特点,教材如何选用,师资队伍应当有什么样的素质等一系列问题。

第一,在教学指导思想方面,一定与专业艺术教育相区别。要抓住美育、艺术教育的自身的特点与客观规律,我们认为,它以培养学生的审美感知能力与审美感悟能力,提高学生的艺术修养与人文素质为根本宗旨,与那种以训练艺术技能为主要目标的专业艺术教育根本不同。对此,许多专家也都有明确论述,"美育的目的绝不是单纯地培养某种审美的技巧、艺术的技能,而是培养审美的人生观,亦即培养'生活的艺术家',自觉地以审美的态度对待人类,对待社会、自然、人生与自我。美育是通过审美感受力与欣赏美、创造美的能力的培养,进而培养一种健康高尚的审美情感,由此塑造和谐协调的人格,确立和谐协调的审美的世界观、人生观"。① 赵沨认为,"普通高校的艺术教育不应是技艺教育,而应是素质教育的一个组成部分,应该为培养艺术鉴赏者做准备,通过艺术教育达到全面提高文化素质的目的,对学生智力、非智力因素加以培养,为人格的完美提供条件和基础"。② 其实,这个问题早在艺术教育开始之初大家就注意到了,但是问题的解决却

①曾繁仁:《美学之思》,山东大学出版社 2003 年版,第 550 页。
②袁中:《加强艺术教育提高全民文化素质——赵沨同志访谈录》,《高校理论战线》1996 年第 7 期。

不是易事。只有当作为美育的艺术教育在教育理念、教学内容、教学方法、师资队伍、组织方式等方面形成自己的特点，即自己的学科意识与学科特点非常明确，并取得明显的实践成果时，才算真正解决。显然，我们现在离这个目标还比较远。总之，要解决艺术教育的指导思想问题，就要正本清源，从根本上理解美育的归宿与出发点，理解艺术和美的本质与存在形态乃是关乎人生终极的根本问题。按照马克思的观点，人是一种按照内在尺度来生产的生命。因此，"要想有一种行之有效的当代审美教育，首先需要的是一种正确的审美教育观念，这是提高当代教育的人性含量，使教育本身承担起促使人类身心和谐与全面发展功能的一个基本前提。这一切都需要我们必须重新认识与真正地继承席勒的精神遗产。一旦达到了这个目的，审美教育必将对人类会有更大的作为"。[①]

另一方面，我国相当长一段时期内在艺术教育指导思想上的另一个偏误，便是在对艺术教育的审美功能与道德功能的区别与界限上，大多数人在观念上从来就没有真正搞清楚过。其最大的负面影响就是"以德育代美育"。由于不知道艺术教育进而言之审美教育的目的是"培养我们的感性和精神力量的整体达到尽可能和谐"，人们总是习惯于通过思想品德教育去解决现实中越来越严重的心理——情感方面的问题。由于这两种教育在观念、功能与技术手段上存在着很大的不同，所以，运用道德教育方法去解决深层存在的情感、心理、欲望等问题时，结果不是"隔靴搔痒"，就是"风马牛不相及"或"南辕北辙"，以至于完全陷入失败的困境与尴尬中。原因固然有多方面，但观念中不知道两种教育的

---

① 刘士林：《重新认识"现代审美教育之父"席勒的精神遗产——审美教育迫切的当代意义》，《中国教育报》2005 年 4 月 21 日。

区别,以致在"以德育代替美育"的观念指导下直接影响了审美教育原理研究与技术手段开发,应该是其中最重要的原因。尽管在学理上区别艺术教育与道德教育并不困难,但由于一种整体的功利思想的存在也很容易使艺术教育蜕变为一种道德的赞美诗。而那种能够有效地协调理性与感性、思想与情感、理智与身体的艺术教育,在这种教育观念中始终是付之阙如的。这种艺术教育和审美教育观念上的偏差一直影响到当下,并严重地影响了当代人的精神生态与生命健康。总之,充分注意美育、艺术教育与德育的区别与联系,是当代审美教育面临的一个重要问题。在具有两千多年历史的中国伦理文化背景下,这个问题显得尤为重要。

　　第二,课堂教学的内容是课堂艺术教育最为主要的问题,是美育工作的中心,也是为大家广泛关注但分歧较大的问题。我们的艺术教育虽然已进行了 20 年,但在课堂教学内容方面,仍然有进一步探讨的必要。有人认为,"艺术教育包括艺术知识教育、艺术技能教育和艺术精神教育"[1];有的学者认为,艺术教育有三方面的内容:一是艺术创作的教育,二是艺术欣赏的教育,三是艺术知识的教育。[2] 也有人认为,艺术教育应包括四大要素:美学、艺术制作(设计)、艺术欣赏、艺术批评等。据对北京大学等几所高校的调查,现在普通高校授课内容一般分为三大类:一是理论型欣赏课,如基础乐理、音乐欣赏基础、中国画技法及基础训练、戏曲赏析等,这是面向大多数学生的普及性限选课;二是实践型技

---

[1] 岳阳师范高等专科学校课题组:《艺术教育对高师学生审美素质影响的实验研究》,《云梦学刊》1996 年第 2 期。

[2] 杨恩寰:《审美教育学》,辽宁大学出版社 1987 年版,第 192—199 页。

巧课,属面向少数学生的任选课,主要是音乐、美术、舞蹈等艺术技能的学习,如音乐方面就有合唱学与音乐演唱、西洋打击乐、笛子等,美术方面则有素描基础、速写、彩画基础、雕塑基础、陶艺等;三是合作型排练课或艺术实践课,属双向选择的任选课,如军乐队、美术社、书画社等,是面向艺术社团的指导性技能实践课,由专业教师以课堂教学的形式对学生进行辅导。还有的学校甚至开出了类似艺术专业的辅修课,此类课程一般设 8—10 门课,20 学分左右,3 年内修完,修满学分者毕业时发给辅修证①。各种不同观点的存在,表明这个问题受关注的程度是非常高的,说明课堂教学的确是实现艺术教育的重要环节,是操作性非常强的审美教育手段。综合上述观点可以看出,课堂艺术教育的内容应该多元化,应该包括艺术技能的传授,也应该包括审美感受力的培养和美学精神的塑造。同时,课堂艺术教育也应该具有不同的层次,照顾到不同兴趣爱好、不同水平的同学的个性,做到因材施教。只有这样,美育的宗旨和目标才能很好地实现。

课堂教学的内容与两个基本问题密切相联系:一是教学目的,二是学生的基础。教学的目的是为了提高学生的人文艺术修养,培养自由和谐的全面发展的人格,而不是培养技能型艺术人才,所以,课堂教学显然不能以技能为主,但是艺术技能又与艺术修养特别是审美能力密切相关,因而也不能完全排除技能教育,而是应与专业教育的技能教学区别,将技能教学当作实施美育的手段,在技能修习中达到提高学生艺术修养与审美能力的目的;从学生的接受能力看,目前普通高校大部分学生的艺术基础都比

①许晖:《普通高校非艺术专业艺术教育现状调查与分析》,《广州师院学报》第 21 卷第 10 期。

较差,因此在课堂教学中要注意从学生的实际出发,从基础做起,同时也要看到高校的学生都是成人,理解能力比较强,教学要有一定深度,对相关的理论内容也要给予重视。在这方面,山东大学的做法就比较切合艺术教育的实际与客观规律,我们从20世纪80年代就对艺术教育课堂教学的内容进行了探索,经过20年的实践,对艺术教育的规律有了深切的认识,认为在目前条件下,应当以艺术与美的基本知识、基本理论为基础,以艺术欣赏为主要手段,以艺术创造力为艺术教育的最高形态,三个部分密切联系,从而建构起一个科学合理的课堂教学体系。

正如完整的审美活动包括艺术活动和美学活动两个层次(这两个层次构成审美文化),完整的美育体系也必须包括艺术教育和美学教育两个层次。美学教育是关于审美观、审美理想以及人生观的教育,具体指关于美与艺术的基本理论与基本知识等课程的开设。这类课程是学生接受艺术教育的基础,主要有美学概论、美育概论、艺术美学、艺术概论、中国艺术简史、外国艺术简史等。此类课程在专业艺术教学中也有——那是为了提高学生的艺术技能而设,但普通艺术教育设置这些课的目的是为了把艺术领域的基本知识与基本理论介绍给学生,进而为提高学生的艺术欣赏能力与创造能力打下较为坚实的基础,所以,教师在讲授这些课时应多以介绍为主,而不宜进行过深的理论分析。把艺术欣赏课作为当前艺术教育的主要手段,是由现在学生的学习基础所决定的,大部分高校学生没有系统地接触过艺术作品,特别是对中外艺术经典作品的了解更少。根据多年的艺术教育经验,学生们很希望、很迫切地要求这方面的教育。艺术欣赏课的学习能够较快地提高学生的审美能力,开阔学生的艺术视野,进而帮助学生提高人文修养与人生境界。这正是艺术教育的目的。可以开设的此类课程很多,在师资力量充足的情况下,各门类的艺术欣赏课都应开设,如中外音乐欣赏、中外美术欣赏、中外文学欣赏、中外建筑欣赏、舞蹈欣赏、戏剧欣赏、艺术设计欣赏、摄影欣赏、影视欣赏等,多多益善。

　　我们把艺术创造作为艺术教育的最高形态,这个目标是否太高?是否脱离实际?美育专家们对这个问题曾做过明确论述:"实际上,艺术技能的教育是美育的必不可少的组成部分,因为审美能力的基础是审美感受力,而审美感受力就包含对艺术技能的了解与掌握。"①现在的艺术教育一般比较重视培养学生的艺术欣赏能力,但我们认为对艺术的操作与实践也要再给予一定重视。从美学理论上看,不只审美静观是艺术存在的方式,艺术创造更是艺术存在的方式,而且是更为本质的存在方式。而且,美育的最终目的是让人成为"生活的艺术家",这其中就包含着艺术创造的意义。现在的艺术教育以欣赏为主要手段,是由于目前大部分学生的艺术基础还比较低,但这并不等于把艺术创造与艺术实践排除在艺术教育以外,只是普通艺术教育中的艺术创造、艺术技能教育要区别于专业的艺术教育。我们让学生具有艺术创造能力,也并不是像专业艺术教学那样要学生成为职业艺术家,而是在现代美育的语境中以全新的视角理解这一问题。从根本意义上说,每个人都具有艺术创造力,只是程度上有差异罢了。我们的艺术教育是在学生原有艺术创造能力的基础上,使之有尽可能大的提高。艺术创造之所以作为艺术教育的最高形态,一方面是由于艺术创造力是一个关系到主体与客体、情感与理智、理解与想象、意识与潜意识等诸多因素的繁杂过程,是锻炼学生内

①曾繁仁:《美学之思》,山东大学出版社 2003 年版,第 550 页。

在综合素质的极好方式；另一方面，当非专业的学生具备了一定的艺术创造力时，艺术教育目的——学生的人文艺术修养也必然提高到了相应的程度。也可以说，学生的艺术创造力是艺术教育成果的外化方式。如果我们按照现代审美教育思想更深刻地理解艺术创造力，那么，艺术创造不仅是一般意义上艺术家独有的（狭义上的）艺术创造，如能够创作美术、音乐、书法等作品，更是一种广义上的艺术创造，即学生能够把美与艺术的原则应用于日常生活中，"按照美的规律"处理生活，以审美的态度对待人生，成为"生活的艺术家"，从而形成自由而健全的人格。这当是审美教育视野中艺术创造力的本质含义。在课堂教学中，艺术创造类课程的范围也比较广泛，所有的艺术种类如音乐、美术、舞蹈、摄影、设计等都可开设技能课，只是在教学中要注意从学生的实际出发，不要作太高的要求。同时，由于现代社会中艺术已经走进生活，产生了艺术的生活化与生活的艺术化的趋势，所以，还要注意多开设一些与日常生活相近的实用型艺术技能课，如服装设计、装饰设计、化妆与美容等。学生通过学习，可提高美的创造能力，培养丰富多彩的生活情趣。这与艺术教育的目标是一致的。

　　总之，美与艺术的基本知识与基本理论、艺术欣赏、艺术创造是课堂教学的基本内容，只有把三者作为一个密切联系的整体，才能取得理想的教学成果。

　　第三，课堂教学的组织也很重要，它大致有必修课和选修课两种方式。必修课是指学生必须学习的艺术课程，这类课程应当是大部分学生都需要学习的，主要是基本知识、基本理论类和艺术欣赏类，如美学概论、艺术概论、中外美术欣赏、中外音乐欣赏等，都可以作为必修课。课程的学时安排一般为每周 2 个学时，在一个学期内结束。必修课的意义在于能够保证每个在校学生都可受到艺术教育。如山东大学从 1991 年开始实行艺术必修课的教学,全校的学生在一年级结束时都已修完该课。除必修课外,还应大量开设选修课以供学生选修。根据多年的实践经验,选修课在普通高校的艺术教育中发挥着很重要的作用,应当给予充分重视。由于普通高校的学生都来自不同地区,而各地中小学开展艺术教育的情况相差很大,所以高校学生的艺术基础必然存在着很大的差异,一部分学生有一定的艺术基础,有一些学生对艺术接触较多,而更多的学生则对艺术比较生疏;再者,学生对艺术的兴趣也有很大差异,如有人喜欢国画,有人喜欢油画,有人爱好民乐,有人爱好西方音乐,有人喜欢经典艺术,有人喜欢通俗艺术,等等。面对类似情况,课堂教学就不能搞一刀切,而应根据学生的实际情况开发教育。针对这种状况,学校可开设不同层次、不同内容的选修课,以便使学生根据自己的情况选修。选修课是各高校普遍采用的一种教学方式,是实践证明了的成功的教学方法。如北京大学每学期开设艺术选修课近 30 门,选课的学生有3000 余人,开设的艺术选修课程有中外音乐史、中外美术史、中外电影史;中外音乐、美术、电影的鉴赏;还有舞蹈、戏剧等。① 山东大学在 20 多年的艺术教育教学中也非常重视选修课程的建设,20 世纪 80 年代初每学期只能开出几门课。后来由于认识到艺术类选修课的重要性,到 90 年代时,每学期开出的选修课已近 30门,涵盖了基本知识与基本理论课、艺术欣赏课、艺术创造课三大类型,每个在校学生都有机会选修自己喜欢的课程。从教学效果看,由于艺术选修课适应学生的兴趣与爱好,充分调动了学习积极性,课堂气氛往往非常好,学生学习的积极性非常高,许多学

---

① 参见李静:《浅谈普通高校艺术教育》,《中国高教研究》2001 年第 10 期。

生与任课教师结下了深厚的感情与友谊,有的甚至多年来一直保持着联系。这充分说明美育课对他们的思想感情产生了很大影响。

在组织课堂教学时,还要充分注意利用社会上的各种文化艺术资源进行教学。随着社会的发展与文化事业的进步,这种资源越来越多,如博物馆、展览馆、音乐会、风景名胜以及大自然等都可用来进行美育教学。中国传统上就有"读万卷书,行万里路"的说法,"行路"其实说的就是利用这种广泛的文化艺术资源进行学习的过程。虽然其中有些内容与美育关系稍远,其本身不能进行美之"教",但通过审美主体的悉心体悟及与内在文化艺术素养的契合也能受到美之"育",从而使心灵得到涵养。但从当下的情况来看,由于受到传统教学观念以及条件的限制,我们在这方面做得还不够好。相比之下,西方一些国家的艺术教育在这方面的做法就很值得我们学习。比如法国的一些学校在上美术课时,老师把学生带到美术馆,在经典美术名作前讲如何欣赏,这种教学的效果比在教室里对着幻灯片讲要好得多。

第四,课堂教学的方法也自有特点。如应具有参与性、交流性、实践性、创造性等。教学方法是由教学目的与教学内容等因素所决定的,艺术教育的课堂教学不能像一般人文课的教学那样搞满堂灌,也不可能像专业艺术教学那样以艺术实践为主,而是应当以学生的兴趣为基础,重在调动学生的参与性与积极性,培养学生的创造性,充分体现出以学生为主体组织教学的教育理念。应十分重视接受性的教学方法,教师在课堂上起一种引导性、启发性的作用,目的在于把学生引入艺术世界,让学生走进物我合一的艺术境界。因为艺术作品的存在方式之一就是欣赏主体对它积极主动地接受;其次,还要充分重视交流式的教学方法,老师与学生、学生与学生应当在课堂上对艺术作品的理解与感受进行交流,老师在这种交流中要起一种组织和引导的作用,而不要扮演权威角色。因为在对艺术的理解与解释中,不存在什么权威,也没有什么"标准"答案,每个人都会因不同的生活阅历、主体素质等而对同一艺术品产生不同的理解,而美育教学就是认同并培养这种个体差异,使每个人的天性得到自由发展。另外,还要充分注意实践的教学方法,实践性、操作性是艺术的基本存在方式,只有对艺术的操作性有所体验,学生对艺术的理解才能深入。由于受到课堂条件限制和学生太多等诸多因素的影响,这种教学方法不易于实施,但要尽可能地进行一些艺术实践教学,如多开设一些艺术创造类课程,让学生对艺术有一个直接、感性的认识。最后,课堂教学还要贯穿一个中心思想:充分注意学生创新意识的培养。现代社会的发展越来越快,创新是当代社会面临的重大问题,是人才综合素质的重要组成部分。艺术与创新具有天然的联系,因为新颖性、独创性正是艺术的基本特征。与其他课堂相比,艺术课更易于对学生进行创新思维的教育。教师在设计课堂教学时,应充分体现出艺术所具有的创新性特点。

　　第五,教材也是课堂教学的重要环节。成熟的教材是在多年教学实践与教学研究中逐步形成的,我们现在虽然也有了一些艺术教育教材,但从严格的标准看,这些教材还不很成熟,还不能说这些教材已经反映了艺术教育客观规律的要求。我们当前的教材还存在着这样或那样的问题,如有的专家曾指出:"本来理工科大学的音乐就是通才教育的一部分,而我国这类教材却往往照搬音乐学院或主修音乐专业学生的教科书,过分专业化,与教育的目的背道而驰。另一方面,为了迁就新生普遍艺术修养较低的'现实',部分教材片面强调补课,照搬中小学艺术课教学的内容和方法,理论浅,层次低,知识面窄,难以使大学生产生兴趣。"与此相比,国外艺术教育的教材就比较成熟,充分体现出了艺术教育的特点。"MIT、波士顿大学、布兰戴斯大学编写或采用的音乐教材,无不广泛涉及历史、地理、文学、美术、哲学、科学等多方面的知识,并将它们和艺术流派、音乐理论、音乐发展史、音乐作品的风格等融为一体,真正体现了通才教育的目的。改革我国普通高等学校音乐教学的内容及教材,不妨借鉴美国的经验,致力于拓宽知识面,让艺术与文化、艺术与科学相结合,尽早与音乐的专业教育和初级教育分家。"①在我国艺术教育中,专业艺术教育和师范艺术教育已经比较成熟,与之相应的教材也已有成熟的体系,普通艺术教育教材在建设过程中,普遍受到了它们的影响,难以真正体现出艺术教育的理念与要求,所以,我们还需要花大力气去做这一项工作。

　　在艺术教育教材建设过程中,要充分注意以下几个问题。一是要注意与专业艺术教育的教材相区分,重在体现出人文性与综合性,而不能过多地强调技术;重在基本理论与基本知识的普及,而不要强调专业性的高度与难度。如,艺术欣赏类教材在分析作品时,应注意分析作品的历史文化背景,作品与当时的哲学思潮及美学思潮的关系,作品与其他艺术思潮的关系等;在分析艺术家时,应注意分析艺术家的艺术思想、人生经历、品质与修养等。这样,就能把艺术作品所涉及的文化信息进行全面分析,艺术作品就成了学生进入一个广阔人文视野的渠道。二是注意高雅艺术与通俗艺术、经典艺术与流行艺术的关系。在现代社会,通俗

---

①沈致隆、姜华:《MIT 的艺术教育及其对我国高等教育的启示》,《高等工程教育研究》1999 年第 1 期。

艺术与流行艺术的大量存在是一个现实。大多数通俗艺术是以市场化的方式传播,所以,流传开来的通俗艺术往往具有广泛的受众,具有很强的吸引力,它对学生的影响更是不可低估的。在一般情况下,学生对这种艺术的了解多于经典艺术。由于通俗艺术本身是良莠不齐的,我们的艺术教育一定要教会学生如何鉴别通俗艺术的价值与其中的美丑。这样,等学生将来走上社会以后,不但能够欣赏优秀的通俗艺术作品,也能够避免不良艺术的影响。随着越来越多的具有较高美育素质与艺术素质的学生走上社会,社会整体的人文艺术素质也会得到相应提高,从而形成一个良好的社会文化氛围。在这种大背景下,通俗艺术的水平也会得到相应的提高,反过来又对社会产生良好的影响。三是要注意国外艺术与民族艺术的关系。现代艺术教育应有世界性的大视野,应把人类优秀的艺术作为教育资源,所以,我们应当充分介绍国外优秀的艺术。在介绍外国艺术时,要避免西方中心主义倾向,对其他国家的艺术也要给予充分的重视,以使学生具有更为广阔的艺术视野。同时,也要重视中国优秀的文化艺术传统,重视对民族艺术的学习和研究,把两者密切结合起来。

第六,要重视师资队伍的建设。我们的艺术教育虽然已经实行了 20 年,但是师资队伍存在的问题一直没有很好地解决,成为当前艺术教育深入发展的一个瓶颈。当前,在高校从事艺术教育的教师都毕业于专业艺术院校或师范艺术院校。前者的培养目标是专业艺术人才,而后者的培养目标则是中小学艺术教师。由于中国当代艺术界和艺术教育界普遍存在着重视艺术技能而忽视艺术的深层内涵、重视艺术表现而忽视精神与文化修养,所以,这种教育制度下培养的学生大多先天不足,当他们进入高校,从事美育的艺术教育时,必然在思想观念、知识结构、教学方法等方面存在着极大的不适应。①长此以往,就会形成恶性循环,导致整个美育与艺术教育理念的缺失。这种情况反映在教学实际中,就会产生很多问题。教育界还没有意识到应当为美育、为普通艺术教育培养专门的师资——这种师资的培养应当有自己专门的教育体系,包括人才培养目标、培养计划、培养方式、教材等,而不应混同于一般的师范艺术教育。我们认为,为了从根本上解决问题,应当设立美育和普通艺术教育本科专业,培养专门的美育与艺术教育师资,同时,还应当建立美育与艺术教育的硕士学位教育,这可以使当前普通高校中的艺术教师能有进一步提高自身专业素质的机会,使师资培养工作深入发展。

我们认为,从事美育与普通艺术教育的教师应具有以下基本素质:1.在专业方面,要具有艺术专业本科水平,熟悉掌握相关专业的艺术技能以及基本知识、基本理论。2.在专业结构上,不求精深,但务求全面,要有系统而扎实的艺术史知识,如美术史、音乐史、文学史、电影史等,要有相当的美学、美育、艺术理论修养,只有做到史与论密切结合,才会为提高教学能力打下坚实的基础;还要有极强的艺术鉴赏力,要一专多能,如油画专业出身的教师要懂国画、雕塑、建筑等,声乐出身的教师要懂得器乐,甚至音乐教师要懂一点美术,美术教师要懂一点音乐。因为,各门类艺术具有一定的共性,在欣赏方面打通各艺术门类,有利于课堂教学的深入。3.要有很全面的人文素养。艺术教育的最终目的就是提高学生的人文素质,艺术教育只有以人文教育为平台才是真正的艺术教育。因此,教师的人文素质一定要高,绝对不能只懂专业,

---

①参见许晖:《普通高校非艺术专业艺术教育现状调查与分析》,《广州师院学报》第21卷第10期。

应该是文史哲方面的知识与修养都要较高，文化水准一定要高。教师的人文修养最重要的表现在于具有高雅的生活情趣与追求，高尚的道德操守，以及脱俗的精神气质等。由于我国艺术教育界长期以来存在着重技能而轻人文修养的问题，现在的艺术教师在许多方面存在着严重的不足，所以，提高艺术教师的文史哲等人文修养是一个很迫切的问题。4.要有一定的现代科学修养。因为艺术与科学的关系随着现代社会的发展越来越密切，科学对艺术产生了很大的影响。同时，接受艺术教育的学生有许多是学习自然科学的，教师具备一定的科学素养有利于搞好教学。5.从事艺术教育还要有一定的组织能力。艺术教育有很强的实践性，课堂教学离不开艺术实践，所以，组织能力也是教师必须具备的。

除课堂教学外，课外文化艺术活动作为艺术教育的第二课堂，在艺术教育中也发挥着重要作用，其内容包括学术讲座、各种艺术演出及展览等。学术讲座作为艺术教育的内容之一，它可以开阔学生的视野，甚至能让学生了解最前沿的问题与信息，从而对学生产生很大影响，在艺术教育中发挥着不可替代的作用。学校应创造条件，聘请著名的艺术家、艺术理论家来学校举办学术讲座，这种活动应当定期、有计划地进行，绝不能当作是可有可无的。校园艺术演出、比赛、展览等课外活动是一般学校都有的，但在审美教育的大视野中，这种活动就具有美育的性质，它是课堂艺术教学成果的展示，又是课堂教学的延伸，应当按照艺术教育的理念来组织。首先，学校应建设各种层次、各种类型的艺术社团，应大力鼓励学生自发地组建并参加艺术活动小组，争取使每个学生至少能参加一个小组。其次，在艺术活动的目的与组织方式上，必须区别于传统的所谓文艺汇演或艺术比赛，美育视野中的课外艺术活动的目的不是为了选出优秀的艺术尖子或优秀节目,而是为了使大多数学生都能参加艺术活动,从艺术的欣赏者成为艺术表演者,成为艺术活动的主体——这一点对艺术教育是非常重要的。但是,现在大多数高校的艺术活动缺乏公众性与参与性,艺术活动只是一部分艺术尖子学生(如学校艺术团)的事情,只是少数人在演出,而大多数学生只能是台下的欣赏者。我们的一些教育行政部门还定期组织大规模的文艺汇演,甚至还有全国性的所谓进京汇报演出,这种活动虽然举办得热闹而隆重,却与美育与艺术教育的宗旨相去甚远。如果校园艺术活动不从这种传统模式走出来,就不是审美教育意义上的艺术活动,而只是一般的文艺演出。从整体上看,校园艺术活动应当是多层次的,一方面学校应当组织高水平的艺术活动,甚至可以邀请专业艺术团体来学校演出,这种活动易于操作,但不能使艺术活动走向深入,使之成为大多数学生都能参与的事情。最重要的是,要使多数学生都有机会参与艺术活动,学生可以根据自己的特长与爱好,参加由学校或院系组织的艺术活动,更要自己组织艺术活动,这是学校艺术教育所应充分重视的。所以说,广泛性和参与性应该是大学生艺术社团的基本定位,学校应当十分注意建设和利用这种平台进行有效的审美教育。在这方面,天津大学北洋艺术团进行了富有成效的实践探索。北洋艺术团是高校中较早建立的大学生艺术社团。建团多年来,他们紧紧围绕"以美育人,以艺育人"的宗旨,坚持弘扬时代主旋律,坚持对典雅音乐的追求和不同艺术门类的探索,深入开展各种形式的艺术教育,提高广大学生的艺术修养。在普及高雅艺术,提高大学生的艺术修养,丰富大学生课余文化生活,推动校园精神文明建设,促进学生全面发展方面,发挥了重要的积极作用。学生自发的艺术活动的样式可以多种多样,艺术水平可高可低——学生的艺术水平的提高并不是艺术活动的目的,其目的是要学生积极地参与,哪怕参与者的艺术水平极低,也是应当热情鼓励的。这是因为,在美育教育理论看来,主动参与和被动欣赏具有本质差异。美是创造性的,创造意味着参与,参与性是艺术的本质;艺术本是操作性的,操作是艺术存在的方式;只有在上手的操作中,学生才能走向艺术王国的深处,真正领会美与艺术的精神。这样,艺术教育才能由被动的欣赏走向主动的创造,从而走向其高级形态。在这方面,我们应当向国外的同行学习。沈致隆先生在考察美国的学校艺术教育时,就发现他们的校园艺术活动具有广泛的参与性,尽管有的学生艺术技能很差,"但他们也演奏得专注、认真,发自内心,令人肃然起敬,同样赢得热烈的掌声"①。

另外,在现代艺术教育视野中,学校建设与校园环境的艺术性也非常重要。学校建设与校园环境,是指校园中各种可见的、有形的、自然的"硬件"存在,它们以其文化特征构成校园的物质文化景观,显示在校园空间中,反映着一定群体的精神风貌、审美情趣、价值趋向。同时,它作为学校为"育人"而建设的场所,集中反映着教育实施者的教育目的与价值取向。环境的作用是不可忽视的,学生在与其反复"对话"中不断得到塑造,潜移默化地接受审美教育,从而达到对其审美观、价值观、人生观的影响。正因为学校建设与校园环境作为校园物质文化景观是具有文化的强制力量而对学生产生影响的,所以理想的校园本身就应是一个美的、艺术的博物馆,校园的基础建设、环境设施,大到校园整体规划、楼房设计、教室与宿舍的安排,小到校园内的一草一木、一砖

①沈致隆:《哈佛大学和 MIT 的人文艺术教育及其哲学思想》,《高等教育研究》1999 年第 2 期。

一石，都要表现出艺术匠心，体现出无尽的艺术韵味与高雅的情趣，使整个校园成为艺术品。学生在这种艺术环境中可以受到潜移默化的艺术熏陶，从而从另一个维度拓展美育的实施空间。这就决定了艺术教育应涉及学校教育的各个方面，贯穿于学校教育的全过程，需要教学、管理、后勤服务等各个环节的密切配合，学校的各个部门都要充分发挥自身优势，主动、自觉地把审美教育渗透到各自的工作之中，学校必须保证美育经费投入，改善美育的物质条件。

最后，审美教育应当广泛吸收全人类美育的优秀成果，特别是在当下改革开放和全球一体化的背景下，这一点更为重要。我国的传统教育虽然有自己的优势和特色，但也有明显的不足，其中一个方面就是习惯于按照一个固有的模式，把千差万别的学生经过反反复复的打磨，最后塑造成一个个标准产品。杨振宁博士以他的亲身经历对中西教育进行比较，他认为，两者各有特点：西南联大教会了他严谨，西方教会了他创新。有这样两个事实，需引起我们的注意：一个是我国中学生参加学科世界奥赛，每年都能拿到许多金牌，这说明我们教育自有优势；另一个是，新中国成立50年来，我们还没有独立培养出一个诺贝尔奖获得者。这从一个侧面反映了我们的教育还存在着不足。西方的教育存在着许多优点，其中对美育的重视是一个优秀传统，西方早在古希腊时代就已经认识到美育的重要性，后来在历史的长河中，美育思想不断发展，并产生了许多重要思想家。在此基础上，西方人还对实施美育的重要途径——艺术教育进行了长时期的探索，形成了较为完善的艺术教育体制和教育传统。我们只有进行广泛的中外艺术交流，充分拿西方之学为我所用，才能创造出既有中国特色又符合时代发展的完善的艺术教育体系。艺术的中外交流其实包含两个方面的内容,其一是"走出去",越是民族的便越是世界的,中国的艺术传统和艺术精神只有在和国外艺术的充分对话中才能获得认同。作为传承这种传统和精神的艺术教育,也必须体现出这方面鲜明的"中国特色"。另一个方面则是"引进来",洋为中用,学习西方一些先进的、成熟的观念和体制。我们都知道,凡是中外交流比较充分的领域,其发展就比较快。随着中外文化教育交流的日益频繁,美育与艺术教育的交流也取得了许多可喜的成就。如,沈致隆先生对美国《零点项目》及多元智能理论的研究与介绍,学术界对美国情商理论的介绍,都在国内美育与艺术教育界产生的广泛而良好的影响。

总之,美育在现代教育中的地位已被人们充分地认识到,作为实施美育主要手段的艺术教育也稳步地发展着。在实施美育的过程中,我们一定要注意艺术教育自身的特点,一定要有学科意识,它以提高学生的艺术修养、审美素养与人文修养为目的,既不同于培养专门艺术人才的专业艺术教育,也不同于培养师资的师范艺术教育,后两者在现代教育中已实施多年,已建成了完备而成熟的教育体系。作为美育的艺术教育是学校艺术教育的三大形态之一,在教育理念、教学目的、教学内容、教学方法、师资与教材、组织与管理、后勤保障等理论与实践诸方面都与其他二者不同,我们在建设过程中一定要注意它的特点,这是当前美育实践中最为重要的一点。艺术教育虽然从 20 世纪 80 年代就已开始,至今走过了将近 20 年的历程,但是与专业艺术教育和师范艺术教育相比,它还只是处在非常初步的状态,它还有很长的路要走,我们必须为之长期奋斗。

第四节 培养学会审美生存的 一代新人,实现构建 和谐社会目标

最近,我国在科学发展观的指导下提出构建和谐社会的战略目标。这是我国在面向 21 世纪之际总结国际国内社会发展经验而提出的具有划时代意义的重要发展战略,反映了符合国际潮流和我国特色的社会转型的必然趋势,也是马克思主义在当代的新发展和有中国特色社会主义理论的进一步丰富。它包含着极为深刻的内涵,为我国包括美学在内的人文社会科学的发展开辟了更加广阔的天地,提出了一系列新的需要回答的重要课题,需要我们更加深入地探索思考。

我们认为,从美学学科的独特视角思考构建和谐社会问题,当前最重要的就是培养学会审美的生存的一代新人。这是构建和谐社会的应有之意,也是实现构建和谐社会目标的根本动力之一。众所周知,构建和谐社会是一种极为重要的社会转型。我国的社会主义和谐社会既不同于资本主义建立在剥削与侵略基础之上的社会模式,也不同于我国曾有的"以阶级斗争为纲"的社会模式,当然也与传统的仅仅遵循经济发展一个维度的社会发展模式有别。它是一种新的物质与精神、经济与文化、人与自然,以及生存与发展高度和谐协调统一的社会发展模式。这种社会发展模式的核心是对于"以人为本"的落实。也就是,在社会发展和建设目标之中将人的和谐美好生存提到中心的位置。这是在我国社会发展和建设目标中由"物本"到"人本"的根本转变,包含着前所未有的浓郁的人文内涵。从美学的角度看,所谓人的和谐美好

的生存,归根结底就是"审美的生存"。也就是说,构建和谐社会首先应该培养学会审美的生存的一代新人。这是对马克思有关共产主义理论的继承发展。马克思认为,共产主义社会就是"人的自由发展的社会""每一个人的自由发展是一切人的自由发展的条件"。按照马克思的观点,这种人的自由发展就是"人也按照美的规律建造",对于一切压迫人的剥削制度的消灭。从 20 世纪以来诸多西方哲人的思考来说,所谓人的和谐美好生存,就如海德格尔所说,是对传统的人的单纯"技术栖居"的超越而达到人的"诗意地栖居";也如马尔库塞所说,是对资本主义工业文明中"单向度的人"的克服而走向人的审美的生存。总之,人的和谐美好生存就是人的诗意地栖居,审美的生存。这不仅是我国和谐社会建设的目标所在,而且也是我国和谐社会建设的重要动力之一。因为,所谓诗意地栖居、审美的生存,不仅是人的一种生存状态,而且更是人的一种生存态度。"审美的生存的人"是一种将审美提到本体的高度,作为世界观,以审美的态度对待他人、自然与自身的人。只有依靠这种具有审美世界观的人,才能建设人人都能美好生存的和谐社会。因此,培养学会审美的生存的一代新人就成为构建和谐社会的重要任务。这就将美学提到当代世界观建设的本体的高度,将审美教育提到美学的中心位置。

审美的生存的一代新人应以审美的态度对待他人,这是社会美好和谐发展的重要保证,也是人类社会文明发展的尺度之一。它既不同于社会达尔文主义的"弱肉强食"理论,也不同于萨特存在主义"他人是地狱"的理论,也与传统资本主义的"极端的个人中心主义"的理论有别。这些传统理论是以旧的"主客二分对立"思维模式为其哲学基础的,张扬一种主体与客体、物质与精神、个人与他者、人与自然的二分对立,是一种对于"单向度"利益追求的结果。以审美的态度对待他人,是以 20 世纪以来逐步发展深化的"共生共荣"理论为其指导的。20 世纪以来,许多有识之士深刻思考"主客二分"思维模式在西方资本主义现代化过程中所造成的种种弊端,提出"西方的没落""文明的危机"等重要论断。我国在十年"文革"和苏东剧变之后也深刻反思了"以阶级斗争为纲"等旧的社会主义的发展模式的严重弊端。在此基础上,当代西方哲人提出了"主体间性"理论和"交流对话"理论,我国也在有中国特色社会主义理论中正式提出"以人为本"的命题。这些理论观点的核心是以审美的态度对待他人,以共生、共荣、共赢与共同美好生存为其目标。以这样的审美的态度处理国与国的关系,我国追求"和平的崛起",以世界各国人民的共同美好生存为其指归。以这样的审美的态度处理国内发展过程中出现的地区、城乡与贫富巨大差距,就应通过法律、财税与行政等种种手段缩小这种差距。同时,大力张扬一种回报社会、关爱弱者与贫者的"仁爱"精神。这是一个成熟社会所应具有的美好健康的社会风气,是促进社会和谐的重要的良好社会品德,应该成为社会主义精神文明的重要内容。

　　审美的生存的一代新人应以审美的态度对待自然。这是一个非常重要的崭新的课题,关系到我国社会主义现代化的前途命运和我国人民的生存生活。特别在我国经历了"非典"、禽流感与松花江污染之后,更值得国人深思。长期以来,特别是工业革命以来,人们一直信奉"人类中心主义"观念,力主"人是自然的主宰""人是自然的立法者""自然是人的奴仆"等错误的观念。正是在这些错误观念指导下,工业革命以来,人类肆意滥伐树木,污染环境,造成一件件严重的生态灾难,向人类敲响了警钟,以不可抗拒的事实告诉我们,人类既不能也不可能成为自然的主宰者,人类只能成为自然的朋友。早在 20 世纪 60 年代，著名的美国生态学家莱切尔·卡逊就指出，人类正处在或者是破坏自然走向毁灭或者与自然为友走向美好生存的"十字路口上"。其后，巴西著名的诺贝尔生存权利奖获得者卢岑贝格提出人类应该以审美的态度对待地球母亲。此后，在西方出现了一系列有关生态哲学与生态伦理学的理论观点，也出现了生态批评、生态文学、生态文艺学与环境美学等与审美有关的理论形态。我国早在 20 世纪 90 年代就提出了可持续发展战略，同时美学界也提出了生态美学的理论，此后，又将这一理论发展为生态存在论审美观。这是中国美学工作者结合中国的文化与国情在美学领域的一个创举，是美学工作者社会责任的体现。众所周知，以审美的态度对待自然在我国显得特别紧迫和特别重要。我国是有着 14 亿人口的大国，经济与社会发展中资源与环境的压力非常巨大，如果再不以审美的态度对待自然、尊重自然，不仅我国的经济建设与社会发展无法正常进行，而且我国人民的正常生活都难以为继。笔者曾在加拿大维多利亚大学访学，面对眼前地广人稀、生态良好的自然环境，对于我国应以审美的态度对待自然有着更深的感受。事实证明，大力倡导以审美的态度对待自然，发展当代生态审美观，不仅是美学学科建设的需要，更是当代我国社会与经济建设的需要。

　　审美的生存的一代新人还应以审美的态度对待自身。长期以来，人们不仅对他人与自然的关爱不够，对自身的关爱更少。这恰是现代社会发展的一种二律背反，也就是社会的繁荣发展与人的生存状态常常处于相悖的情形。就是说，社会越发展而人的生存状态反而常常越加紧张，也更有压力。因此，在这样的情况下，进一步发扬建设当代马克思主义人学理论是十分必要的。这实际上是解决一个发展为什么的问题，应该理直气壮地将社会经

济发展落实到人的美好生存,特别是每个人自身的美好生存之
上。这就要在理论建设中,特别是美学理论建设中实现由传统认
识论到现代存在论的转型,将人的生存问题提到理论建设应有的
高度。要继承发展马克思有关人学的理论成果。马克思早在
1844 年 1 月就在著名的《〈黑格尔法哲学批判〉导言》中提出"人本
身是人的最高本质"的著名命题,并将其奠定在"必须推翻那些使
人成为受屈辱、被奴役、被遗弃和被蔑视的东西的一切关系"的历
史唯物主义基础之上。此后,在著名的《共产党宣言》与《资本论》
中又提出"无产阶级只有解放全人类才能解放自己"的重要思想,
使其人学理论更趋全面合理。可见,人的自身的"自由解放"始终
是马克思十分关心的重要人学课题。20 世纪以来,西方现代众多
哲学与美学家面对资本主义社会妨碍人的美好生存的事实,将人
的自身的生存问题提到本体的地位,通过由遮蔽到澄明的展开,
实现人的诗意地栖居,甚至明确提出应以审美的态度对待人自身
的论题。这些理论构成西方现代人文主义思潮的重要内容,都各
有其价值,值得我们有分析地加以借鉴。我们应该在上述理论的
基础上构建中国当代的人学理论,将以审美的态度对待人自身作
为这一人学理论的应有之意。人自身的审美生存除了物质的条
件之外,精神的文化的生活是更加重要的条件。当前,我国文化
生活在社会主义市场经济推动下逐步走向多元,影视文化不断发
展,大众文化日渐勃兴,人们在从未有过的广度上接受如此丰富
多彩的文化与审美的享受。但由于盲目经济利益的驱动,导致庸
俗低劣文化在一定程度上泛滥,使人们健康的精神生态受到某种
威胁,许多有识之士包括生活在海外的爱国华裔学者都担心在这
种低劣文化的狂欢中可能会使某些人丧失人之为人的灵魂。因
此,在当前的形势下,在保证文化与文学艺术丰富多样发展的前

提下,适当净化文化市场,杜绝低俗文化,已经成为国人在精神生活上得以审美的生存的需要,也是我们美学工作者与文艺工作者的责任之所在。美学在现代文化与文学艺术建设中应充分发挥价值判断,特别是审美价值判断的功能,以鲜明的理论旗帜与审美批判的功能为现代人们在精神生活上的审美的生存发挥引导的作用。

人应以审美的态度对待自身,还包括一个应以审美的态度对待我国传统文化的问题。文化是人的精神家园,是一个民族之根。有学者曾经深刻地指出,中国文化就是中国人生活的依靠,是中国人的生活方式、观念和主张。在当前全球化的语境下,我们中国人有一个身份与文化定位问题。也就是说,我们只有继承发扬中国的优秀传统文化,才能在世界民族之林确定自己应有的位置。这是我们十多亿中国人的精神栖息之所,否则,我们在精神上将无所依归。事实证明,具有5000年文明历史的中国文化是悠远丰富的,足以滋润过去和现代中国人的心灵。中国文化以其特有的风貌和传统彪炳于中国和人类史册,并将在新的时代继续发扬光大。费孝通曾以"位育中和"四字作为中国文化的精髓,这是镌刻在孔庙大殿上的四个大字。所谓"位育中和",即《礼记·中庸》所说的"喜怒哀乐之未发,谓之中;发而皆中节,谓之和。中也者,天下之大本也;和也者,天下之达道也。致中和,天地位焉,万物育焉"。这实际上就是中国古代建立在"天人合一"理论之上的"共生"思想。相关的思想,还有《中庸》所说的"万物并育而不相害,道并行而不相悖",《论语》的"和为贵""和而不同",《国语》的"和实生物,同则不继",《周易》的"生生之谓易"等,充分证明中国古代传统文化历来是将人与人以及人与自然的共生作为生活的准则的。《周易》的以"太极化生"为其代表的有机整体论思维成为几千年来中国人的思维与生活生存方式,它所表述的"天行健,君子以自强不息""地势坤,君子以厚德载物"的思想生动地反映了中华民族奋斗不息与宽厚仁爱的民族精神。这些都具有极为重要的当代价值,值得我们结合现实加以改造和继承发扬。我们只有深深地立足于民族文化之根上,才能找到自己深厚的精神依归,真正做到在精神生活之中的审美的生存。

邓小平在谈到建设有中国特色的社会主义时曾经说道"关键的问题是教育",并提出培养"四有"新人的目标,可谓一语中的。当前实现构建和谐社会的目标,关键的问题也在培养学会审美的生存的一代新人。这是人的生存方式的重大转变,是将审美作为当代主导性世界观的极为重要的文化工程,任重而道远。它不仅对我们美学工作者提出了新的更高的要求,而且也是全社会的共同责任。但我们有信心逐步完成这一任务,同时也借以改造与建设我们的美学与美育学科,逐步实现美学与美育学科的现代转型,以期更好地完成培养学会审美的生存的一代新人的重要任务。

后　记

　　本书是由我主持的教育部人文社会科学重点研究基地重大项目"审美教育的理论与实践问题研究"最终成果之一。自 2000 年 12 月山东大学文艺美学研究中心作为教育部人文社科重点研究基地成立以来，我们一直将审美教育作为基地的重要研究方向之一，我与中心其他中青年学者为此投入了相当多的精力。五年来，我们出版了多部学术专著，发表了数十篇学术论文，召开了一次"审美与艺术教育国际学术研讨会"，两次"美学、艺术与素质教育研讨会暨教师培训班"，并对山东省学校艺术教育情况进行了调研。作为这一重大项目的最终成果，我们编辑并陆续出版了系列丛书"艺术审美教育书系"，本书是该书系中带有总论性质的著作。在一定程度上，它也可以说是我们近年来在美育方面探索的一个总结。

　　下面，我想就本书着力创新之处做一总结。

　　本书从现代社会文化与哲学转型的高度探讨了现代美育的产生、发展与基本内涵，并从现代哲学、美学、艺术教育与中西文化的交流对话等各个层面来进行研究。在研究过程中，我们也注意紧密结合我国当代美育的现实，深入思考了美育学科建设与发展过程中出现的一些争论、存在的问题与取得的经验。

　　全书共分三编。第一编是阐述现代美育原理，着重论述现代美育的产生、理论指导、作用与任务、学科建设与发展等重要问题,力图从更深广的层面对美育的基本理论做出新的阐释。在美育的产生问题上,我们认为,尽管美育活动在人类历史上早已出现,但作为一种独立的理论形态却是 1793 年由德国著名戏剧家、美学家席勒首次提出的。在对席勒及其美育理论的评价上,我们一改长期以来流行的将席勒视为德国古典美学康德与黑格尔之间的"桥梁"的观点,而是认为席勒的美育理论作为对资本主义现代性的反思与超越,包含着超越认识论的存在论内涵,因而具有划时代的意义。在适度认可学术界将席勒美育思想概括为"情育观"的前提下,我们着重指出,席勒美育理论的核心内涵主要是"自由",包括想象力的自由、人性的自由与人的全面发展的自由等。在美育的基本理论问题上,我们突出强调并系统论述了马克思主义唯物实践存在论为基础的人学理论对现代美育的理论指导地位。在美育作用的问题上,我们突破长期存在的"首位论""末位论""从属论"的争论,全面阐述了现代美育所具有的其他任何教育领域所不可能取代的"综合中介"的作用。在我们看来,现代美育已经成为由认识论美学向现代存在论美学转型之表征,因此,美育的现代作用超越了传统的情感教育、人格教育,深化、提升为现代人的审美生存教育。因而,现代美育的任务是培养"生活的艺术家",其终极目标是培养"学会审美的生存的一代新人"。在美育的学科建设问题上,我们认为,美育是一种以"人文主义教育"为其内涵、以人的全面发展为其宗旨的人文学科,具有不同于其他学科的非智性与智性之二律背反的学科特性。对于现代美育的发展,我们强调了它的前沿性与现代意义,并尝试将现代脑科学的有关成果引入美育学科建设之中,探讨作为现代人文学科的美育如何更多地吸收现代科技成果,体现出现代科学精神等重要问题。

第二编探讨西方美育的现代演进。我们将西方现代美育的发展放到西方现代社会文化与哲学转型的广阔背景之上思考,着重探讨了西方美学的"美育转向"问题。我们认为,西方美学从1831年黑格尔逝世后即已开始了由思辨的认识论美学到现代存在论美学的转型。这一转型的总体趋向在我们看来就是由思辨美学向人生美学的过渡,它使现代美学在整体上更具有美育的意义,我们将之称为"美育转向"。另一方面,西方现代教育也存在着转型问题,并且深受现代美学"美育转向"的影响。从20世纪中期以来,西方教育开始了从知识教育向人的教育的转型,而美育在这一转型过程中发挥着非常重要的观念革命作用,其突出表现就是第二次世界大战之后逐步盛行的"通识教育"以及艺术教育观念的巨大突破。从这一视角出发,我们对当代西方艺术教育的发展以及对艺术教育观念发生重要影响的若干学说进行了探讨。

第三编论述中国美育的发展。回顾了作为中国现代美育建设重要资源的中国传统美育的历史发展,指出中国传统美育以"中和论"为思想理论核心,并从现代视野出发比较了中国的"中和论"美育与西方古代的"和谐论"美育思想,阐发了中国传统美育的当代价值。对中国现代美育,我们主要探讨以王国维、蔡元培为代表的美育理论形态及相关问题。新时期是中国美育全面发展的重要阶段,我们对此做了比较系统而全面的梳理,着重论述了我国新时期美育的发展,特别是1999年第三次全国教育工作会议提出"素质教育"这一重要教育思想及其对于美育极为重要的阐述。

本书的整体框架与基本思路、主要观点由我确定,第一编与

第二编西方美学的美育转向部分及其他有关章节由我完成,祁海文、张义宾、刘彦顺、王伟等参加其他章节的撰写。我们的探讨只是一种尝试,还需要更多地倾听同行学者的批评。

曾繁仁

2005 年 9 月 16 日